第二辑

中國美學

主　编　高小康
执行主编　包兆会

上海古籍出版社

目　录

一、专 题 研 究

专栏名称(一)：文学与图像

主持人：赵宪章教授

主 持 人 语

文学与图像的关系研究不仅开辟了文学研究的新视域,而且具有方法论的意义。例如"镜子说"和《红楼梦》,按说已是老话题,但是将"图像"拿来作为研究的参照,就会生出不少新意。这就是新方法的魅力。本专栏另一篇介绍了西方美学史上的语-图关系,为当前中国语-图关系研究提供了借鉴。

论“镜子说”的图像意识内涵*

肖伟胜

摘要：从历史与逻辑相一致的原则立场出发，采用黑格尔的表象理论对“镜子说”的图像意识内涵进行探究，可以甄别出在共有的“镜子”譬喻之下的“模仿说”、“再现说”、现实主义标举的“典型”理论和“反映说”、自然主义追求的“屏幕理论”和象征神话模式，以及法国新小说的“纯物主义”理论等之间的精微差别。这种新颖的跨学科研究方法不仅深化了对“镜子说”现实主义美学谱系内涵的理解，同时也初步提供了从视觉文化角度对经典文艺学命题进行别样阐发的范例与新的路径。

关键词：“镜子说”　表象理论　逻辑性　图像意识　视觉文化

作者简介：肖伟胜，（1970—），男，西南大学文学院教授，文学博士，主要从事西方美学与视觉文化研究。

从柏拉图到近代的笛卡尔、黑格尔，视觉作为认知工具越来越脱离了肉体的影响，在把身体的作用最大限度地排除与剔除干净之际，视觉与对象最后就沦为了一种纯粹的“理论关系”，相应地，主体也蜕变为一种化约、物化和技术化的主体。[1] 这种关于人和主体的观念不仅

* 本文为2008年国家社科基金立项课题“‘文化转向’与视觉文化研究”（编号：08CZW007）、重庆市高等学校优秀人才资助计划项目“视觉文化转向与当代美学的转型”之阶段性成果。

[1] David Michael Levin, (ed.), *Modernity and the Hegemony of Vision* (Berkeley &London: University of California Press, 1993), p. 99.

成就了作为认知测绘的图像意识,同时这种以旁观者姿态观看的方式成为了西方近代主导性视觉模式,并产生出美学上的"镜子说"及其一系列的衍生样式即模仿说、再现说、"典型"理论和"屏幕"理论,以及"纯物主义"理论等。这些衍生样式共同构成了一个具有家族相似性的现实主义美学谱系。如果我们从逻辑性即横向维度来考察这一谱系,就会惊奇地发现,在共有的"镜子"譬喻之下的"模仿说"、"再现说"、现实主义标举的"典型"理论和"反映说"、自然主义追求的"屏幕理论"和象征神话模式,以及法国新小说的"纯物主义",它们作为认知的图像意识虽然存在着这样或那样的区别,但无疑由于"家族相似性"而构成了一个逻辑自然发展的序列或谱系。正如马列所指出的,"观看像思维一样通过演变而发展"[2]。如果我们按照黑格尔在《精神现象学》中的思路,把意识诸形态视作"人的意识在历史上所经历的诸阶段的缩影",[3]那么在逻辑上,我们就可以把"镜子说"的家族谱系视为图像意识即各种表象衍生历史的渐次展开。黑格尔把表象活动分为最初回想阶段的表象,[4]再生想像力创生的普遍表象,以及由创造的想像力所产生的象征表象和符号表象,它们是意识在表象阶段逻辑性的顺次展开。依此逻辑顺序,我们来回顾"镜子说"演进的历史,就会发现作为最初图像意识的"模仿说"相对的是回想阶段的表象,而作为次级图像意识的"再现说"相对的是由再生想像力创生的普遍表象,而现实主义的"典型"理论和"反映说",以及自然主义的"屏幕理论"和象征神话模式等则相对于创造想像力产生的象征表象,最后追求"纯物主义"的法国新小说相对的是同样由创造想像力产生的符号表象。它们作为认知的图像意识在历史上的演进并不只是在时间上的顺次展

---

[2][德]希尔德勃兰特:《造型艺术中的形式问题》,潘耀昌等译,中国人民大学出版社2004年版,第112页。

[3][德]黑格尔:《精神现象学》(上卷),贺麟、王玖兴译,北京商务印书馆1997年版,译者导言,第21页。

[4]黑格尔称为"意象",为了避免与下面想像力阶段的意象相混淆,我们就称表象。

开,而是一种内在逻辑的自然延伸和外化,因而它们演进的历史遵循了老黑格尔所说的历史与逻辑相一致的原则。

按照黑格尔的阐发,回想阶段的表象来源于作为直接感知的、有形的实物形象,它是“理智把原先在外部时空中的东西(感觉内容)放到主体的内部时空中去,把直观中的东西变为内心的意象,从而摆脱了原先的直观性、个别性而被纳入了自我的普遍性之中。”[5]因而在模仿说中,外在的题材永远是第一位的,虽然它摆脱了原先的直观性、个别性而被纳入了自我的普遍性之中,但模仿所追求的目标是这样一种东西:虽然它与原物不是同一件东西,但又可以与原物交换(替代原物)。为什么是这样呢?这是由于模仿说阶段的回想表象,尽管它是一个属于理智的东西,但按其内容来说却是一个给予的东西和直接的东西,表象仍然还是摆脱不了存在,正如模仿物仍然受制于原物;同时在此阶段,虽然理智保存了无限多意象和表象,但这些意象和表象又不在意识里,这样一来,概念被理解为是具体的存在。[6] 因而在模仿论这里,才被要求模仿物达到与原物相交换的效果,而它评判的东西也只有一个,那就是被模仿的事物,换言之,不是模仿物本身,而是真正存在于现实世界的事物。如同在此阶段的回想表象,当前直观的东西即外部时空中的东西是回想的直接来源,没有它根本就不可能有内心的意象生成。另外,此时的图像或意象由于是感性——具体的表象,是易于消逝的,但并非消失于无,而是保持在理智的“黑暗的矿井”之内,随时可以通过想像被唤醒。黑格尔指出:“自我通过自己的回想(内在化)直接给予它们以普遍性,并把个别的直观包摄于已经被内在化了的意象。”[7]也就是说,那些外部时空中的材料通过表象活动得到的普遍

[5][德]黑格尔:《精神哲学——哲学全书·第三部分》,杨祖陶译,北京人民出版社2006年版,第267页。

[6]同上,第269页。

[7]同上,第272页。

性已是一种抽象的普遍性。由此可见,外在物象通过模仿的表象活动而得到的模仿物也已是一种抽象的普遍性,因而想要把它与原物替换,纯粹是一种臆想和幻觉。

从“模仿说”到“再现说”,“镜子”这个比方的内涵也从对外在物象单纯的反射转变为处理题材的方式和方法上。作为次级图像意识的“再现说”之普遍表象,它是由联想力所唤起,不仅重新唤醒存在于它里面的表象,而且把想像力所唤起的意象彼此联系起来,使“再生的内容从属于理智与自身同一性的统一性”。[8] 由于这种普遍表象具有自身同一的统一性,因而再现说抛弃了回想阶段表象必须仰赖于外部时空中的东西的“他治标准”,而转向于自身同一的统一性的“自治标准”。此时,艺术品不再受制于外在的现实事物之评判,而主要转向于如何满足艺术品本身结构的内在需要即自身同一的统一性,如前后一致性、完整性、统一性或合理性等等。这种图像意识不再仅仅只关注物象本身,而是开始注重物象呈现的方式,也就是人类如何去观看世界。这意味着,普遍表象已不同于作为初级图像意识的回想表象,不再天真地追求模仿物与原物的替换,也就是说已从感性直观中超拔出来,达到了一种理智的自觉。用黑格尔的话讲,在普遍表象阶段,由于回想提高到了想像力,并且由于“理智在从其抽象的自内存在涌出而进到规定性时,打破了那笼罩着其意象宝藏的黑夜般的黑暗并通过意象出场的明亮清晰性消除了黑暗。”[9]“再现说”的普遍表象特征较为集中体现在新古典主义的模仿说中,在那里,模仿更多地是指“一般地再现自然或人的激情”。这种模仿追求的是“一般地再现”,也就是强调描摹人物的共同性和普遍性,注意对人物类型特征的刻画和表现。正如普遍表象阶段的想像力只与意象打交道,这种再生想像力具有一种仅仅

---

[8] [德]黑格尔:《精神哲学——哲学全书·第三部分》,杨祖陶译,北京人民出版社2006年版,第273页。

[9] 同上,第272页。

形式上的活动的性质，如此一来，意象的再生就成为一种任意的发生，不需要直接直观的帮助，因此与回想表象需要一个当前的直观不同，这就使得新古典主义的再现说能挣脱具体感性的物象束缚，将想像力所唤起的意象彼此联系起来，达到一种缺乏意象特殊性的抽象普遍性。如果说回想表象是指一种外在的东西，它还没有提高到表达一个确定的普遍东西，而普遍表象则更多地是指内在的东西，它虽然已提高到普遍的抽象层次，但它缺乏外在性，即形象性。因此在新古典主义这里，它的模仿要求的是表现个别实在的一般普遍意义，即某一种“兴趣、自在存在着的概念或理念”。[10] 由于新古典主义注重表现的是抽象的主观理念，因缺乏丰富的形象性而显出严重的概念化、形式化特点。

现实主义标举的“典型”理论和“反映说”，自然主义追求的“屏幕理论”和象征神话模式，甚至包括文艺复兴时期达·芬奇的“镜子说”，虽然存在的历史阶段不同，但如果我们从它们的逻辑内涵来考察，就会发现这些学说几乎有一个共同的特征，即力图综合、提升模仿说与再现论并有所超越，也就是既要具备模仿阶段回想表象的形象性，又要超越它的偶然易逝性而达到普遍表象的抽象普遍性。因此这些命题所要达成的理想就是创造想像力产生的象征表象。象征表象阶段的特点就是“理智使它的普遍表象与意象的特殊东西相同一，因而给予普遍表象以一种形象的定在”。[11] 这一特点集中表现在现实主义的“典型”理论和自然主义的象征神话模式上。所谓典型塑造就是以现实生活为基础，将自然的、分散的生活现象，真实的细节，经过抽象和概括，提炼成一幅统一的、完整的生活图画。这意味着，作为“典型”理论的象征表象一方面既具有来自现实生活的直观感性形象，同时又通过理智把这种意象的特殊性提升到普遍表象的抽象水平，做到了表象的普遍性与

---

[10] [德]黑格尔:《精神哲学——哲学全书·第三部分》，杨祖陶译，北京人民出版社 2006 年版，第 274 页。

[11] 同上，第 273 页。

意象的特殊性的统一,这就是典型要达成的所谓既具有鲜明个性特征又是类的样本的人物或环境。这种通过典型化手段所塑造的象征表象,做到了普遍东西的形象化和意象的普遍化的统一,用黑格尔的话说,"理智产生普遍东西和特殊东西;内在东西和外在东西;表象和直观的统一;并以这种方式把在直观中存在的总体重建为一个证实了的总体"。[12] 这也就让我们明白了,为什么现实主义作家是从"总体"上全景画式地反映社会生活,并力图重新构建一幅能反映社会生活真实的史诗般的画卷。在黑格尔看来,象征表象已达到了真理水平,而要达到"表象的普遍性与意象的特殊性相统一"的真理层次,就必须要运用批判的眼光,像一位炼金术士那样,从自然的、分散的生活现象中提炼、淬取出反映生活的本质特征来。巴尔扎克在《人间喜剧》前言中,曾说过要尝试用小说来进行社会研究,"研究产生这些社会现象的原因,寻出隐藏在广大的人物、热情和事故里面的意义"。[13] 并把《人间喜剧》分为"风俗研究"、"哲学研究"和"分析研究"等三大类。另一位批判现实主义的大师列夫·托尔斯泰也像巴尔扎克一样,对俄罗斯社会人生的剖析几乎贯穿了他创作的整个过程,像《战争与和平》、《安娜·卡列尼娜》以及《复活》等作品,可以看作是他进行艰苦探索分析的心灵记录与透入社会生活本质肌理的形象书写。由此我们也就可以理解,以巴尔扎克为代表的现实主义者为何要作者的见解愈隐蔽,对艺术作品来说就愈好,因为只有这样才能让生活的本质真实呈现出来。为此,巴尔扎克"不得不违反自己的阶级同情和政治偏见;他看到了他心爱的贵族们灭亡的必然性,从而把它们描写成不配有更好的命运的人"。[14] 这些具有象征表象之特征的优秀现实主义小说,能够将丰富

---

[12] [德]黑格尔:《精神哲学——哲学全书·第三部分》,杨祖陶译,北京人民出版社2006年版,第276页,着重号为原文所注。

[13] 转引自朱维之、赵澧主编:《外国文学史》,南开大学出版社1985年版,第373页。

[14] [德]恩格斯:《恩格斯致玛·哈克奈斯》,载《马克思恩格斯选集》(第4卷),北京人民出版社1972年版,第463页。

多彩的生活画面和多种多样的人物形象，熔铸在完整有机的情节结构中，表现出深刻丰富且具有真理内涵的社会内容，因而它们常常被称为反映社会生活的“百科全书”，成为了一面面真实烛照社会人生的“镜子”。难怪恩格斯不无感慨地说，在《人间喜剧》“这幅中心图画的四周，汇集了法国社会的全部历史，我从这里，甚至在经济细节方面所学到的东西，也要比从当时所有职业的历史学家、经济学家和统计学家那里学到的全部东西还要多。”[15]

作为追慕现实主义“屏幕理论”的自然主义者而言，他们可以说进一步推进了“典型化”理论，并更加彰显了象征表象之特征。他们的意图实际上是要更好地促成“普遍东西的形象化和意象的普遍化”的统一。但由于象征表象是把贮藏的意象和表象自由联结并“明确地向自己内在化”，[16]也就是说，在此阶段的理智是有条件的、仅仅相对自由的活动，黑格尔把这种理智活动称为象征性的幻想。而自然主义所构建的象征表象就集中体现了象征性幻想的特点，在这种幻想中，理智“不是作为模糊的贮藏和普遍东西，而是作为个别性，即作为具体的主观性，在这种主观性里面自相联系才既被确定为存在，又同样被确定为普遍性”。[17] 黑格尔这段话说明了这样一个事实：象征表象虽然是作为个别性即具体的主观性而存在，但这种主观性由于其真理内容而又具有普遍性，换句话说，它是一个个别性与普遍性、具体性与抽象性、主观性与客观性相结合的统一体。这也让我们明白了左拉所提出的那个充满悖论性创作原则的深义，即要在人的主观创造的同时抹掉人的主观色彩，从而使作品呈现出一种赋予个人色彩的客观性。自然主义阶段的象征表象，一方面尊重意象的被给予的内容，并在使其普遍表象形

[15]［德］恩格斯：《恩格斯致玛·哈克奈斯》，载《马克思恩格斯选集》（第 4 卷），北京人民出版社 1972 年版，第 463 页。

[16] 同上，第 274 页。

[17] 同上，第 277 页。

象化时还是依照这个内容,这是自然主义追求所谓的"屏幕"效果;另一方面这种对外在现实的"屏幕"映现并不是没有个人印记,而只不过让作者在创造时尽量做到"客观而无动于衷",就像福楼拜所说的,"作者在他作品里,必须像上帝在世界上一样,到处存在而又到处不见"。作品到处都是作者的个人主观印记,但这种主观性不是普遍表象那种抽象的理念,而是在尊重意象的被给予的内容的基础上的形象化,也就是在"形象的形式中表现真正普遍东西或理念",所以这种个人的主观也就抹上了客观性的面容,因此又似乎消隐于无。正如黑格尔所说的,在象征性幻想中,"普遍表象是那种在意象中给予自己以客观性并由此而证实自己的主观东西"。[18] 这意味着,由象征幻想所产生的意象只是主观上直观的,因此,当自然主义作品像摄影机镜头下的一幅幅生活实景展现在读者面前时,创作者对此直观的内容所带来的"屏幕式"的客观性有着清醒的自觉,也就是说,他们认为这种在意象中给予自己以客观性的内容实际上被证实是自己的主观东西,换言之,这一幅幅生活图景是他们从一种特定的立场或角度出发,对现实所做的再现和解释而已。因此,黑格尔认为,象征首先是一种符号,其意义和它的表现的联系是一种完全任意构成的拼凑。象征,对应的英文词:symbol,除了象征、符号的意思外,在皮尔斯哲学中,还可以译为"任意符号",同"肖似符号"、"指示符号"相对立。[19] 此外,象征一般"总是一个形象或一幅图景,本身只唤起对一个直接存在的东西的观念",[20] 这就使得貌似很客观的意象被给予的内容即生活图景实际上成了主观心灵的映照或象征,这也就是为什么黑格尔说,象征一般是直接呈现于感性观照的一种现成的外在事物,对这种外在事物并不直接就它本身来看,而

---

[18] [德]恩格斯:《恩格斯致玛·哈克奈斯》,载《马克思恩格斯选集》(第4卷),北京人民出版社1972年版,第277页。

[19] [法]托多罗夫:《象征理论》,北京商务印书馆2004年版,王国卿译,译者序,第4页。

[20] [德]黑格尔:《美学》,第二卷,朱光潜译,北京商务印书馆1995年版,第12页。

是就它所暗示的一种较广泛、较普遍的意义来看的原因所在吧。如此一来,自然主义所展现的生活画面就成为了具有深刻现实性意蕴的象征表象或象征形象。

在象征表象中,由于在此阶段的理智幻想把"自己的东西和被发现的东西、内在东西和外在东西……完全被实现为一的中心点",[21]做到了普遍东西的形象化和意象的普遍化的统一,但由于象征性的幻想是有条件的、仅仅相对自由的理智活动,而理智"必然从在象征中存在的主观的、由意象所中介的证实前进到普遍表象的客观的、自在自为地存在着的证实"。[22] 这就进入到了创造符号的幻想阶段,即理智产生出了符号表象。在某种程度上,法国新小说对"纯物主义"的创作追求可以说体现了从象征表象向符号表象的过渡和转型,或者说兼有这两种表象之特征。按黑格尔的说法,创造想像力产生出了象征与符号两种表象形式,而象征首先是作为符号,[23] 而符号最为典型的是语词,从更大范围来看,象征包括了语言符号,但它不单单包括语词。从某种意义上说,语词是象征的极端发展形式。法国新小说的"纯物主义",一方面非常尊重意象的被给予性内容,主张像摄影机一样,用不带任何主观感情色彩的语言,冷静、仔细地去描写他们视线所及的外部世界,力图达到对"视像"的零度呈现,这一点体现了象征表象的特征;另一方面他们对像摄影机镜头下所呈现的客观内容有着清醒的自觉,他们不再像自然主义者那样满足于运用象征隐喻去映现主观内在的心灵或真实,而是对再现中隐藏着的本质主义提出了质疑。这一点就已突破了象征表象的边界,已进入到符号表象的领地。

法国新小说家意识到,世界既不是有意义的,也不是荒诞的,它就是这个样子,非常简单。因此,意义只是附加在事物上的,甚至是多余

---

[21] [德]黑格尔:《美学》,第二卷,朱光潜译,北京商务印书馆1995年版,第277页。
[22] 同上,第278页。
[23] 象征对应的英文词:symbol,本身就可译为"符号"。

的,而真正本质的和无法削减的东西是那些具有现实性的姿态、物体、动作和轮廓等。如此这般,我们就不能相信附加在物之上的僵化凝固、现成的意义,而应当清醒地意识到,世界的意义只是部分的、暂时的,甚至是矛盾的。据此我们认为,法国新小说的图像意识行为已从象征表象转向了符号表象了,即挣脱了象征表象中意象的被给予性内容,并且已意识到纯粹地再现或"镜式"地反映外物,不再需要通过意象中介来证实,而是"自在自为地证实自己本身",[24]也就是说,在新小说的符号表象这里,已经清除了直观特有的和直接的内容,而给予它另一个内容作为意义和灵魂。这一点让我们清醒地意识到,为什么法国新小说家宣称要祛除附加在世界之上的"意义",这实际上要清除直观特有的和直接的内容,从而让直观代表着的某种别的东西即符号本身直接呈现出来。这同时又使得他们认为,小说中所描摹的物本身已不再跟世界有关,而是一种带有人性的构造物,换言之,在他们的小说世界里,不存在事物,只存在对事物的认识,所有的一切都是大脑构造出来的意象。这个符号意象"把理智的一个独立表象作为灵魂、作为它的意义接受到自己里面"。[25] 不过,清除了直观特有的和直接的内容而让符号表象直接呈现出来,并不是说完全彻底地不要直观的内容,而是把它当作一个符号来使用。在这种符号表象中,理智作为直观着的,产生时间和空间的形式,表现为接受感性的内容并从这个材料中给自己形成表象,所以新小说家笔下所描摹的物从未脱离开人的理智而显现出来,这些描写得很细的"物"都有人的眼光在看,有思想在审视,有欲望在改变着它。但由于"作为一个符号的直观的真正形状是一个时间中的定在,即定在在其存在瞬间的一种消逝",[26]因此,法国新小说在祛除附加在世界之上的"意义"时,并没有走向彻底的虚无主义,而只是不

[24] 象征对应的英文词:symbol,本身就可译为"符号"。第278页。
[25] 同上,第279页。
[26] 同上,第280页。

相信附加在物之上的僵化凝固、现成的意义,而是对主观构造意义的瞬间性、暂时性、相对性有一种充分的自觉,这一点很明显地体现出符号表象的特征。正是由于“作为一个符号的直观的真正形状是一个时间中的定在”,因而他们根本不相信人们能完整地了解现实世界的面貌,所以新小说从不提供一幅关于客观世界和事件的清晰完整的图画,罗伯—格里耶甚至认为,小说的本质在于提供混乱的表象,因此他们小说的情节往往变化不定,甚至相互矛盾、混乱,让读者根本捉摸不透其中的究竟,常常生发出阅读的茫然感。

符号表象由于是理智清除了直观特有的和直接的内容,而给予它另一个内容作为意义和灵魂,因此它比象征表象具有更大的自由和支配权。换言之,它不再受制于意象的被给予性内容,这就使得符号表象不表现、不模仿,不再指涉现实中的任何事物,而是如罗兰·巴特所说的,“‘所发生的’仅仅是语言,语言的历险”。法国新小说的“纯物主义”追求一方面逐渐颠覆了象征表象中依然存在着的词与物、外在与内在二元对立思维,以及表象与原型、现象与本质的“镜像”模式;另一方面让世界浮现于符号表象之上,在某种程度上世界已被语词化,成为了创作者语词本身所构造的东西。但正如黑格尔指出的,“我越是与词亲密无间,因而词越是与我的内在性结合为一体,词的对象性以及因而词的意义的规定性就可能越是消失不见”,[27]这意味着符号表象越是成为创作者的一种主观构造,语词的对象性即所谓“纯物”世界就越是远离我们而去,而词语的意义也就越显示出瞬间性、易逝性与相对性。如此一来,世界愈来愈由语词所编织和构造,而其意义也就很难获得确定而日趋消隐,因此罗伯—格里耶才理直气壮地说,新小说并不提供什么现成的意义,反而要反对种种僵死的法则,[28]如此一来,关心

[27] 象征对应的英文词:symbol,本身就可译为“符号”,第289页。

[28] [法]罗伯-格里耶:《新小说》,载伍蠡甫、胡经之主编:《西方文艺理论名著选编》(下卷),北京大学出版社1996年版,第258页。

人和人在世界中处境的新小说就成为了一种语言的实验和探索。

在法国新小说这里,符号表象即语词不再是一种认识世界的方式,而是一种生存方式,或者如梅洛·庞蒂所说,“语言在所有人那里都是这样一种中心功能,它把生命构造为一种作品,它把生命直至我们的各种存在困境都转换成主题”。[29] 这意味着,语言并不是表达某种思想,而是意味着我们对人和人在世界中的处境采取某种立场和姿态,并把各种存在困境转换成主题。于是,我们看到在罗伯—格里耶《窥视者》、《橡皮》等小说中,连基本的情节都难以确定,读者阅读小说中的某一个情景时,可能以为把握住了什么,但往往读到下面部分时,先前自以为把握住了的东西又被通通否定了。实际上,小说的意图就在于引领读者反思任何一种叙述都只是一种推断出来的可能性,而除了这种可能性,同时还存在着其他多种可能性;只是任何一种可能性都会顾此失彼,很容易被另一些情节所拆解、颠覆,而难以形成一个连贯自洽的完整空间,由此小说就将读者置入到关注其中人物多种可能性命运的思索之中。据此,我们就不能轻易地断定法国新小说只是一种后现代式的语言嬉戏,相反它们是一种真正地对于社会人生的严肃思考与探索。不过,阅读这些充满混乱表象的实验小说,如同进入一座由语言构造的迷宫,不仅不能引起我们阅读的快感,相反,把读者置入到由语言实验所引发的疑窦丛生的困惑与迷惘之中,这或许正折射和映照出我们身处的这个时代人类生存之境况吧。

---

[29] 转引自杨大春:《语言、身体、他者——当代法国哲学的三大主题》,北京三联书店2007年版,第64页。

《红楼梦》图像研究:从艺术史模式到视觉文化模式

秦剑蓝

摘要: 两百多年来的《红楼梦》研究中,图像研究是一个被忽视和研究非常薄弱的领域。个中原因在于文字中心主义思维和艺术史研究模式支配着该领域研究。《红楼梦》图像研究应该突破文字中心主义思维方式和艺术史研究模式。视觉文化理论,是《红楼梦》图像研究一个可行的路径。

关键词: 红楼梦　图像研究　艺术史　视觉文化

作者简介: 秦剑蓝,男,1977 年出生,湖南永州人,文艺学博士,湖南师大文学院教师,研究文学基本理论、语言与图像问题。

如果从晚清李放在《八旗画录》提出"红学"一词开始算起[1],两百多年来,《红楼梦》研究洋洋大观,不仅成为一门显学,而且到今天似已无所不及。无论是曹学、版本学、探佚学、脂学,还是《红楼梦》的思想和艺术研究,两百多年来在一代又一代爱好者和研究者的勘察和开采下,已然是一座资源耗尽的老矿山。这种耗尽状态可能有两个原因:

[1] 红学一词最早见于清代李放的《八旗画录》。其中记载:"光绪初,京朝上大夫尤喜读之(指《红楼梦》),自相矜为红学云。"刚开始这个词具有一种自我调侃的性质。其实,如果把红学理解为研究《红楼梦》的一切学问,那么红学的出现与《红楼梦》的出现应是同步的,脂砚斋应是最早的红学大家。

首先,学术的不断推进本身就会导致具体研究对象的不断清晰乃至透明;其次,从理论范式角度,一种理论范式的不断成熟也会导致这一范式下的研究对象的不断成熟。因此,面对一个高度成熟几无学术生长空间的对象,引入一种新的理论范式是一个最具可行性的途径。一种新的理论范式通常意味着一种新的眼光,新的眼光常常带来新的视角和发现。从这一思路出发,本文将对《红楼梦》的图像研究做一个历史考察和理论反思。

一

随着《红楼梦》的面世,《红楼梦》的图像随之产生。这些图像随着各种手抄本不断繁衍,只是因为历史久远,这些个人性绘画已消失于历史的深处。不过我们还是可以找到它们曾经存在过的证据。如乾隆二十四年(1759)脂砚斋在《石头记》庚辰本第二十三回黛玉葬花部分的一则朱笔眉批:"此图欲画之心久矣,誓不遇仙笔不写,恐亵我颦卿故也。"又如畸笏叟于丁亥(1767)夏的朱笔眉批:"丁亥春间,偶识一浙省(新)发,其白描美人,真神品物,甚合余意。奈彼因宦缘所缠无暇,且不能久留都下,未几南行矣。余至今耿耿,怅然之至,恨与阿颦结一笔墨缘之难若此,叹叹。"可见,在《红楼梦》出现后的手抄本时代,因为《红楼梦》强大的艺术魅力《红楼梦》的图像就随之面世了。抄本之后,随着印本的出现,技术的进步使得《红楼梦》图像的流行更为便利,红楼梦的图像开始广泛流行,并且达到了几乎无书不图的程度[2]。不仅附于小说的插图极其繁多,随着《红楼梦》影响的日益扩大,大量以《红楼梦》为题材的图像作品如民间年画、诗笺、刺绣、屏灯、

[2] 在写作本文过程中做了一个不完全的统计,200 多年间《红楼梦》的插图本共有 60 多个。

门牌、香烟广告、连环画等亦不断的涌现。20世纪20年代电影引进中国之后,如果从1924年秋民新影片公司将梅兰芳演出的五出戏拍摄剪辑成一部包括《黛玉葬花》在内的两本长的戏曲短片算起,《红楼梦》的各种影视版本在不到一百年的时间在两岸三地竟然达二十多部。完全可以说,伴随小说《红楼梦》而来的,是一个庞大而多样的《红楼梦》图像家族。这一庞大的《红楼梦》图像家族理应不能忽视,它们应该是《红楼梦》研究的一个重要组成部分,是《红楼梦》研究的题中应有之意。这里首先对《红楼梦》的图像研究做一简要的回顾和审视,考察其研究现状。

可以说,在现有的红楼梦研究中,《红楼梦》图像研究是一个被严重忽视的领域。这种被严重忽视表现在相对于浩如烟海的《红楼梦》研究文章,图像研究的文章稀少,成果单薄。具体来说,首先,从基础的资料整理来说,目前尚未有对红楼梦的所有流传于后世的小说插图进行完整收集和整理的成果出现,至于对包括插图、年画、连环画和诗笺等在内的所有《红楼梦》图像的整理和集成的,更是未见;第二,已有的对《红楼梦》图像的研究和分析,不仅数量极少,而且研究的广度和深度远远不够。对《红楼梦》图像资料的整理和集成,目前值得重视的有下述几种:1. 全国图书馆文献缩微复制中心编的《古本红楼梦插图绘画集成》:该书共6册,收集了从乾隆五十六年程甲本(初印本)到民国上海石印本《全图增评金玉缘》共40个版本的近三千幅《红楼梦》插图和画像,是目前收集《红楼梦》插图最多最齐全的书籍;2. 人民文学出版社2007年出版的《红楼梦古画录》:该书按"板刻插图"、"画家绘本"和"民间艺术"三大类列出了《红楼梦》图画近400余幅,较全面地体现了《红楼梦》图画的基本面貌,"代表了《红楼梦》刻本插图的艺术水准[3]";3. 王树村的《民间珍品图说〈红楼

[3] 洪振快编:《〈红楼梦〉古画录》,北京:人民文学出版社2007年版,第1页。

梦〉》:该书最大的特色在于收集了包括年画、诗笺、刺绣、灯屏和窗画等在内的民间《红楼梦》艺术图像,"大都是从未发表的孤本绝品,已是难以再得之物了[4]";4.《〈红楼梦〉烟标精华》(杜春耕编,北京图书馆出版商2002年版)和《洋画儿:〈红楼梦〉绣像》(鲁忠民编,人民美术出版社2002年版):两书收集了民国期间流行的部分红楼梦"烟标"和香烟广告画。另外,阿英编的《〈红楼梦〉版画集》和《杨柳青〈红楼梦〉年画集》也收集了很多有代表性的《红楼梦》图像。这些图像资料从不同方面呈现了《红楼梦》图像的整体面貌,具有重要价值。但相对于数量庞大的各种《红楼梦》图像,在完整性上还是不够。比如《红楼梦》的各种连环画数量不少,但尚未见有系统的整理;从民国到当代这段时间,相关图像的收集和整理也很少;更主要的,作为图像重要组成部分的各种《红楼梦》影视,在现有的《红楼梦》图像研究中基本是缺席的。以上是就《红楼梦》图像资料的收集和整理而言的,就分析和研究而言,问题可能更加严重。目前对于《红楼梦》的图像研究,阿英、孙逊和张雯等人的研究值得注意。阿英的《漫谈〈红楼梦〉的插图和画册》是《红楼梦》图像研究的第一文。在文中,阿英对《红楼梦》的重要插图和画册做了介绍和评述,并且首次把《红楼梦》的插图分为四大系统,即"以《增评补图〈石头记〉》、《增评补像全图金玉缘》、《增评绘图大观琐录》及《绣像全图金玉缘》为代表的四个体系"。[5]《漫谈》的最大价值在于对《红楼梦》的图像进行了开创性研究,从而把一个为前人忽略的领域呈现在世人眼前。孙逊《〈红楼梦〉绣像、文学和绘画的结缘》一文对《红楼梦》人物绣像进行了整理,把《红楼梦》绣像分为三个系统[6],区别于阿英的四大系统。张雯的《图像与文本之

---

[4] 王树村:台北:东大图书股份有限公司,民国八十五年,见自序。

[5] 阿英:《漫谈〈红楼梦〉的插图和画册》,《文物》,1963年第6期。

[6] 孙逊:《〈红楼梦〉绣像、文学和绘画的结缘》,文见《'93中国古代小说国际研讨会论文集》,北京:开明出版社1997年版,第361—363页。

距——清代杨柳青〈红楼梦〉年画对原著的“接受”与“重构”》[7]则对《红楼梦》图画中的重要组成部分杨柳青年画进行了系统整理和细致分析,不仅勾勒了杨柳青《红楼梦》年画的历史面貌,而且还基于美术理论对年画与小说的差别进行了分析,无论在资料上还是一些思路上,都值得参考。另外,静轩的《〈红楼梦〉的插图艺术》对包括当代插图作品在内的《红楼梦》插图进行了概况性介绍。在上述研究中,所涉及的《红楼梦》图像比较有限,基本是那些在研究者眼中艺术价值高的图像,几乎没有对一类图像如插图年画等进行集中分析和研究的,更没有对所有《红楼梦》图像进行总体分析和研究。研究角度限于对图像的形式和内容的评价和某类图像的谱系的研究(这种研究主要是阿英),除了张雯的《图像与文本之距——清代杨柳青〈红楼梦〉年画对原著的“接受”与“重构”》对年画和文本的关系进行了初步的探讨,图像的产生背景、图像与《红楼梦》文本间的关系、图像对于文本的传播与接受的影响等问题鲜有涉及。

高度成熟的红学里,《红楼梦》图像研究的这种不成熟状态的背后原因值得反思。首先,这种不成熟状态是一种根深蒂固的文字中心主义思维的必然结果。相对于图像,文字因为从具体的事物中解脱了出来而向事物的本质迈进,因而在表意上具有更大的灵活性和方便性。作为主要的表意媒介,文字在文化中处于绝对的中心地位,最终形成了一种文字中心主义思维和霸权式“话语的文化”。英国学者斯科特·拉什(Scott Lash)对此进行过细致分析。他发现这种“话语的文化”“认为词语比形象具有优先性”、“赋予文本以极端的重要性”[8]。正因为如此,两百多年来的红学研究聚焦在文本也就可以理解了[9]。因

[7] 中央美术学院美术学专业博士学位论文,2008年。

[8] Scott Lash, *Sociology of Postmodernism*, London: Routeldge, 1990, p. 175.

[9] 如果从狭义的红学来看,曹学、版本学、探佚学、脂学等根本就不涉及图像;从广义的红学即一切《红楼梦》的研究来看,对图像的关注和研究也非常薄弱。

为图像只是文本的衍生品,是外在的,第二性的,所以也是无关紧要的。如果说文字中心主义造成了研究者对图像的严重忽略和遮蔽,那么艺术史的研究范式则是导致《红楼梦》图像研究缺乏广度和深度、止步不前的根本原因。上述阿英等人的《红楼梦》图像研究具有一个共同的特点:基本都是在艺术史的框架内以艺术史的操作模式对《红楼梦》图像进行研究,即在图像史整理的基础上,以"审美"为标准,对图像的形式、色彩、表现手法、艺术风格和审美效果进行分析评判,同时也兼顾对内容的介绍,总体上研究聚焦于形式和内容两点。以阿英的《漫谈〈红楼梦〉的插图和画册》为例,文章按史的顺序,将那些作者认为艺术价值高即富有艺术表现力、能准确传达小说人物性格和精神的,一一列出,加以介绍和评述,同时作者还基于阶级观点对图像内容进行了评价。从艺术史的角度来看,这样的处理堪称标准,而且其学术价值也不容否定。但从艺术价值角度来评价《红楼梦》插图,总体成就不高。这样的处理也会导致一些问题。首先,那些作者认为艺术价值高的自然能进入艺术史的书写,但那些不被作者认可的自然就被淘汰出局,因而可能湮没无闻。其次,在研究方法上,形式/内容的两分法使得原本充满多种阐释可能的对象变得面目单一,整个《红楼梦》的图像研究似乎成了美图史的介绍和评述。最后,因为基于一种终极性的"审美"标准,除了少部分符合这一"审美"标准的图像外,大部分图像都因被认为"非审美"的而被排除在研究对象之外,使得原本作为一个整体存在的对象被人为割裂,这不仅使得研究对象较为片面,而且研究很难深化和拓展。总之,以"审美"作为切入点的艺术史研究模式遮蔽了其他研究维度,也无法把众多非高雅的艺术品的图像如烟标和大众影视等纳入研究视野,因而也无法把各种不同的《红楼梦》图像作为一个整体来进行总体研究,自然更不会关注图像和文字间由臣服、互文、协作、竞争、反抗和压制等构成的复杂关系史。

事实也是如此,自从阿英的《漫谈》发表以来,近半个世纪过去了,

《红楼梦》图像研究并没有从根本上突破阿英《漫谈》一文的高度，期间主要的成就体现在《红楼梦》图像的资料整理上，个中原因就在于文字中心主义的思维和传统艺术史研究模式束缚了《红楼梦》图像研究。因此，有必要突破《红楼梦》图像研究中这种文字中心主义思维和艺术史研究模式，使图像研究获得一种新的视野和活力。《红楼梦》的图像研究有必要从艺术史模式走向视觉文化模式。

二

视觉文化理论兴起于 20 世纪 80 年代后期，具有鲜明的跨学科特征。这种跨学科特征源于其理论来源极其多样，至少，后结构主义、解构主义、批判理论和文化研究在理论上对视觉文化影响明显，同时，视觉文化的兴起与艺术史、人类学、电影学、比较文学和语言学等学科也多有联系，可以说，视觉文化是多种学科和理论相互遭遇与融合的产物。这种理论出身也使视觉文化理论具有了一种天然的开放性和批判性气质。

首先，视觉文化理论鲜明地反对文字中心主义思维方式。“观看（看、凝视、扫视、观察实践、监督以及视觉快感）可能是与各种阅读形式（破译、解码、阐释等）同样深刻的一个问题，视觉经验或‘视觉读写’可能不能完全用文本的模式来解释。”[10] 文字只是人类表意系统中的一种媒介，并不具有天然的第一性。文字无法取代图像在表意和审美创造中的独立意义和独特价值。即使在历史发展中，文字形成了一种支配性地位，但依然不能将图像视为第二性的媒介而排除在视野之外。图像并不仅仅是文字的模仿、再现和补充，图像对文字也有着反抗、抵

---

[10] W. J. T. 米歇尔：《图像理论》，陈永国、胡文征译，北京：北京大学出版社 2006 年版，第 7 页。

制、消解以及提升的一面。因此,视觉文化主张把图像与文字作为平等的表意媒介加以审视,反对脱离表意语境和审美事件而先入为主地进行价值判断。

其次,视觉文化对艺术史进行了一种根本性的消解和颠覆。视觉文化对艺术史不加追问和界定就把“艺术”作为一个不言自明的前提加以使用而充满怀疑。当然,的确有不少人在艺术史中对“艺术”进行了定义,试图揭示和规定艺术的本质,但恰恰是这种贯穿始终的本质性“定义”是艺术史大厦摇摇欲坠的根源。“视觉文化拒绝的不是艺术的话语,而是艺术的定义。[11]”在视觉文化看来,艺术和非艺术的边界始终是漂浮的,“艺术”并非一个早已存在于世而等着我们去发现和展出的东西,相反,“艺术”是一个复杂的历史建构。对于“艺术”,“什么是艺术”(what is art)这样的提问方式是值得反省的,真正有效的提问应是“何时是艺术”(when is art)。与这种本质性“艺术”观相适应,在价值论上,艺术史将“审美”视为一种超历史的绝对价值而作为其整个大厦的价值基点。正如有学者所指出的:“它(指艺术史,引者注)不仅围绕着一组被界定为审美的对象而精心加以组织,而且在一个内在的以审美对象为基础的中心内运作,此中心用于复制审美愉悦、精神价值等诸如此类的玩意和感官快乐这样的特定观念。”[12]当审美被作为一种绝对价值而成为艺术史的唯一价值基石时,艺术史这座看起来雄伟巍峨的大厦便难免经常风雨飘摇。在艺术史的建构中,区分是一种重要的手段。艺术/非艺术、审美/非审美、高雅艺术/大众艺术等诸如此类的二元对立是构建艺术史的基础。比如高雅艺术/大众艺术的区分,就能把那些“价值低下”的“大众艺术”排除在艺术史书写的门外。

---

[11] Michael Ann Holly and Keith Moxey, *Art History*: *Aesthetic*: *Visual studies*, New Haven: Yale University Press, 2002, p. xv.

[12] Margaret Dikovitskayo, *Visual Culture*: *The Study of the Visual after the cultural Turn*, Cambridge, MA:MIT Press, 2005, pp. 19—20.

在艺术史的经典书写模式中,艺术史必然是一个秩序井然、前后连贯、逻辑清晰的封闭体系,这里无一物无来由,无一果无缘起,一切都围绕着“审美”两字和谐共存。似乎艺术史的世界格外纯净,偶然性、相对性、权力和知识生产、审美的历史建构等无法跨进艺术史的疆土。正因为深刻看到了艺术史的知识论层次上的缺陷,视觉文化理论才特别强调一种开放性思维和语境主义研究方式,摆脱艺术/非艺术和审美/非审美之类非此即彼的二元对立思维,以文本间性取代艺术自主性,把艺术和审美作为一种特定的历史建构,在研究中注意权力无处不在的影响,把文本分析、社会分析和文化分析有效结合。

从艺术史研究模式走向视觉文化研究模式,意味着将所有的《红楼梦》图像而不是经过过滤的少量“审美”的图像作为研究对象,在研究过程中不以抽象的“审美”价值来取舍对象,而是关注《红楼梦》小说和《红楼梦》图像具体的复杂历史互动,注意分析过程中视觉、机构、制度、话语和主体之间的互动机制。既关注文本,同时更关注文本的生产过程和运作模式,以及两种模式在相互作用中的微观“事件”。最终,破除艺术史研究中艺术/非艺术、审美/非审美的绝对区分,在历史化和语境化中呈现语言和图像文本的阐释模式以及两者在复杂的互动过程中如何实现“艺术”或“审美”的建构和解构,以及过程中的种种动力因素和作用机制,最终把所有的《红楼梦》图像作为一个整体,研究图像间种种繁衍变异以及文字和图像的复杂历史互动,实现《红楼梦》图像研究的根本突破。

三

《红楼梦》从开始流传于今,二百多年来文本及其各种图像的种种关系构成了一段客观而复杂的历史。本节将以这段历史中的一些典型个案,勾勒这段历史的某些主要趋势。

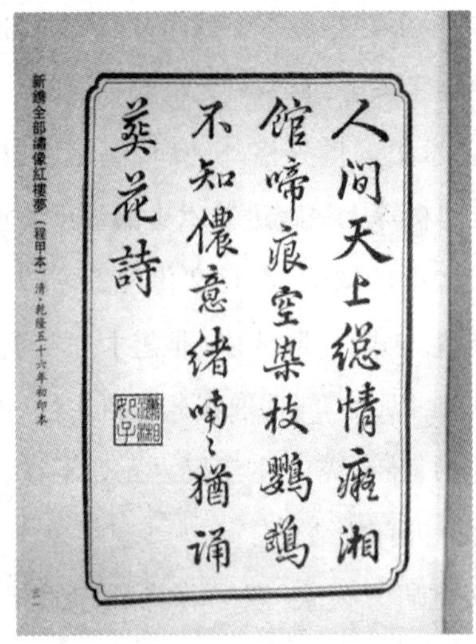

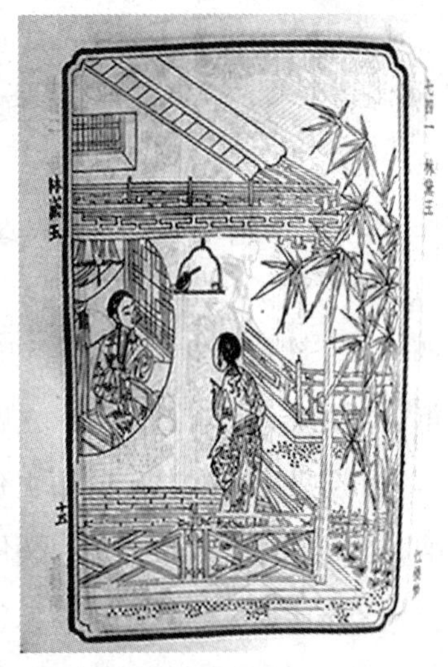

图1　程甲本中的黛玉图。最早的一批《红楼梦》插图

在连环画兴起前,《红楼梦》的各种图像都是静态的单个的图像。这种单个的图像与《红楼梦》文本间,是一种怎样的关系?在此我们选择几张不同的黛玉图像来探讨这种关系。

上述三张图像呈现的文字和图像的关系是复杂的:

图2　改琦《红楼梦图咏》的黛玉图

1. 图1出现在文本中,具体位于封面和序言之后,正文之前。图1里左边的文字("赞")构成了图像的一个部分,而包含文字的图像又构成了文本(程甲本)的一个部分;图2和图3则是脱离了文本,独立存在。

2. 三幅图都毫无例外地表现了文字的强大霸权。这种霸权表现为以下两点。首先,文本是图像的来源,图像模仿和再现文本。因

图3　清代天津杨柳青年画《潇湘清韵》

此,文本在先,图像在后。其次,三幅图里文字具有一种舍我其谁的命名权,这种垄断性的命名权蕴含着一种肯定和否定、消解和建构、规定和引导的巨大潜力。图1、图2和图3都源于文本,它们都是对于文本的模仿和再现。没有文本,也就没有它们。图1直接就置身于文本里,文字成了其身份的基点。离开了文本的支撑,图像将丧失自己的身份。图1如果没有了左边的"赞"和右边图像里左边的"林黛玉"这一命名性文字,那它会是什么呢?这时即使它依然置身于文本中,虽然借着竹、鹦鹉和瘦弱女子来显示自身,但我们只能依稀猜测其所指,但其面目是模糊的、身份是不定的。如果连寄身的文本也没有了,那它马上就陷入一种无根的漂浮状态,而无法确切证明自己是什么。因此,文字赋予了图像生命、存在的身份和唯一性。图2、图3亦如此,离开了文字的命名,图像最多是像什么,而无法是什么。图1里左边的"赞",更进一步,试图规定和引导其表意和审美路径,扩展其表意和审美空间,同时也折射了文字对图像表意和审美能力的一种不信任感。

3. 但模仿和再现不是一种百分百的还原(永远无法做到这点)。

因为文字,图像获得了生命、身份和唯一性。但一旦获得生命,图像就具有了自己的逻辑和性格。它并不总是顺着文字的安排和规定去行动:有时它无法达到文字的预先设定目标;有时又抗拒或冲破了文字的预定安排。图1里,即使有翠竹和鹦鹉的衬托,那样一个女子实在距离“林黛玉”甚远。难怪后来者如此抱怨:“自清初以降,虽‘绣像’小说大行,而‘全相’、‘出像’之制几废,其中竟罕有稍具艺术价值者。程伟元刻《红楼梦》,其绣宝哥哥、林妹妹之像,一团俗气,固无论矣。刻工刀法之粗率,雪芹见之,必将痛哭九泉,然亦竟为红学家所欣赏,报刊翻印无已,诚为怪事![13]”显然“一团俗气”的“林妹妹”图像与“林黛玉”一词形成了某种内在的紧张和疏离。这种紧张和疏离将有怎样的影响、导致怎样的结果呢?文字此时处境尴尬:图像的身份和生命是因为它的出场所获得的,但现在已无法退场。图像以自己的失败羞辱着文字,从而消解着文字的权威,显示着自己的存在。图2里,图像与文字的关系相对图1则比较融洽。图像因文字而获得身份和生命,文字因图像而变得形象可见:图像因自己使间接抽象的文字一跃而成直接可视的形象,虽然这只是无数可能之一种,虽然这种可能会压制其他可能,但形象的和可视的魔力和潜力却由此显现。但图3里,图像借助于文字而出场,但在出场过程中通过把文本的一个瞬间抽取出来,使之脱离原有的世界,这样就有了以自己的逻辑对其进行改造的可能。作为年画,其特定的身份使之具有了一种先天性的自我特质。一般而言,它必须具有喜庆热闹的氛围。今天我们可以看到的杨柳青《红楼梦》年画,绝大部分都是以《红楼梦》中的热闹喜庆场面为题材的,同时对原有场面进行了诸多有意的篡改。

由此可见,在单个的静态的图像里,文字和图像的关系是复杂多元的:文字是图像出场的前提和依据。文字具有命名权,从而赋予图像以

[13] 戴不凡:《小说见闻录》,杭州:浙江人民出版社1980年版,第298页。

身份和唯一性。文字的权威无所不在。但文字也并非无所不能。一旦图像出场获得独立身份,图像便以自己特有的面貌和品质去影响和改变文字,甚至会利用文字来实现和成就自己。

连环画兴起后,连续的动态的图像的出现成为可能。此时,图像与文本的关系发生了怎样的改变?还是以具体连环画文本为例。

与单幅的静止的插图和年画相比,整个16册上千幅的《红楼梦》图像构成了一个独立、连续而具有运动感的图像群。这必然会导致图像与文字关系的变化。首先,相对于单幅图像,上千的图像构成的图像系列完全可能不凭借文字而自足地出场和存在。虽然在本文的对象语境中,文字依然还是图像群的来源,图像群还是对文字的一种再现。但图像的独立性的大大增强却是明显的。图像的独立性和表现力虽然增强,但文字的重要性却未降低。图4里,我们看到,单幅图像里文字的数量不仅没有减少,反而增加了。这是因为叙事的需要。虽然单幅图像也具有叙事功能,但在叙事的广度和深度上却面临诸多限制,要完成一次完整的叙事必须依赖文字的配合,如图3。要表现曲折的行动、复杂的事件和深邃的思想,文字不可缺少。图像的力量的增强并没有必然导致文字和图像关系的紧张。在图4里,文字和图像共享同一个空间,互有分工:文字所实现的对话及其背后的意蕴,是图像所无法实现的;而叙事中动作的过程性和事件的时间性的实现,虽然依然离不开文字,但图像序列已经初步展示了这种可能的潜力;图像就在文字的身旁,将文字背后的那个不可见的事物显现出来。与纯文本相比,这是一种新的混合文本。当然,对于"理想读者"来说,这种图像化(摹本)可能对于原本的精神空间和审美意蕴的再现是远远不够的,甚至还误导和阻碍原本的美学和思想潜力的释放。然而,"理想读者"有多少呢?既然打开了图像化的可能,难道不能不断逼近吗?在连环画里,图像和文字一方都不能成为绝对的主导者。图像和文字在其中发挥的作用主要取决于接受者的具体类型以及文字与图像本身的美学潜力。

图4　黛玉葬花，来自连环画《黛玉葬花》，上海人民美术出版社1981年9月版，共16册。此为其中第4册

相对于静态的单幅图像,动态性、连续性图像的出现,大大增加了图像的叙事潜力和审美创造力,从而为图像在叙事领域大展身手提供了可能。

电影电视的出现,就是图像在叙事领域大展身手的显现。第一部真正意义上的《红楼梦》电影作品应该是1927年上海复旦影片电影公司拍摄的《红楼梦》;同年,上海孔雀影片公司也将《红楼梦》搬上银幕。自此以后,到2010年,两岸三地面世的《红楼梦》影视共达24部。图5至图8,勾勒了其中的几个断面。这应该是中国古典小说中影视化频率的最高记录了。20世纪20年代的电影是默片,虽然依赖说明性的文字,但图像无疑成了电影的主角,显露出了强大的生命力。与绘画不同的是,影视中的画面是真实地存在的,虽然是人为制造的,但它确实就在那[14]。这对文字传统的生杀大权是个巨大的冲击。一个真实存在的图像,文字还可以像以往那样掌握它的生死吗?另外,画面日益表现出的"视觉美学"趋势使得图像获得了一种巨大的征服力。这点依

图5 梅兰芳扮演的黛玉

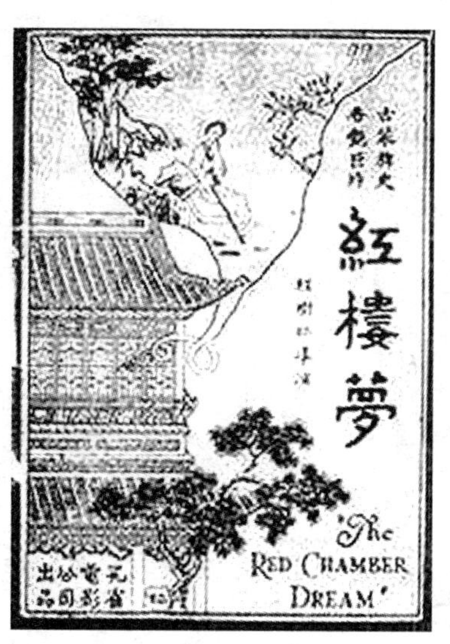

图6 1927年孔雀影片公司的电影封面

[14] 这里的讨论不考虑虚拟技术。虚拟技术出现后,图像和文字的关系更趋复杂化。

图 7　1944 年电影《红楼梦》“黛玉葬花”画面。
上海中华电影公司,林黛玉由周璇扮演

图 8　1987 年电视版《红楼梦》“黛玉葬花”画面

次浏览从1924年到2010年的《红楼梦》影视就可强烈地感觉到。图像不再是文字虔诚的模仿者和再现者，而具有了一种图像文化的逻辑和自我意识。这从各种改编版本对原著的篡改和利用中就能见出。如1977年由张国荣扮演贾宝玉的香港电影《红楼春上春》是一部三级片。虽然如此，但文字在影视中是必不可少的。因为文字依然具有图像所无法取代的功能。这从电影史上默片后来又被有声电影完全取代中得到证明。在影视中，无论是图像还是文字，它们都只是作为这种混合媒介的一个要素而存在，谁也无法取代谁。相反，两者各自发挥自己的优势实现深度融合，这样的文本可能才是最有生命力的。

从以上分析可知，那些在艺术史模式下被遮蔽的《红楼梦》图像因着视觉文化研究模式的介入得以重新纳入视野，并与那些先前已获得关注的图像一起作为一个整体研究对象，对这些图像的整体研究具有了一种新的阐释空间。从18世纪的插图到20世纪的影视，《红楼梦》呈现了一个完整的图像史过程。这个过程中包含的图像演变的内在逻辑和历史路径、图像与文字的复杂关系等富有研究价值的问题，都源于视觉文化模式这一新的研究范式的引进。

西方美学史上的“语-图”关系

陆 涛

摘要：在西方美学史上，语言与图像的关系始终是一个值得关注的话题。关于语言与图像关系的论述发展大体分为三个阶段：古希腊、罗马时期的“语-图”关系、中世纪时期的“语-图”关系以及近现代时期的“语-图”关系，这三个阶段也是语言与图像由接近到冲突再到接近的过程。通过对“语-图”关系进行史的梳理，发现对语言与图像关系的论述始终贯穿着整个西方美学史，两者的分分合合则成为西方美学史中的一条重要线索。

关键词：西方美学史 “语-图”关系 语言 图像

作者简介：陆涛(1980—)，男，安徽灵璧人，阜阳师范学院讲师，文学博士，研究方向为文学基本理论、美学等。

我们知道，文学作为语言的艺术这一命题一直是不变的真理，早在亚里士多德那里已经为我们指出这一点，这一命题历经两千多年文学实践的检验仍不可动摇，即使在今天的后现代语境中，这一命题依然有效。但我们也要明白一点，在这个传媒时代(也有人称为图像时代)，文学的“图像化”已经成为不争的事实，这就要求我们的文学研究必须对文学领域中涉及到的图像因素予以关注。本文就是尝试着对西方美学史上的“语-图”关系进行大致的梳理工作，以期表明我们当前所面对的“图文之争”并不是当今所谓图像时代所独有的，而是一直贯穿于整个西方美学史之中。当代美国的图像理论家 W. J. T 米歇尔认为:"文化史在某种程度上就是图像与语言争夺主导地位的历史。它们各自都宣称自己能触摸到事物的本质,有些时候,它们之间的对立可以通过自由地交流来和解;但是,在有些时候,二者之间却又是泾渭分明的状态。"[1]这种说法在一定程度上也适用于整个西方美学史中二者的关系,语言与图像在西方美学史上经历了一个从接近到冲突到再次接近的过程。本文就从这一思路出发,把西方美学上的"语-图"关系分为三个阶段:古希腊、罗马时期的语-图关系、中世纪时期的语-图关系和近现代的语-图关系,并考察在这三个阶段语言与图像的关系的变化。

一、古希腊、罗马:语言与图像的首次接近

在西方,无论是对真理之源头的阐释,还是对认知对象和认识过程的论述,视觉性的隐喻范畴可谓比比皆是,如柏拉图的"洞穴之喻"。这样,在西方就形成了一种视觉在场的形而上学,或称为"视觉中心主义的传统"。另一方面,这也与当时的感官分级制度有关,当时人们依据认识主体与认识对象的关系把人的感官分为距离性的感官(视觉和听觉)和非距离性的感官(触觉、味觉和嗅觉),并认为前者是一种认知性的高级感官,后者是一种欲望性的低级感官,因此,视觉和听觉最为高贵。所以,人们对视觉的图像比较重视,并把视觉图像与听觉的语言放在一起来讨论,这就出现了西方美学中语言与图像的首次接近。

这样一来,语言与图像的关系的论述就被提上了议事日程。所以,在古希腊时代,就有关于诗歌与造型艺术的论述。诗人西摩尼德斯

---

[1] W. J. T. Mitchell. *Iconology: Image, Text, Ideology*, The University of Chicago Press, 1986, p. 43.

(Simonides,公元前556—公元前469)对此曾有所论述。据古罗马的普鲁塔克介绍:“西蒙尼德斯把绘画称作沉默的诗歌,把诗歌称作说出的绘画:因为画家表现的是似乎正在发生的事件,而文学则是在描述和记录已经发生的事件。”[2]这可谓是西方美学史上最早对语言与图像关系的论述。到了柏拉图,对于诗与画的关系的论述得以进一步的展开。但柏拉图所谓的图像泛指一切视觉艺术,而不仅指一般意义上的图像艺术。虽然他也在相当程度上承认了美要经过视觉才能产生,但是,由于其坚持万物都是对理念的模仿的观点,图像和诗歌当然也不例外,所以,相比他的“理念说”,他对图像和诗歌还是持贬低的态度。这样,柏拉图就找到了诗歌和图像的相似性,并将二者关联在一套共同的美学话语中,即我们通常所说的模仿论。如他在《理想国》的第十部分论及模仿性艺术的卑下性,将诗歌连同绘画一起合并在模仿性艺术的范畴里。显然,在这里柏拉图论述的是二者的一致性。但是,我们需要注意的是,在《斐德罗篇》中,他又将诗歌写成是一种高贵的迷狂,一种得自神的灵感;而画家只不过是拙劣的模仿者而已,从而把画家降为工匠一类的手艺人。同样的观点也见诸《会引篇》中,柏拉图把视觉艺术家归为纯粹人类的行动范围,而诗人却被归为半神圣的行动范围。在这里,柏拉图认为真正的诗人是处于迷狂状态的诗人,是代神说话的诗人。他认为,懂得这些事情的人,乃是神人;至于懂得其他关于艺术与手艺的事情的人,只是寻常的匠人罢了。这样看来,柏拉图却又把诗凌驾于绘画之上。为什么柏拉图会出现如此矛盾呢? 这要从他对诗歌的分类说起。柏拉图把诗歌分成灵感性的诗歌和技艺性的诗歌,迷狂性的诗人属于人类高级的才能;而技巧性的诗,则与手工艺者的才能一样。迷狂诗人是代神言说,技巧性诗人则和画家一样,都是工匠罢了。这样,

---

[2] [古罗马]普鲁塔克:《古典共和精神的捍卫——普鲁塔克文选》,包利民译,北京:中国社会科学出版社2005年版,第67页。

我们就不难理解为什么把诗与画都归为模仿,而又在某些情况下把诗看得高于画了。

柏拉图后,亚里士多德继续关注诗与画的关系,也把诗与绘画归在模仿性艺术这个单一的范畴内。不同的是,亚氏取消了柏拉图关于诗歌的神秘主义倾向,把诗降到与视觉艺术相同的层次上。亚里士多德仍坚持“模仿论”的美学观念,认为文学、艺术都是对现实的模仿,如诗歌、雕刻和绘画等艺术门类。显然,在亚里士多德看来,文学与绘画都是对现实的一种模仿。当然,亚里士多德也认识到两者的区别,那就是它们的媒介不同,认为诗歌的媒介是语言,而绘画的媒介则是色彩和线条等。如果说柏拉图是贬低图像的,那么亚氏则开始看到图像的重要性了,并肯定了视觉是我们认识真理的开端。在《形而上学》中,亚氏认为:“所有人在本性上都愿求知的。其标志就是我们对感觉的爱好;因为除了它们的用处之外,它们本身就被喜爱;在诸感觉中,尤其喜爱视觉。因为不仅着眼于行动,即使我们不打算进行任何活动,比之于任何事情,我们也更喜欢观看。其理由是,在所有感觉中,视觉最能帮助我们认识事物并揭示事物之间的区别。”[3]在此之后,对于文学与图像的关系论述者众多。古罗马的雄辩家昆提利安认为,虽然绘画哑然无声,但是无论如何它却能深入个人的感情,其深入的程度,有时看起来要超过诗歌在某些方面所变现出来的能耐。[4] 我们知道,表达情感亦是诗歌的一项功能,这里肯定绘画的情感性,就内在地把二者结合在一起了,即认为二者都是人们情感的表现。古罗马时期的贺拉斯对这一问题有过明确的论述。他在《诗艺》里明确的提出了“诗如画”的观点:“诗歌就像绘画:有的要近看才能看出它的美,有的要远看;有的

[3][古希腊]亚里士多德:《形而上学》,李真译,上海:上海人民出版社2005年版,第15页。

[4][波]瓦迪斯瓦夫·塔塔尔凯维奇:《西方六大美学观念史》,刘文潭译,上海:上海译文出版社2006年版,第109页。

放在暗处看最好,有的应放在明处看,不怕鉴赏家敏锐的挑剔;有的只能看一遍,有的百看不厌。”[5]这句名言也成了学者研究诗画关系的经典名言,甚至把其等同于中国的“诗画一律”说。[6] 同时代的普鲁塔克也曾对二者的关系进行论述,认为二者的共同点在于都是模仿的艺术,他说:“诗的艺术是模仿的艺术,和诗歌相类。常言道:‘诗是有声画,画是无声诗。’”[7]在论述二者的区别时,则和亚里士多德的观点相同,认为二者的区别在于题材上和模仿上的不同。总体来说,普鲁塔克对二者关系的论述仍是秉承着西摩尼德斯的观点的,认为“绘画把事情当时的状况描画出来,文学在这事情完成之后,把这事情描叙出来”[8]。和普鲁塔克同时的狄奥·克里索斯托通过对雕塑与诗歌差异的论述来对语-图关系也予以了关注,他认为:“我们(雕塑家)塑每一座像的时候都只能塑一个姿态,这个姿态必须是牢固的、经久不变的,必须包含着神的整个天性和品质。但是,诗人却可以把许多姿态包括到他们的诗歌中去,还可以描写人物的运动和休息、行动和言词。”[9]这里他认为,雕塑(包括绘画)只能描绘出一个动作,而诗歌却可以描绘出许多动作,这显然启发了后来的莱辛,进而把雕塑和绘画归为空间艺术而把诗歌归为时间艺术。

从上面的论述可知,由于视觉中心主义的传统,使古希腊、古罗

---

[5] [古罗马]贺拉斯:《诗艺》,见马奇编《西方美学史资料汇编》,上海:上海人民出版社1987年版,第151页。

[6] “诗如画”的观点是否就是“诗画一律”?有人对此有所怀疑,如波兰美学家瓦迪斯瓦夫·塔塔尔凯维奇就认为后代的学者都误解了贺拉斯的这句话。他认为,贺拉斯只是在绘画与诗歌之间,看出了一种相距甚远的类似,即人们对于诗歌的感应,其千差万别的情形,正与人们对绘画的感应一样。也就是说我们在阅读诗歌和观看绘画时,都会有千差万别的感受,详见其《西方六大美学观念史》;钱锺书先生在《中国诗与中国画》一文对此也有所论述,详见其《七缀集》。

[7] [古罗马]普鲁塔克:《诗与画相类》,见《西方画论辑要》,南京:江苏美术出版社1990年版,第38页。

[8] 同上,第38页。

[9] [古希腊]狄奥·克利索斯托:《雕塑与诗歌之差异》,见《西方画论辑要》,南京:江苏美术出版社1990年版,第40—41页。

马的人们得以关注图像。并且探讨了图像与语言区别与相似之处。不管二者是同质还是异质的,都属于我们“语-图”互文研究的范围,我们“语-图”互文研究就是要考察二者的相同和不同之处。同质性,二者才有转化的可能;异质性,二者才有转化的必要。所以,我们说语言与图像之间的接近并不仅仅说的是二者的相似性,而是说当时的学者把二者放在一个相同的层面来考察二者的关系,没有谁压制谁的问题。因此,我们说二者的接近也包括对二者之间差异性的研究。而下文所说的冲突则是二者之间出现了一方压制另一方的情形,如中世纪语言对图像的压制和后现代语境中图像对语言的压制,在此不赘述。

二、中世纪:语言与图像的首次冲突

到了中世纪,宗教的基督教艺术逐渐兴起。宗教所追求的是彼岸之物而非此岸之物,从而排斥一切包括世俗艺术在内的感性的东西,认为美是超感性的,也只有在上帝那里才能被创造出来。而通常的艺术都是人所创造出来的,因而不是美的。并下令禁止绘画和雕塑等视觉艺术活动,禁止对上帝进行描绘,甚至禁止表现任何生物。

在拜占庭时期,反对偶像崇拜者发起了大规模的捣毁圣像运动,认为人们对上帝的信仰只能是精神的信仰,而不是对所谓的神像的信仰。这样,当时的人们就贬低包括神像在内的一切视觉艺术,他们所推崇的只是以《圣经》为代表的宗教语言艺术。反对偶像崇拜者认为,神是无法用形象来表现的,任何画像都无法揭示神的本质。到了卡罗林时期,仍然贬低图像,当时的学者认为,文学较视觉艺术具有更高的优越性。因为文学是包括《圣经》的,而《圣经》则被认为是上帝的声音。据《卡罗林书》记载:“啊,画像的崇拜者,盯着你的画像吧,让我们悉心研读《圣经》。你去做人为色彩的崇拜者吧,让我们崇奉和探究神秘的思想。你欣赏你那绘制的图画吧,我们欣赏上帝的声音。"[10] 这里是基于《圣经》的存在,而抬高文学的地位的。但是,即使不提《圣经》,有的学者也认为,绘画由于局限于视觉形象而被看作较低级的艺术;而文学的言辞比画面更令人愉快、能给人带来更大的满足且具有更高的道德意义。相比之下,诗能更直接地诉诸我们的趣味,更便于记忆,唤起的快感也更持久,绘画只能满足转瞬即逝的一瞥,而诗能引发灵魂的活力。所以,在这个时期人们是看重语言艺术而贬低图像艺术的。如当时的学者拉班鲁斯·毛鲁斯说:

> 即使绘画比其他一切艺术更使你感到亲切,我仍劝你不可轻视为写作付出的未受称颂的劳动,为歌唱所作的努力,以及为阅读所需的炽热感情:因为文学比绘画的无谓形态更可贵,它比以不当的方式表现事物形式的虚假绘画给灵魂以更多的美。虔诚的文学是拯救灵魂的至善良方,它对生活更有意义,对一切人都更有用处;它比味觉更为真切,与人类的心灵与感受更为完善;它的技巧更便于掌握,它能满足口、耳、目的需要。而绘画只给人以微小的满足。文学以其面貌,以其词语和内容展示真理,并总给人以快感。而绘画则仅于新丽之时给视觉以满足,一旦陈旧便索然无味,迅速丧失其真实性,丧失其信仰的力量。[11]

在这里,毛鲁斯通过对文学和绘画自身性质的认识以及二者之于人的效能的比较而得出作为语言艺术的文学要优于图像的结论。

虽然,这时的宗教艺术贬低图像艺术而尊崇语言艺术,但到了中世纪后期,人们还是逐渐认识到了图像艺术的作用,特别是在宗教传播的过程中。因此,支持偶像崇拜者也大有人在,他们认为,哪怕是最抽象

[10] [波]沃拉德斯拉维·塔塔科维兹:《中世纪美学》,储朔维译,北京:中国社会科学出版社1991年版,第125页。
[11] 同上,第125页。

的真实，也只有通过知觉形式才能获得，也即是说，我们对于上帝的信仰要通过具体的神像的崇拜而实现。所以，中世纪的学者约翰·德玛斯塞在为偶像崇拜辩解时说，与上帝的纯理性统一是不可能的，因为我们与自身肉体相连接的方式，使我们不可能不依赖肉体而达到圣灵。他说：“我们不仅通过耳闻之言词，而且通过眼见之圣像来领悟圣灵。上帝在可见的事物中显灵是很自然的，因此，如果上帝通过可见的事物显现自己，可见的事物就不纯粹是物质性的。”[12]并认为，在上帝圣像的创造中，我们看到画像使我们朦胧瞥见神的光辉。到了后期，随着破坏圣像运动的失败和偶像崇拜者的胜利，基督教逐渐开始重视图像艺术的重要性，并用绘画为基督教的传播服务，可以允许在宗教圣书上插图，用来图解基督教。即使是这样，仍使得当时的绘画取得了一定的成就，如教堂壁画、圣像和宗教故事画等。

显然，当时之所以依然有人重视图像，这是因为在当时学者看来，对于会阅读者说绘画有其缺陷，但对于不会阅读者，它却可发挥着自己的作用。当时的教皇格利高里一世就利用绘画作为传播宗教的工具。他说：“绘画之于下贱者就像文学之于阅读者，因为不会阅读者能从绘画中看到和学到他们应效法的典范。”[13]因此，就有人认为绘画是未受教育者的文学。但也有对于文学优于绘画的观点持不同意见的人，因为教皇格利高里也曾说过绘画比文学更能打动人心。这显然是指图像在宗教传播中的作用而言的，文学在宗教传播中的适用范围只能是受过教育者；而图像的适用范围是未受教育者，当然受过教育者也可通过图像来阅读宗教教义，所以，格利高里会有此一说。另外，当时的学者威廉·图兰多也认为图像优于文学，他说：“它（指图像）使历史事件

[12] [波]瓦迪斯瓦夫·塔塔尔凯维奇：《西方六大美学观念史》，刘文潭译，上海：上海译文出版社2006年版，第51页。

[13] [波]沃拉德斯拉维·塔塔科维兹：《中世纪美学》，储朔维译，北京：中国社会科学出版社1991年版，第127页。

呈现于眼前,而文学作品则须由听觉唤起对它们的记忆,对心灵的触动要小些。这就是我们在教堂里对书本的崇拜不如对画像、绘画的崇拜那样强烈的原因。”[14] 这里,他们是基于宗教传播的作用而推崇图像艺术的。

显然,这时关于语言与图像关系的论述主要还是语言压制图像的冲突论,虽然也有少数推崇图像艺术。此外,也有人客观地从二者自身的特征入手来论述二者关系。如上所说的约翰·德玛斯塞,他在谈画像的本质时也曾直接论述到画像与词语的关系。他说:“画具有双重性,它既可通过书写在书里的词语来认识,也可通过感官关照来认识,因为画像是回忆的工具。一本书对于会书写者的意义,也就是一个形象,对于既不会读也不会写的人的意义,一个词对于听觉的意义,也就是一个画像对与视觉的意义。”[15] 这里,就说明了词语与画像也即文学与图像的内在联系。奥古斯丁认为,任何艺术门类都有其不同的性质,因而视觉艺术与文学存在着巨大的差异,差异就在于对二者的欣赏方式是不同的。他说:

> 当我们注目于优美的文字中时,仅仅赞美作家为使文字相等、对称、绚丽而表现的技巧是不够的,除非我们同时阅读他以文字为媒介所表达的一切。因此,仅仅注目作品者因其美而产生快感,并为之赞美艺术家;而具有理解力的人则同时阅读了书籍。因为观赏绘画是一种方式,而阅读文章则用另一种方式。当你看到一幅画时,过程已经结束了:你看见它,赞美它。当你看到一篇文字时,过程却没有完结,因为你还必须阅读。[16]

---

[14] [波]沃拉德斯拉维·塔塔科维兹:《中世纪美学》,储朔维译,北京:中国社会科学出版社 1991 年版,第 128 页。
[15] 同上,第 56 页。
[16] 同上,第 79—80 页。

这就是说，对文学作品，不能仅仅关注文字，无论文字本身是多么优美，它们必须被阅读，被理解。也就是说，在绘画中，最为关键的是形式；而在文学作品中，内容与形式一样具有重要地位，在某些时候，内容甚至会比形式更加重要。这里，奥古斯丁从对二者的观赏方面论述了二者的不同。

在这个时期，虽然宗教艺术以语言艺术来压制图像艺术，但却没有完全取消图像艺术，仍有一部分学者推崇图像艺术。这也印证了米歇尔的一个观点，米歇尔认为：“所有媒体都是混合媒体，所有再现都是异质的；没有纯粹的视觉或语言艺术，尽管要纯化媒体的冲动是现代主义的乌托邦创举之一。”[17]所以，要试图地把语言艺术与图像艺术严格地区分开来是不可能的，即使在后来试图划分诗与画界限的莱辛那里，这一区分仍没彻底奏效。

综上所述，在中世纪虽然有语言与图像之争，但总体来说，当时的人们还是更加强调语言、文字在文化中的重要作用，如当时的教士和僧侣在阐释《圣经》和传教布道主要还是通过语言与文字的艺术来进行，即使使用图像也只是辅助性的，并且在大多数情况下对于图像还是持贬低的态度。因此，在中世纪就形成了语言与图像的第一次冲突，总体上来说，这次冲突的胜利者则是语言。

三、近现代：语言与图像的再次接近

文艺复兴时期，一反中世纪语言对图像的压制而又开始重新重视图像。首先对绘画进行论述的就有阿尔贝蒂的《论绘画》和达芬·奇的《论绘画》。阿尔贝蒂认为，艺术品首先和最重要的任务就是描述一个故事，这个故事要选自权威的文学资料，不管是神圣的还是世俗的。

---

[17]［美］W. J. T. 米歇尔：《图像理论·序》，北京：北京大学出版2006年版，第5页。

所以他要求画家要与诗人成为朋友,从诗人那里寻找素材。他认为:“因为诗人和演说家知识渊博、想像力丰富,可以把新的构思提示给你……为画家创作优美的情节画带来益处。”[18]这样一来,当时的艺术品包括绘画主要是再现《圣经》、圣书中的历史、古典历史神话或传说中的某个事件。

为什么绘画要从文学里寻找题材呢?这主要是因为人们受中世纪影响而普遍认为文学要优于绘画而致。此外,从古希腊到文艺复兴一直到近代,还没有形成独立的绘画理论,所以,诗歌和修辞学理论被看作视觉艺术的法则。贺拉斯的“诗如画”的理论成了绘画中不可动摇的准则,绘画被要求向诗看齐。即使在文艺复兴时,这种看法仍广泛影响着当时的艺术家。但是,有个画家却打破了这个传统的观念,他就是达·芬奇。达·芬奇认为,绘画与诗歌相比,绘画是更高级的艺术,而不必从文学中寻找材料,并认为文人是一种书写家,而书写本身就是图画的一个分支。他说:“诗用语言把事物陈列在想像之前,而绘画确实地把物象陈列在眼前,使眼睛把物象当成真实的物体接受下来。诗所提供的东西就缺少这种形似;诗和绘画不同,并不依靠视觉产生印象。”[19]从对二者的欣赏来说,也存在着差别。“绘画通过视觉将它的主题立刻传达给你,它所借助的器官也就是将自然物传之于心的同一个器官。在此同时,构成整体的各部分之间的和谐匀称使感官愉快。诗则借助较逊色的感官传达同样的主题,然后将事物的形态传与心灵,较之物和心之间的真正媒介——眼睛的作用模糊得多,迟钝得多。”[20]尽管达·芬奇看到了诗和画之间的许多差别,但并不认为二者是毫无关联的。在他看来,诗人能用文句美妙的诗描写一件事象征另一件事,画家同样也能做到,并且

---

[18] 阿尔贝蒂:《画家应与诗人和演说家成为朋友》,见《西方画论辑要》,南京:江苏美术出版社 1990 年版,第 104 页。

[19] [意]达·芬奇:《论绘画》,见马奇编《西方美学史资料选编》,上海:上海人民出版社 1987 年版,第 248 页。

[20] 同上,第 248 页。

在这一方面他也是一位真正的诗人。

“诗如画”的观点在古典主义那里得以继续继承下来,并被奉为艺术理论的经典。对此论述最出名的莫过于温克尔曼(J·J·Winckelmann),他作为一名崇尚古典主义美学的艺术史家,所奉为经典的美学思想是“单纯的伟大和静穆的崇高”。这本来是从视觉艺术总结而来的,如温克尔曼对与雕塑“拉奥孔”的解释。由于温克尔曼也是持“诗如画”的观点,进而把这种美学思想运用到文学领域。关于诗与画的关系,温克尔曼认为:“绘画和诗一样都有广阔的边界;自然,画家可以遵循诗人的足迹,也像音乐所能做到的那样。画家能够选择的崇高题材是由历史赋予的,但一般的模仿不可能使这些题材达到像悲剧和英雄史诗在文艺领域中所达到的高度。”[21]这里,温克尔曼建议画家去描述诗人笔下的题材,而一般的模仿则无法达到模仿诗人的题材所达到的高度。古典主义者持“诗如画”的观点,主张从古代诗歌里寻找绘画的题材,这样就把艺术引向了古代社会而不是现代,大大限制了艺术家走向现实,而缺乏现实的斗争性。这对于想重建德国文学的启蒙主义者莱辛来说,显然是无法接受的。正是针对着古典主义的这种倾向,莱辛写了《拉奥孔》一文,对诗与画的界限详加论述,进而批判了古典主义所坚持的“诗如画”的思想。

莱辛对诗与画进行了严格的区分。首先,二者的性质不同,莱辛承认二者的共同点都是模仿的艺术,但二者用来模仿的媒介或手段是不同的。莱辛认为:“绘画运用在空间中的形状和颜色。诗运用在时间中明确发出的声音。前者是自然的符号,后者是人为的符号,这就是诗和画各自特有的规律的两个源泉。”[22]所以说,诗是一种时间艺术,而绘画则是空间的艺术。其次,诗与画的题材和对象不同,画所描述的是物体,

---

[21][德]温克尔曼:《论古代艺术》,邵大箴译,北京:中国人民大学出版社1989年版,第76页。

[22][德]莱辛:《拉奥孔》,朱光潜译,合肥:安徽教育出版社2006年版,第196页。

诗所描述的是动作。莱辛认为:“同时并列的模仿符号也只能表现同时并列的对象或同一对象中同时并列的不同部分,这类对象叫做物体。因此,物体及其感性特征是绘画所特有的对象。先后承续的模仿符号也只能表现先后承续的对象或是同一对象的先后承续的不同部分,这类对象一般就是动作(或情节)。因此,动作是诗所特有的对象。”[23]最后,美学上的要求不同,绘画的美学要求是美,诗歌的美学要求是真。莱辛认为造型艺术的最高准则是美,说明拉奥孔雕塑为什么没有显示出其痛苦的表情,这并不是因为温克尔曼所谓的“高贵的单纯和静穆的伟大”的美学规则在起作用,而是造型艺术的美的诉求。而诗歌由于是对动作的描述,则不受此规则约束,但是却要遵循真的要求。

以上是莱辛对于诗与画的区别的论述。那么在莱辛看来,二者是否就是泾渭分明、毫不相干的呢?显然不是。莱辛认为,一切物体不仅是在空间中存在,也是在时间中存在。一个物体在时间中运动时,就会在空间留下不同瞬间的显示,这些显示则是可以被绘画所描绘的,所以,绘画也能描绘动作,但是只能通过物体用暗示的方式去模仿动作。另一方面,动作并非独立存在,必须依靠人或物。这些人或物都是物体,也就有相对静止的状态,所以,诗也能描绘物体,但是只能通过动作,用暗示的方式去描绘物体。那么,具体来说,如何用画去描绘本属于诗的题材或用诗去描绘本属于画的题材呢?莱辛认为,绘画在它的同时并列的构图里只能选择动作的某一顷刻,所以要选择最富有孕育性的那一顷刻,使得前前后后都可以从这一顷刻中得到最清楚的理解。同样,诗在它的持续性的模仿里,也只能运用物体的某一属性,要选择从诗要运用的那个观点去看,即能够引起该物体的最生动的感性形象的那个属性。此外,诗歌还可以从美的效果或通过化美为媚的手法来描写美的物体。这都向我们说明了,并不能把诗与画截然分开,二者一

[23][德]莱辛:《拉奥孔》,朱光潜译,合肥:安徽教育出版社2006年版,第196页。

方面是异质性的,而另一方面则又具有同质性。

莱辛的《拉奥孔》作为欧洲启蒙运动中的一部里程碑式的著作,震撼了当时被伪古典主义所窒息的德国文坛,具有重要的地位。它的出现几乎推翻了历史上占统治地位的"诗画一致说",但是《拉奥孔》中所论述的观点并不是无懈可击的,其中的主要缺陷就是理性主义的偏颇和缺乏历史主义的观点,这在"狂飙突进"运动的理论家赫尔德那里就有所批判了,他的《批评之林》就是对莱辛《拉奥孔》的补充。首先,赫尔德认为绘画与文学都是表情的,重视情感在艺术中的作用。他说:"绘画、音乐和文学都是表情的,模仿的,但是在模仿的手段上却有所不同;绘画是通过形象与色彩来表情,音乐是借动作和音调来表情——绘画和音乐是借自然的手段(来表情),文学则是借人为的和有意的手段(来表情)。"[24]这里,赫尔德对绘画与文学的相同和不同之处的论述就充分考虑到了情感在艺术中的重要作用,这种观点显然比莱辛从空间和时间来对艺术加以区分更符合艺术本身的特征,可以说是对莱辛理性主义艺术观的纠偏之举。

进入20世纪,图像在人们的生活中愈加凸显,人们开始生活在一个被图像充斥的时代,形成了海德格尔所说的"世界图像时代"或德波所说的"景观社会"。海德格尔认为:"世界图像并非意指一幅关于世界的图像,而是指世界被把握为图像了。"[25]如果说海德格尔还只是预示着世界图像时代的到来,那么到了上个世纪的60年代的后现代转向,[26]图像的转向则被提上了议事日程。美国最重要的视觉艺术批评家和图像理论家米歇尔在其名作《图像理论》和其姊妹篇《肖像学》一书中宣告了

[24] [德]荷尔德:《批评之林》,伍蠡甫编《西方文论选》(上),上海:上海译文出版社1979年版,第439页。

[25] [德]海德格尔:《海德格尔选集》,孙周兴编,上海:生活·读书·新知三联书店1996年,第899页。

[26] 在美国社会学家丹尼尔·贝尔看来,后现代文化本质上就是一种视觉文化,参见其《资本主义社会的文化矛盾》一书。

文学批评理论中的"语言学转向"的结束,明确提出了"图像学转向"的新方向。米歇尔图像理论的转向是接着理查·罗蒂的一系列哲学转向而提出的。罗蒂认为:"古代和中世纪的哲学图景关注事物,17 世纪到 19 世纪的哲学图景关注思想,而开化的当代哲学图景关注词语,这相当合理。"[27] 显然,罗蒂认为哲学史的最后一个阶段也就是通常意义上的"语言学转向"。但米歇尔却认为:"哲学家们谈论的另一次转变正在发生,又一次关系复杂的转变正在人文科学的其他学科里、在公共文化的领域里发生。我想要把这次转变称作'图像转向'(pictorial turn)。"[28] 特别是在今天的电子传媒的强力推动下,图像有向所有的人文学科蔓延的趋势。既然整个人文科学都发生了图像的转向,自然,我们的文学也无法逃脱被图像化的命运。这里所说的图像转向是指大众媒介传播信息的方式是以视觉形象为主而不再是传统意义上的以语言或词语为主。在米歇尔看来,图像转向并不是回归到天真的模仿、拷贝或再现的对应理论,也不是更新的图像"在场"的形而上学,它反倒是对图像的一种后语言学的、后符号学的重新发现。图像转向使我们认识到:观看(看、凝视、扫视、观察实践、监督以及视觉快感)可能是与各种阅读形式(破译、解码、阐释等)同样深刻的一个问题。[29] 这样,就把我们对文学作品的阅读与观看放到同等重要的位置,而对文学作品中的观看的肯定则意味着对文学图像转向的肯定。从此,文学与图像的关系更加紧密。

四、余　　论

以上我们从西方美学史中详细梳理了文学与图像的关系。由此可以发现,"语-图"关系是一个具有深厚历史积淀的命题,且随着时代的

---

[27] 转自[美]W. J. T 米歇尔:《图像理论》,北京:北京大学出版 2006 年版,第 2 页。
[28] [美]W. J. T 米歇尔:《图像理论》,北京:北京大学出版社 2006 年版,第 3 页。
[29] 同上,第 7 页。

发展，对这一命题的研究逐渐深入。如果说，在历史上，文学与图像的互相交叉是由于绘画理论发展的不健全而不得不去借鉴文学的法则，而使二者紧密联系；那么，在今天学科间的界限日益泾渭分明的时代下，图像如何借鉴文学而文学也要借鉴图像而更好地发展以及如何处理二者的关系？这种转化是否有规律可寻？这都是我们“语-图”互文所要研究的课题。[30] 如果说二者的关系在历史上经历了一个调和、冲突和再调和的过程，且无论二者如何冲突，文学始终是占主导地位的。那么进入20世纪以来特别在今天的现代或后现代语境下，二者的关系又如何呢？显然，在今天，二者的调和关系又被打破，图像不甘于其被文学压制的地位而试图成为我们这个时代的“主因型文化”(dominant culture)，这样就形成了所谓的“图文之争”，甚至是图像对文学的霸权。这要求我们广大的文学研究者要立足于我们的本质工作，即从文学出发来理性地研究“语-图”的关系(而不是抛开文学而盲目地投入到图像文化研究中)，进而在这种关系中发现文学如何应对这场“战争”，并寻求文学在图像时代的生存策略，而不是盲目地悲观失望甚至抛出“文学消亡”的论调。正是在这种语境下，进一步推进“语-图”互文研究就显得更加必要。

---

[30] 关于“语-图”互文研究中的若干问题，赵宪章教授在《传媒时代的语-图互文研究》一文中，已经为我们指出，但具体研究仍需进一步推进。详见赵宪章教授的《传媒时代的语-图互文研究》一文，载《江西社会科学》2007年第9期，第7—11页。

专栏名称(二)：美与神性

主持人：包兆会博士

主持人语

中国美学研究中向来不乏人类学美学、心理学美学和视觉美学研究，缺少的是神学美学维度的探讨，即使偶尔有涉及这方面的，也大多是对西方神学美学的译介。本专栏的两篇文章立足于中国本土文化中美与神性的关系，一篇关注古代，另一篇关注当代，以唤起学术界对这一本土资源的挖掘和开采。

董仲舒的神学美学*

包兆会

摘要：相较于西方神学美学主要关注美的形象与形式，以及审美过程中的陶醉和沉思，董仲舒的神学美学主要关注美的根源“天之仁”和这一根源下所展现出来的美的各种形态：“天地之美”、“天地之行美”、“中和之美”。董仲舒虽然对天的神圣性和至高无上给予了尊重，但也从多方消解了天的神圣性和绝对主宰性，如通过阴阳五行解释一切天道人事变化，通过天人互动并决定和限制天作出如何行动，“天”的美学中也涵设儒家伦理诉求甚至被儒家伦理所规定。在上述因素作用下，其美学最终呈现出两大特质：神性与人文可以通约，神性最终被人文解释所吞没；伦理道德诉求占据其美学中心地位。

关键词：董仲舒　神学美学　天之仁　中和之美　天人相副

作者简介：包兆会，(1972—)，男，浙江临海人，文学博士。现为南京大学中文系副教授，硕士生导师，主要从事古典美学、庄学和文艺学研究。

在西方，近年来神学美学研究开始蓬勃发展，瑞士神学家巴尔塔萨在这方面成了奠基者，他以三部(六卷本)《荣耀：神学美学》和四卷本《圣神戏剧学》为主干来建构他的神学美学。[1] 国内学者也开始译介

* 资金项目：国家“985工程”：“汉语言文学与文化认同”哲学社会科学创新基地。

[1] 巴尔塔萨的神学美学思想，国内主要见其《神学美学导论》(刘小枫编选，曹卫东、刁承俊译，北京：三联书店，2002)。Hans Urs Von Balthasar. *The Glory of* (转下页注)

西方的神学美学,出版《神学美学》刊物[2],并藉这一思想资源分析现代汉语美学语境中的神学美学之可能与实践。[3] 本文在此基础上进一步把汉语美学语境中的神学美学研究延伸到中国古代,认为在中国古代,有着对应于西方上帝的词:“天”,天是有人格、有意志、有目的的。《尚书》、《诗经》、《论语》、《墨子》、《春秋繁露》都涉及到了人格天,但唯有《春秋繁露》把天与美联系起来并进行系统论述。因而,本文主要研究的是董仲舒的神学美学。在大主教神学家巴尔塔萨看来,神学美学主要关注的就是美的形象与形式,以及审美过程中的陶醉和沉思,[4] 董仲舒的神学美学主要关注的是美的根源和这一根源下所展现出来的美的各种形态。

一、美的根源:天之仁

在董仲舒那里,天首先表现为世界的主宰、百神之君:“天者,百神之君也,王者之所最尊也,以最尊天之故,故易始岁更纪,即以其初郊,

---

(接上页注) *the lord*:*A Theological Aesthetic*,trans. T. & T. Clark Ltd, Great Britain: T. & T. Clark Limited, 1986. Hans Urs Von Balthasar. Theo-Drama: *Theological Dramatic Theory*, San Francisco: Ignatius, 1988.

[2]《神学美学》(刘光耀、杨慧林主编,上海三联书店出版,创刊于2006年,每年一辑)刊物由湖北襄樊师范学院神学美学研究所主办。国内有关神学美学的译介主要有:《神学美学导论》(刘小枫编选,曹卫东、刁承俊译,北京:三联书店,2002),孙津的《基督教与美学》(重庆:重庆出版社1990年版),阎国忠:《中世纪神学美学》(上海:上海社会科学院出版社2003年版),雷礼锡:《黑格尔神学美学论》(武汉:湖北人民出版社2005年版),宋旭红:《巴尔塔萨神学美学思想研究》(北京:宗教文化出版社2007年版)。相关的研究论文有:张法《巴尔塔萨的神学美学》(《中国人民大学学报》2002年第4期),赵广明《爱留根纳的神学美学》(《世界哲学》2006年第3期)、李枫《消极浪漫与神学美学》(《中国比较文学》2008年第2期)。

[3] 详见郭珍明:《汉语美学语境中的神学美学之思》(《厦门广播电视大学学报》2008年第11期)。

[4]“由此来看,神学美学实际上必须经历下列两个阶段:(1)直观论——或曰基础神学;(康德意义上的)美学作为感知上帝启示形象的学说。(2)陶醉论——或曰教义神学;美学作为荣耀之上帝成人以及鼓舞人分享荣耀的学说。”(见巴尔塔萨:《神学美学导论》,刘小枫选编,曹卫东、刁承俊译,三联书店2002年版,第141页。)

郊必以正月上辛者,言以所最尊首一岁之事,每更纪者,以郊郊祭首之,先贵之义,尊天之道也。"[5]

天在人格化方面表现为有自己的意志,所谓"天志"和"天意","天之志,常置阴空处,稍取之以为助。故刑者德之辅,阴者阳之助也"。[6] "天使阳出布施于上而主岁功,使阴入伏于下而时出佐阳;阳不得阴之助,亦不能独成岁。终阳以成岁为名,此天意也。"[7]地上的王者和百姓要顺天意而动,"是故王者上谨于承天意,以顺命也"。[8]若反天逆命者,则"天必诛焉","灾者天之谴也,异者天之威也。谴之而不知,乃畏之以威。"[9]

天也是公平的,"夫天亦有所分予:予之齿者去其角,傅之翼者两其足,是所受大者,不得取小也。古之所予禄者,不食于力,不动于末,是亦受大者不得取小,与天同意者也"。[10] 天是有感情的,"天亦有喜怒之气,哀乐之心,与人相副。以类合之,天人一也。春,喜气也,故生;秋,怒气也,故杀;夏,乐气也,故养;冬,哀气也,故藏。与天同者大治,与天异者大乱。"[11]

人格化的天最核心内容就是"仁",这是董仲舒论述最多的。董仲舒认为"仁"本是至高的天的善良意志的表现,"天志仁,其道也义"[12],"察于天之意,无穷极之仁也"[13]。天之仁表现在天生养万物的目的上,"生育养长,成而更生,终而复始其事,所以利活民者无已,天虽不言,其欲赡足之意可见也"。[14] 也表现在天地阴阳运作上,天地阴

---

[5]《春秋繁露·郊义第六十六》,下引《春秋繁露》,仅标注篇名。
[6]《天辨在人第四十六》。
[7]《汉书》卷五十六《董仲舒传》引《举贤良对策》。
[8]同上。
[9]《必仁且知第三十》。
[10]《汉书》卷六十五《董仲舒传》。
[11]《阴阳义第四十九》。
[12]《天地阴阳第八十一》。
[13]《王道通三第四十四》。
[14]《诸侯第三十七》。

阳运作是阳在前,阴在后,天的贵阳而贱阴表明了天好德不好刑的一颗仁心,"天之任阳不任阴,好德不好刑,如是。故阳出而前,阴出而后。尊德而卑刑之心见矣"。[15] "阳始出,物亦始出;阳方盛,物亦方盛;阳初衰,物亦初衰。物随阳而出入,数随阳而终始,三王之正随阳而更起。以此见之,贵阳而贱阴也。"[16]就连"天谴"也是为了劝人离恶向善,"凡灾异之本,尽生于国家之失,国家之失,乃始萌芽,而天出灾害以谴告之;谴告之,而不知变,乃见怪异以惊骇之;惊骇之,尚不知畏恐,其殃咎乃至。以此见天意之仁,而不欲害人也"。[17] 天人灾异之说恰恰成了"天心之仁爱人君而欲止其乱"的力证,董仲舒甚至直言"天,仁也"。[18]

人格化的天或天之仁是通过自然之天呈现自己,实施其命令和意志。[19] 李泽厚先生指出:"在董仲舒那里,人格的天(天志、天意)是依赖自然的天(阴阳、四时、五行)来呈现自己的。前者(人格的天)从宗教来,后者从科学(如天文学)来。前者具有神秘的主宰性、意志性、目的性,后者则是机械性或半机械性的。前者赖后者而呈现,意味着人对'天志'、'天意'的服从,即应是对阴阳、四时、五行的机械秩序的顺应。"[20]天要将自身的仁性具体表现出来,"覆育万物,既化而生之,有养而成之,事功无已,终而复始,凡举归之以奉人"[21],并确保万物化生过程体现为"和","夫德莫大于和",于是,天地的化生因着"和"的保证呈现为一种美,"天地之化精,而万物之美起"[22],"人气调和,而天地之化美"。[23]

---

[15]《天道无二第五十一》。

[16]《阳尊阴卑第四十三》。

[17]《必仁且智第三十》。

[18]《王道通三第四十四》。

[19]"是故明阳阴入出实虚之处,所以观天之志。辨五行之本末顺逆,小大广狭,所以观天道也。"(《春秋繁露·天地阴阳第八十一》)"天地之气,合而为一,分为阴阳,判为四时,列为五行。"(《春秋繁露·五行相生第五十八》)

[20]李泽厚:《中国古代思想史论》,北京:人民出版社1986年版,第145页。

[21]《王道通三第四十四》。

[22]《天地阴阳第八十一》。

[23]同上。

而这一切的根源在于天,都是天意之仁的客观化表现,这便是“仁之美”,“仁之美者在于天,天,仁也”。

二、美的各种形态

董仲舒论述了人格化的天借着万物运行所展现出来的美的各种形态。

董仲舒提到了“天地之美”[24]。在董仲舒看来,“天地之美”[25]在于物各按其时而生,所谓“四时不同气,气各有所宜,其物代美。视代美而代养之,同时美者杂食之,是皆其所宜也”。[26] 由于天有四时,四时各有其特定的对应物产,人食之,有助于人在那个季节的养生和长寿,如“荠”在冬天出产,味甘,在冬天吃它有助于驱寒,因为“甘胜寒也”;再比如“荼以夏成”,夏饮服苦荼,有助于消除火气,因为“苦胜暑也”。按其时而出土的物产不但体现了“天地之美”,也同时体现了“仁之美”。董仲舒盛赞天地物产丰美,与《淮南子·地形训》中所描述的四方之美虽有相似之处,但两家有其鲜明的理论分际:前者将“天地之美”看作是天意之仁的自我实现,后者则将物之美归于自然之天。

董仲舒还论及“天地之行美”。“天地之行美”是通过天地万物运行中所体现出来的天的四个属性来展示美之内涵。

首先是“尊”。“天地之行美也。是以天高其位……高其位所以为尊也”[27],天地运行的美首先表现在天高高在上的“尊”。天之尊既表现在天高高在上,统辖世上一切,掌管对地上的赏罚,让人不得不对其肃然起敬,“以此见天之不可不畏敬,犹主上之不可不谨事。……不

[24]《循天之道第七十七》。

[25] 天地之美实际上就是天之美,因为地是从属于天的,在董仲舒的思想中,地起着陪衬天的作用,“地不敢有其功名,必上之于天”(《五行对第三十八》)。

[26]《循天之道第七十七》。

[27]《天地之行第七十八》。

畏敬天,其殃来至暗。暗者不见其端,若自然也,故曰:堂堂如天殃。"[28]"孔子曰:'获罪于天,无所祷也。'是其法也。"[29]也表现在其地位在诸神中是最大的,"天者百神之君也,王者之所最尊"[30]。天的地位不可动摇,使天有了至高无上的美。

其次是"仁","下其施所谓为仁也"[31]。天之仁前已有详论,是董仲舒着重申论的部分,兹不赘述。要补充的是,天之仁通过自然之天即阴阳、四时、五行的运作和所出的物产展示自身,"天无所言,而意以物,物不与群物同时而生死者,必深察之,是天之所以告人也"。[32]

再者是"神","藏其形所以为神也",意思是天空的虚无缥缈、没有任何具体形象,可看作天的神妙。董仲舒把"藏其形"看作是"神"的表现。在另一些场合,他对"神"的认识不限于"藏其形"。在他论到"为人君者其要贵神"、"体国之道在于尊神"的"神"时说:"神者不可得而视也,不可得而听也,是故视而不见其形,听而不闻其声。声之不闻,故莫得其响,不见其形,故莫得其影。"[33]这就是说,"神"者意味着难见其形、难闻其声,明确了"神"具有难知的一面,所谓"物之难知者若神"[34]。所以,董仲舒一方面主张:"夫王者不可以不知天"[35],另一方面又讲:"知天,诗人之所难也,天意难见也,其道难理。"[36]这就表明,天神秘难知,对天做事需仔细审察,"吉凶利害在于冥冥不可得见之中"[37]。董仲舒对"天"神秘难知的有限肯定,使"天地之行美"也

---

[28]《郊语第六十五》。
[29]同上。
[30]《郊义第六十六》。
[31]《天地之行第七十八》。
[32]《循天之道第七十七》。
[33]《立元神第十九》。
[34]《天地阴阳第八十一》。
[35]同上。
[36]同上。
[37]《郊语第六十五》。

增添几分神秘。

最后是“明”,“见其光所以为明”[38]。在论述天之明时,董仲舒同样把人格化的天与自然之天联系在一起。为明者,乃是天使日月星辰运行并用它们照亮浩瀚的宇宙和山川大地,表现了天光明的一面。这方面董仲舒论述最少。

董仲舒对天在运作万物过程中所展示的一些具体属性如尊、仁、神、明的精湛把握[39],丰富了以“天之仁”作为理论框架下对美的具体分析,无论是“仁之美”还是“天地之美”都是天意之仁的自我实现,而“天之行”所表现出来的天之“尊”和“神”则突破了天仅作为善良意志的表现,从而使董仲舒对美的论述不仅仅停留在道德伦理层面,进而扩展到美的至高无上和神秘气息层面。

董仲舒还从四时运行的时间和方位论述了天地运行的一种最佳状态,并形容这种最佳状态为“中和之美”[40]。“中和”这一概念,最早出自《礼记·中庸》:“喜怒哀乐之未发,谓之中;发而皆中节,谓之和。中也者,天下之大本也;和也者,天下之达道也。致中和,天地位焉,万物育焉。”可见,这里的“中和”是针对人的情感而言的。情感在内未露就是“中”,表现于外并且符合礼仪规范就是“和”。到达中和状态,意味着天和地各就其位,万物获得了化育、生长的机会。后来《荀子·乐论》和《乐记》,在论述音乐时共同提出了“中和之纪”概念:“乐者,天下之大齐也,中和之纪也。”[41]“故乐者,天地之命,中和之纪,人情之所不能免也。”[42]音乐是齐一天下的工具,是人的情感和行为中正和平的要领,可以通过乐之作用调和人心,使礼之等级名分得到内在情感

[38]《离合根第十八》。

[39]“故位尊而施仁,藏神而见光者,天之行也。”(《春秋繁露·离合根第十八》)

[40]这一部分写作参考了张峰屹:《董仲舒“诗无达诂”与“中和之美”探本》,载《南开学报(哲学社会科学版)2000年第1期。特致感谢。

[41]《荀子·乐论》。

[42]《乐记》。

的保证。

相对于前人对中和的理解侧重于情感和社会礼仪秩序方面，董仲舒对“中和”进行了全新解说。《春秋繁露 · 循天之道》说：“天有两和以成二中，岁立其中，用之无穷。是(故)北方之中用合阴，而物始动于下；南方之中用合阳，而养始美于上。其动于下者，不得东方之和不能生，中春是也；其养于上者，不得西方之和不能成，中秋是也。然则天地之美恶，在两和之处，二中之所来归而遂其为也。”根据文意，“两和”是指中春、中秋(或言春分、秋分)，“二中”乃是中冬、中夏(或言冬至、夏至)。万物萌苏始于冬至，但不得春分之阴阳调和就不能生长；万物成熟始于夏至，但不得秋分之阴阳再次调和，就不能最终成熟。这就是“两和以成二中”。因此，董仲舒重视起于中、止之和的最终状态，认为这最终状态就是美，所谓“天地之美恶，在两和之处，二中之所来归而遂其为”是也。苏舆《义证》说：“圣人之道以中和为则，故取春秋而不取冬夏”。[43] 从天地运行的状态来看，所以取春秋(两和)而不取冬夏(二中)，正是因为中春、中秋时节阴阳调和到最佳状态，即“阴阳之平”，无冬之严寒和夏之酷热，温凉适宜。因此，董子多次在《循天之道》中赞说“和”之美及“和”的重要。如云：“春秋杂物其和，而冬夏代服其宜，则当得天地之美，四时和矣”；“中之所为，而必就于和，故曰和其要也”；“和者，天之正也，阴阳之平也，其气最良，物之所生也”；“是故君子养而和之，节而法之，去其群泰，取其众和”；“是故春袭葛，夏居密阴，秋避杀风，冬避重漯，就其和也”。等等。“和”的生成离不开“中”的起始，“中者，天地之所终始也；而和者，天地之所生成也”。[44] 当由“中”出发(这时的“中”在时间上是中冬或中夏，在方位上是北方之中或南方之中)而“止于中”(这时的“中”在时间是中春或中秋，在

[43] 见《春秋繁露义证》，苏舆撰，钟哲点校，北京：中华书局 1996 年版，第 444 页。
[44]《循天之道第七十七》。

方位上是东方之中或西方之中)时,“中”就与“和”合二为一,这时的“中”也就是“和”。“中”是规律,天地之极则;“和”是大成,万物之功毕。董仲舒往往“中和”连称,指谓行中道而达至和的境界,“夫德莫大于和,而道莫正于中”。[45]

可见,董氏对中和的重视,一方面在于天地运行中,虽也有不和不中,但最终必然归于中和,“天地之道,虽有不和者,必归之于和,而所为有功;虽有不中者,必止之于中,而所为不失”。[46]“天之道有序而时,有度而节,变而有常。”[47]他从“循天之道”以说中和。“中”、“和”自然也成了天地之美所要遵循的道理,“中者,天地之美达理也”[48],“举天地之道,而美于和”[49]。天地运作中有“中和之美”,按照法天顺天的思想原则,人类的养生也应与天地相应,讲求“中和之美”,“能以中和养其身者,其寿极命”。“此中和常在乎其身,谓之得天地泰”。[50]人类的社会活动也应当遵循这一原则,如官制设置上“四位之选与十二相”应遵天地之道,即天之“四时”与“十二节”,这也是行中保和,“得天地之美”[51]。由于“中和”是无所不包之普遍规律:天地、社会、人体、人之思想情绪……均以中和为主,而存在于天地运作中的这种“中和”现象广义上均可称为“中和之美”。

三、评　　价

许慎《说文解字》云:“天,颠也。至高无上,从一、大。”天的“至

[45]《循天之道第七十七》。
[46]同上。
[47]《天容第四十五》。
[48]《循天之道第七十七》。
[49]同上。
[50]同上。
[51](《官制象天第二十四》。

高无上”、“凡·高之称”等内涵给董仲舒美学带来了崇高美和某种神圣性，“‘凡·高之称’、‘至高无上’又是一种美学观念，含有构成‘崇高美’的审美理想和审美情趣的一般因素。就客观来说，大自然中有崇高的事物，像天上的日月星光，地上的高山峻岭，它使人感到大自然的宏大和高超，崇高就存在于这些显得比人类自身更神圣的事物之中；就主观来说，人生来具有追求崇高事物的强烈愿望，希望达到‘予怀明德’、‘怀于有仁’，并不计划作庸俗卑陋的生物。人生处处感受到来自自然经验世界的精妙、堂皇、不可测知、心灵伟大和情感瞬间升华等令人向往和尊崇的事物或现象，久而久之，培养出向往崇高的审美理想。”[52]在凡高之称“天”的统摄下，山川河水中所蕴涵的道德属性和美学形式在董仲舒那里比以往更被正面关注和赞美。

在董仲舒那里，虽然对天的神圣性和至高无上给予了尊重，但是他也从多方面消解了天的神圣性和绝对主宰性。董仲舒一方面强调了天是世界的主宰，但另一方面又认为人格化的天须通过自然的天即阴阳五行表现出来，而阴阳五行学说是可以把握的，并且可以解释一切自然、人事的变化；董仲舒还强调“天人相副”，认为人为天所生，人也是自然之天的一部分[53]，人和天达到很大程度的相似性，表现在人的身体结构和天的形态相似[54]，人的心理活动与天的活动相似[55]，人行为的善恶因着“以类相召”、“同类相动”与天可以互动，恶的行为引起灾异，善的行为引起祥瑞；人还可以通过阴阳之气与天交流，“天有阴

[52] 参见陈咏明：《儒学与中国宗教传统》，台湾：商务印书馆2004年版，第85页。

[53] “天、地、阴、阳、木、火、土、金、水，九，与人而十者，天之数毕也。”（《春秋繁露·天地阴阳第八十一》）

[54] “天地之符，阴阳之副，常设于身，身犹天也。”（《春秋繁露·人副天数第五十六）

[55] “夫喜怒哀乐之发，与清暖寒暑，其实一贯也。喜气为暖而当春，怒气为清而当秋，乐气为太阳而当夏，哀气为太阴而当冬。四气者，天与人所同有也，非人所能畜也，故可节而不可止也。”（《春秋繁露·王道通三第四十四》）

阳,人亦有阴阳,天地之阴气起,而人之阴气应之而起,人之阴气起,天地之阴气亦宜应之而起,其道一也。"[56]凡是可把握、有规律可循的事物,就很难再保持神秘的面纱,这样,天道和天志的不可测被消除[57];因着人通过善、恶和阴阳之气与天互动并进而决定天作出如何反应,天的绝对主宰性和至高无上性在这样的相互限制中被削弱。这两者产生的最终结果都是天、人之间不可超越的距离渐渐被抹平,由此,董仲舒的神学美学滑向了人类学美学。

董仲舒的"天"包含和传递着儒家之"道",他要求王道效天之行,法天之道,而法天之道的道被圣人总结在《春秋》大义中,"《春秋》大一统者,天地之常经,古今之通谊也。"结果取法于天最终回到以《春秋》大义为准绳。这使董仲舒根源于"天"的美学涵设了儒家伦理的诉求甚至被儒家伦理所规定,这使董仲舒的神学美学一开始就渗透着人文性,甚至因着现实政治的需要,神性的东西也纳入到政治伦理领域中去诠释并为现实王权服务,如"神"本来描述天的神秘和不可测,但董仲舒却用之描述君王治术的神秘和不可测,认为君主之道贵"神",所谓"神"就是深藏自己的思想,不让别人窥视。"故为人主者,法天之行,是故内深藏,所以为神,外博观,所以为明也"[58],君主做到"视而不见其形,听而不闻其声。声之不闻故莫得其响,不见其形故莫得其影。莫得其影则无以曲直也,莫得其响则无以清浊也。无以曲直则其功不可得而败,无以清浊则其名不可得而度也"。[59]不仅如此,由于董仲舒对儒家伦理道德的"迷思",致使他神学美学探讨主要集中在伦理上,美在董仲舒的视野里还是一种"仁之美","为仁者自然而美"[60],在他

---

[56]《同类相动第五十七》。

[57]"是故明阳阴人出实虚之处,所以观天之志;辨五行之本末顺逆、小大广狭,所以观天道也。"(《春秋繁露·天地阴阳第八十一》)

[58]《离合根第十八》。

[59]《立元神第十九》。

[60]《竹林第三》。

那里无论“天地之美”,“天地之行美”,还是“中和之美”,都是“天之仁”的表现,包括万物服务于人类也是天之仁的表现,所谓“取天地之美,以养其身,是其且多且治”[61],而其他一些方面,比如对天的一些属性“尊”、“神”、“明”与美的关系,他虽涉及,但大多简略甚至语焉不详,只有“仁”与“美”的关系,他论述的最详细,伦理道德诉求始终成为其美学的核心。这样看来,董仲舒的神学美学可称之为宗教人文伦理美学,天地自身的美在他那里未获独立,其美学也不过是其宗教人文神学即天人思想展开中的一个环节。

概而言之,董仲舒神学美学在上述多重因素的作用下,神性慢慢淡出,人文性尤其政治伦理渐渐凸显,最终呈现出两大特质:神性与人文可以通约,神性最终被人文解释所吞没;伦理道德诉求占据其美学中心地位。在西方神学美学中,神性与人性则是不可通约和让度,人虽与上帝有相似性[62],但神人之间距离不可超越,上帝与人有绝对界限,上帝的道路高过人的道路,上帝的意念高过人的意念[63],上帝有绝对的主权,人的善、恶行为不能改变神的旨意。“荣耀”是其美学的核心,彰显了神的绝对主权和神对人的恩典。

---

[61]《循天之道第七十七》。

[62] 人与上帝有相似的地方是指人具有上帝的形象,这形象是指“真理的仁义和圣洁”(《圣经 · 以弗所书》4 章 24 节)。

[63]“天怎样高过地,照样,我的道路高过你们的道路,我的意念高过你们的意念。”(《圣经 · 以赛亚书》55 章 9 节)“隐秘的事属于耶和华,明白的事属于我们和我们的子孙!”(《圣经 · 申命记》29 章 29 节)

中国当代艺术思想图景中的人神向度*

查常平

摘要：本文在提出了世界图景逻辑的七个关系向度后，认为人与神（指“超越者”或“终极实在”）的关系，在逻辑上可以分为对立（分离）、并立、合一之三重关系。文章初步讨论了20世纪90年代以来中国当代艺术中大量出现“泼皮”、“傻笑”、“无聊”、“宣泄”、“愤怒”的图式的原因，并以岛子的“圣水墨”、高氏兄弟的创作转向、钱筑生的版画、王鲁的《圣经》油画、丁方的创作犹疑、朱久洋的“浪卷图”为个案，分析了其中所透露出的人神关系中的并立、合一之具体内容，由此展开了中国当代艺术的思想图景中人神向度的雏形表达。文章最后认为：在中国的基督徒艺术家应当将个人的灵性生命与艺术创作之文化生命内在地关联起来，深入吸收个人性的、历史性的现代艺术观念语言，以便拓展中国当代艺术的超越性的空间，深度开启其观念之维中的精神性。

关键词：艺术思想图景　人神向度　当代艺术　基督徒艺术家

作者简介：查常平（1966—），男，博士，四川大学道教与宗教文化研究所基督教研究中心副教授，《人文艺术》论丛主编，主要从事逻辑历史学、圣经神学、艺术评论研究。

---

* 本文为重庆市人文社科重点研究基地·四川美术学院当代视觉艺术研究中心规划项目“中国先锋艺术思想史”（编号：CJCMS 07—08）成果之一。

在当代艺术的思想图景中，最需要关注的是人神关系中个人与超越者或终极实在(the-ultimate reality)的关系。这不仅因为在整体上相关方面的作品相对较少，而且因为在汉语思想的文化传统中始终缺乏对于本真的超越者本身的信仰寻求。新儒家所说的内在心性的超越，不过是源于个人的内在性之高度的一种极致表述，在根本上没有对于超越性本身的领受。“超越意味着：超越者对于被超越者的有限性的包容，超越者应允被超越者以更大的空间，超越者越过被超越者的差别性，将自己同被超越者相关为差别性的相关对象。在这种相关对象中，超越者和被超越者互为中介。所以，超越不意味着超越者和被超越者的互相敉平而是彼此凸显在对方中；彼此的差别性，并不因为超越而丧失了而是在相关性中绝对地被保留。”[1]这种本真超越性思想传统的匮乏，无论在儒家还是道家乃至在隋唐之后日益俗世化的佛教那里都不例外。既然对于个人而言人的生存离不开对超越者本身的信仰，既然对于世界而言人的生存活动不能没有对于世界之上的终极实在的追寻，那么，当作为终极实在之“神”从人的语言世界中隐匿(“神”从人的世界中隐匿之表征)后，人就会选择非终极性的实在来代替终极性的实在，并将这种非终极性的实在具体化到除了人言关系(个人与语言的关系)外的人与世界的其他关系中，即具体化到人时关系(个人与时间的关系)、人我关系(个人与自身的关系)、人物关系(个人与物质自然的关系、个人与自然生命的关系、个人与肉体生命的关系)、人人关系(个人与他人的关系)、人史关系(个人与历史的关系)中，最后甚至把世界之物或世界中的存在者(基督教称其为受造物)当作世界之上的存在来崇拜，在人神关系(个人与上帝的关系)中塑造自我膜拜的偶像。

---

[1] 参见笔者：《人文学的文化逻辑——形上、艺术、宗教、美学之比较》，成都：巴蜀书社2007年版，第59页。

按照这样的世界图景逻辑,人人关系中最具有事实性的存在者乃是运行于人的社会生活中的权力。这就是为什么中国当代艺术三十年[2]来一直以反抗前三十年的革命权力话语为历史主题的原因,也是为什么中国当代艺术的灵性维度在艰难跋涉中姗姗来迟的理由。前者有20世纪80年代滥觞的伤痕美术、“八五美术新潮”与90年代的政治波普、玩世写实、新生代、卡通一代及至今天的“新卡通一代”为证;后者依据丁方的犹疑、高氏兄弟的踯躅徘徊、王鲁的边缘性执著、吕楠的乡村基督教纪实摄影、钱筑生的版画、岛子的“圣水墨”、朱久洋的“浪卷图”之类现象。由于我们生活在一个由权力主导社会生活的前现代政治时代走向由资本主导社会生活的现代经济时代,由于我们这个俗世化的经济时代的价值体系建立在物质主义与肉身主义的价值体系基础上,中国当代艺术界盛行犬儒哲学(方力钧的光头《雕塑》(2005)就是对此观念的揭示)也就在所难免,以单纯颂扬个人生命中的灵性为内容的作品(或曰精神化艺术)实在是很难生长出来,更缺乏以承受纯粹神圣之灵在(或曰“圣灵”)的艺术创作,尽管当代艺术始终离不开对于人的精神性存在(或曰“人之灵在”)[3]的向往。

---

[2]“当代艺术,在西方指20世纪60年代以来的后现代艺术,其主要标志为装置、行为、影像、地景等艺术媒介的出现,其表达对象涉及到人类生活的全部世界图景……在中国,八五新潮美术(以“中国现代艺术展”为终点、以油画为内容的“中国广州首届90年代艺术双年展”为余音),可以说对应于西方19世纪下半叶的印象主义发端至20世纪60年代的现代艺术时期;从1993年以13位中国艺术家参加的45届威尼斯国际双年展‘东方之路’与‘90年代的中国美术·中国经验画展’为开端至今的艺术,则类似于西方的当代艺术时期。说两者类似,因为中国的当代艺术,综合了西方的现代与后现代的文化理念,在艺术体制上至今还处于一种前现代的处境。”(见笔者《当代艺术中的受难图像》,刊于《文艺研究》2009年第11期,第117页。)中国当代艺术在混杂着前现代、现代、后现代的意义上,我们甚至可以将其时段回溯到20世纪80年代。

[3]关于“人的灵在”与“神圣之灵在”如何在艺术中相遇,参见笔者著:《精神样式的守护人》,收入本人的《当代艺术的人文追思(1997—2007)》,上卷,桂林:广西师范大学出版社2008年版,第342—343页。

1. 人与神的对立关系

世界图景中的人神向度，意味着人的存在始终同一位超越性的存在者相关，意味着人只有在和自己绝对差别的对象中才能真正地确定自己的身份，使自己成为独立的主体生命、个体生命与我体生命的存在者[4]。人活在自己与那位“绝对他者”的张力之中。基于这种向度，人与神（指“超越者”或“终极实在”）的关系，在逻辑上无非分为对立（分离）、并立、合一（人的神化与神的人化）之三重关系。所谓人与神的对立，指人在自己的思想体系里否定任何作为超越性的存在者本身所具有的存在性，否定神本身的存在（无神论为其代表）；或者指以希腊神话为代表的古代神话中诸神对于人之存在的否定。事实上，这种否定行动，在逻辑上始终无法摆脱如下的悖论，即否定者必须在承认对象存在的同时才能否定对象的存在。如果神或人作为对象在此根本就不存在，那么，人神关系中的人或神就丧失了要作为被否定的对象；如果人对于神的否定仅仅是对客观上的虚无的否定或者主观上的观念的否定[5]（即使如此，也有必要先预设其存在），那么，人神关系中的人与神就不再有任何必然的关联。人在同神丧失了绝对的关联之后，人只是封闭地存在于自我设想的世界之中。他仅仅同世界之中的包括自然、自我、社会（他人）、历史、时间、语言这些存在者打交道。人在这种同世界之物的存在的交往中必然日益使自己世界化，进而使自己生成为纯粹世界性的存在者，一个以物质主义的眼光看待世界、以肉身主义规定自我的存在者。这样的文化的重要特征，就是否定形上、艺术、宗教之类精神样式对于人生的价值，在个体生命中竭力去灵性化、使人沉

---

[4] 关于主体生命、个体生命与我体生命如何在人的文化心理中生成，参见笔者著：《人文学的文化逻辑——形上、艺术、宗教、美学之比较》，成都：巴蜀书社 2007 年版，第 51—66 页。

[5] 这是无神论哲学传统为什么对于德国古典观念论哲学采取否定性态度的神学根源。

沦为纯粹的动物性的肉体生命的生存者,在社会生活中去精神化、使族群沦为物质性的机器——以螺丝钉为理想的社会人生形象。人丧失了运用自己的自由意志的能力。另外,人由于丧失了作为他者的绝对参照系而无法确立什么是自己恰当的人生形象,他只有以扭曲的、荒谬的人生形象为荣。于是,西方的现代艺术(从 19 世纪下半叶的印象主义至 20 世纪 60 年代)与后现代艺术(20 世纪 60 年代以来)中,伴随这种否定人神关系的世俗化(secularization)思潮的推进,出现了不少直接以表达上述否定性观念为内容的作品。安德烈斯·塞拉诺(Andres Serrano)的《尿基督》(*Piss Christ*, 1987)、克里斯·奥弗里(Chris Ofili)的《圣童女马利亚》(*The Holy Virgin Mary*, 1996)就最为典型;至于 20 世纪 90 年代中国当代艺术中大量出现"泼皮"、"傻笑"、"无聊"、"宣泄"、"愤怒"的图式,这正是人神向度从世界图景逻辑中、从人的心理世界中消失的结果,是一种俗世化(worldliness, Weltlichkeit)[6]思潮在艺术上的反应。事实上,当代中国的一些明星化的艺术家们,恰好是在对于那些扭曲的人生形象的书写膜拜中把它们同时也把自己推向了"神"的宝座,将人的骄傲之罪表现得淋漓尽致。

2. 人与神的并立关系

在根本上,既然人与神的对立(分离)的关系遭遇了逻辑上的不可

---

[6] "由于在西方文明中教会所代表的基督教传统在历史中的悠久在场,西方文化的世俗化进程,与其说是远离近代之前神圣化的向度,不如说是对于神圣化向度本身内隐含的人的肉身与物质世界的价值的展开与发扬。因此,西方近代以来的世俗化历史,绝对不是物质主义者所理解的反神圣化的历史,更不是以受到启蒙运动遮蔽的思想家所误解的去神圣化(或"去魅")的历史,而是把人的肉体生命与其活动的物质世界纳入神圣化整体向度再思的过程。只有在这个意义上,我们才能明白为什么在如此世俗化的西方国家异常强调尊重人权以及保护生态,我们才能理解在一个物质主义与肉身主义的价值观盛行的国度却对人的肉身与物质自然界展开了疯狂的、无尽的肆虐与强夺。"参见笔者著:《俗世社会与世俗历史中的图像追思》,《人文艺术》第 8 辑,贵阳:贵州人民出版社 2008 年版,第 54—55 页。

能悖论,既然在人与神的彼此否定中实质上是在确立对象的存在,既然人对神的否定只是以否定的方式确证了对象存在的必要性与必然性,那么,人与神的并立关系就为其自然的推论。它要求彼此承认对方的独立存在、承认他们的某种关联。而且,这种要求,在逻辑上只有来自于人或神一方的内在规定性,两者的并立关系才能真实地成为存在论的事实。不过,由于人作为个体生命的绝对有限,人所能够达到的高度,都是人性的内在性而非超越性的高度;从另一个方面说,神的存在性只有源于自身才具有超越性。换言之,从人所能够得到的所谓超越性的"神性",永远都是一种人性的延伸。这实为新儒家的内在超越的所指;除非神从自身"延异"出他的"神性",否则他就不可能具有本真的神性;同时,他必须赋予这种"神性"以"人性",否则他就同人没有可能发生关联。在犹太教、伊斯兰教的启示宗教的传统中,以"上帝"之名而存在的"神"同人的沟通借助先知(或译"神言人")来达成。不过,虽然先知在承受启示的时候的确超越于常人的存在形象,但他们毕竟是在人的存在处境中承受启示而终究有限,于是历史上就反复出现了谁为"上帝"的本真启示者的争论,甚至有时演变为"圣战"——中东和平在神学面对的难题。相反,基督教借助上帝之道("神性"之道)成为历史上的耶稣基督("人性"的承载者)、又通过圣灵在无形的上帝(圣父)与有形的圣子之间往来交通,从而在根本上持守了上帝自身的"神圣性"超越本质。人与神各自存在于以耶稣基督为中保的张力之中,他们之间既是绝对相关又是绝对差别的关系。人在与耶稣的人性认同中认同上帝的人性因而同上帝绝对相关——上帝的内在性,上帝在与耶稣的神性认同中认同人的非神性因而同人绝对差别——上帝的超越性。基督教的这种源于上帝本身的神性,即耶稣基督的神性,借助上帝之道成为肉身的历史事件得以实现。上帝作为终极实在本身,突破自身的无限成为有限,目的是为了同有限的人达成某种绝对相关的关系,从而将人从堕落的生存状态中永恒地加以提升。"上帝使那无罪的,替我们成为罪,好叫我们在他里面成为上帝的义。”[7]当其成为肉身的生存者时,他同世界中的以带着罪性的肉体生命为生存基础的人发生了绝对关联。在这个意义上,今天真正的基督徒艺术家,不可能不对三位一体的教义主题加以表现。因为,基督教的三位一体的教义,是在根本上回答作为终极实在的“上帝”如何作为绝对他者持守自己的超越性与内在性的难题。艺术家们以此为主题关怀的对象,不过是在自己的生存经验中内在地解开这样的难题。

岛子的《圣水墨 · 三一颂之一》(2008),并没有直接呈现基督教的圣父、圣子、圣灵的形象,而是借助将插入在圣灯上的三支燃烧的蜡烛从视觉上隐喻地指涉他们。它们所矗立的同一个灯台,意味着三者的绝对相关性;它们分别流下的泪滴,表明圣子耶稣(中间蜡烛)的受难同时也是圣父(左)与圣灵(右)的受难,只是这种苦难更多地倾注在耶稣肉身的身体之上,倾注于圣父的怀中以及圣灵的光照中。墨在灯心上、在蜡烛顶部、在两者之间的浓淡多少的差异,表明三者之间的绝对差别;圣父在苦难中发出黯淡之光、圣子在受难中发出荣耀之光、圣灵在对苦难的得胜中发出清澈之光。光与光辉映于略带灰色的宣纸上,使人联想到耶稣在离世时告诉其门徒的话语:“在世上你们有苦难,但你们可以放心,我已经胜了世界。”[8]难怪岛子将整个圣灯基座都用象征苦难的墨来表现!这基座无疑代表着人间的现世世界,上帝在烛光中的隐喻性在场将其同世界相关的内在性与超越性表达得历历在目。上帝就临在于灯台的基座上,不,上帝就创造论而言即世界的基座本身。但是,人只有在同上帝共同历经苦难才能够把握他们作为三一上帝的存在。上帝在耶稣基督受难的眼泪中,将自己的苦难与人认同,又借助圣灵平安的引导将人的苦难化为安慰的泉源,成为人“脚前的灯”、“路上的光”[9]。

---

[7]《圣经 · 哥林多后书》5 章 21 节。

[8]《圣经 · 约翰福音》16 章 33 节。

[9]《圣经 · 诗篇》119 篇 105 节。

同样的艺术观念，我们从岛子同年创作的《圣三一颂 · 圣钉》中可以见到。就该作品的图式关怀而言，三颗“圣钉”为什么能够成为“圣三一颂”的内容呢？原来，它们虽然是隐喻性地指耶稣在彼拉多手下被钉十字架时的钉子，但是，在耶稣的受难中，基督徒的确也看到了圣父与圣灵在一同受难。钉子被悬置于浸润的媒材宣纸上，仿佛上帝因耶稣基督临在于世界而又被世界抛弃在十字架的空中一样：“他在世界，世界也是藉着他造的，世界却不认识他。他到自己的地方来，自己的人倒不接待他。”[10] 这里，耶稣基督的“圣钉”，同时也是钉在圣父与圣子的身上，只是岛子有意要在画面上凸显出历史上的耶稣基督的见证物残迹，而且是将这种见证物放置于以水墨画为代表的中国文化的语境之中来表达。因“神圣性”的在场，岛子称这类创作为“圣水墨”现象。

无论在能指的构图还是所指的观念上，岛子的三联画《约：创世》、《约：救恩》、《约：末世》(2006)，以及《哭墙》(2007)，都有明显的三位一体的内涵。对于任何基督徒而言，《哭墙》三联之一代表父神慈爱而忧心的泪，之二代表圣子痛苦而关爱的泪，之三为圣灵已经在患难中得胜而喜乐之泪，但它们都因为“哭墙”而在。这“墙”，指人处于绝对有限中又无法超越与世界之物之间所建立起来的各种藩篱。它出现在人与自然、自我、社会(他人)、历史、时间、语言这些对象之间，但因三一上帝的受难而必将最终崩塌，成为充满喜乐泉源之“墙”。《约》的基本造型，为异常简约的十字架。其横木从画面顶端到底部的位移，形象表达了基督教的终末论历史观。“三幅画面上只有孤零零各自独立的水墨十字架，三个十字架浓缩了创世—受难—末世的三重性；通过表现十字架笔触的细微对比，通过水墨干湿浓淡的色泽变化，三联画带来了内在的节奏变化，这也是通过十字架的空间性来展现时间性，并且以十字

---

[10]《圣经 · 约翰福音》1 章 10—11 节。

架的短横轴处于顶端还是低端来表现神圣时间性的踪迹。尤其是倒立的十字架,是对使徒彼得的抽象表现,是末世的开始,这里有岛子对神圣史的独特阅读。在一张洁白的宣纸上只有一个墨色的十字架,似乎也可以发出光。在其他很多的作品上,我们都可以看到十字架发出光呼喊着拯救,这里的水墨十字架如此坚定,形式上如此明确,沉厚的焦墨肌理和其间的空白断块有着强烈对比。第二幅通过明暗对比透露出基督受难的圣痕,而且看起来就如同断裂的火柱,但是却异常沉静和无比沉稳。是的,这里没有什么迟疑,这些十字架召唤我们上去,走向十字架,甚至就是成为十字架,成为灵体的生命!"[11]正是在对十字架的钟爱中,岛子发现了隐藏在人神关系背后的三一性的奥秘。他以十字架定位摩西十诫的内容(《摩西:光的诫命》),他将耶稣在十字架上的受难本身内在地理解为《为光作见证》,他笔下的十架《苦竹》(见图1)长满顽强的荆棘,他的《灵恩》如同秋雨沐浴在受难的基督徒身上,他的《殉道图》(三联画,2008)中的十字架预示着复活的盼望,《圣爱》将十字架置入破碎的心使其得整全的医治;《我的洗礼》由《圣灵、水与血》三样都归于一做见证,领洗者本人如同黑色的十字架本身沉浸在血与水之中,同时这十字架又使人想起耶稣乃是为成全上帝与人的义而受难的场景。岛子在画面上方十字架横木所在之处隐约地书写"为义受逼迫的人有福了,因为天国是他们的"[12]的经文,正是对上述主题在观念上的回应;《山川神迹》(2010),从黑色的山川中升起一块即将被折断的白色十字架。

图1 岛子《苦竹》,纸本水墨,147cm×367cm,2008

[11] 参见可君:《岛子的"圣水墨"——圣秘的灵语》,《人文艺术》第8辑,贵阳:贵州人民出版社2008年版,第169—170页。

[12]《圣经·马太福音》5章10节。

在这个意义上，岛子的“圣水墨”也可以称为“十字架水墨”。因为，从他的作品中，我们将阅读到基督教的正统信仰：人只有借助十字架上受难的耶稣基督本身才能实现和上帝完全的沟通、复和。“在基督宗教的中心，可隐约看见十字架高悬在上。从第一幅刻画在石墙上嘲笑基督徒的涂鸦，经过所有伟大的基督教艺术风格，十字架一直是信仰耶稣基督的核心象征。不管是君士坦丁的得胜十字架，或拉韦纳(Ravenna)宛如发光的复活十字架，还是哥特式的悲苦十字架，在基督教特殊标记的所有类型背后，则是一段可怕的历史罪行、一种酷刑的方式，西塞罗称之为‘所有临死的痛苦中最残酷且可憎的’来描绘这人可能的遭遇。”[13] 由于历史上的拿撒勒人耶稣在十字架上的受死以及在十字架下发生的复活事件，基督徒并不是十字架的崇拜者。基督徒崇拜的，是那位背负十字架的基督。于是，岛子的其他作品，便成为以耶稣基督为中心的三一上帝之道的视觉见证，是以水墨为艺术媒材呈现耶稣基督的降生(《七星与七烛台》)、事工(《五饼二鱼》、《橄榄园的祷告》)、受难(《永恒的圣钉》、《荆冠与圣杯》)、复活(《复活》)、升天后的圣灵降临事件(《圣灵降临赞美诗》、《灵语》、《福音与使徒》)，以及人在遭遇耶稣基督事件后的回应(《浸礼图》、《怜恤人的人有福了》、《我的灵魂睡在你的脚旁，因你的血而温暖》)，以及人在遭遇此事件前的生存论处境(《第七日》、《亚当、夏娃与古蛇》、《她曾经宁愿在伊甸园多留片刻》、《巴别塔》、《雅各的梦》、《先知》、《七宗罪》、2010 年的《乌托邦的覆灭》)。他的《殉道图》，“仅仅将枯竹似的十字架图像直立于坟茔的地方，让艺术爱好者在自己的想像中完成了殉道者与耶稣基督在历史中受难的连接；他的《哀悼基督》(2007)中，两个哭丧着脸的女人抱着从左至右斜躺的基督受难身体，但她们头部周围的光晕隐

---

[13] 巴尔大撒(又译“巴尔塔撒”)：《赤子耶稣》，陈德馨译，台北：光启文化 2006 年版，第 74 页。

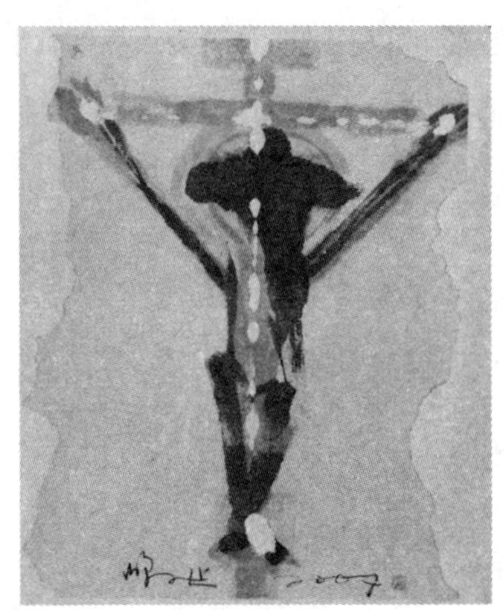

图2 岛子《宝血挽回祭》
135cm×70cm,纸本水墨,2007年

约给人一丝希望;《宝血挽回祭》(2007)(图2),把耶稣受难为人付出的代价表达得栩栩如生,在由粗犷的笔触所构成的十字架覆盖了下坠的耶稣的头部,其暗淡的光环和暗淡的十字架在水墨的深浅度上交相辉映。"[14]《耶稣圣像》在描绘耶稣背负人的罪的十字架中,同时也被圣灵充满。

高氏兄弟的创作,经历了一个从神圣转向世俗、再偶然转向神圣的过程。"他们曾经以十字架为基本的造型框架,以木材、灯泡、地球仪、太极图、《世界通史》、文革史料灰烬、红卫兵袖章等材料在十多年前创作了气势辉煌的《临界·大十字架》(1994—1996)系列装置,致力于探索由耶稣基督的受难事件而引出的基督教终末论的主体涵义(《人类的忧虑》)、时间涵义(《世纪黄昏》)、空间涵义(《世界之夜》)、文本涵义(《福音书》)以及超验涵义(《黎明弥撒》)的艺术书写。"[15]他们在十字架中用俗世历史中的经验材料代替了耶稣基督的身体,这导致他们后来的作品更多趋向一种人道主义而非基督教信仰的情怀。不过,高氏兄弟2008年的图片《永不完工的大厦No.4》顶部,上帝在云中以光的样式显现,耶稣基督被钉在铁铸的十字架上,他脚下甚至端坐有佛陀的圣像。这张我们时代的"清明上河图",在高氏兄弟看来,人类社会尤其是中国社会最终的出路似乎在于人们对某种宗教性的渴望,在于人们对在世界之上的三一上帝的期盼。"只要人类对未来还

[14] 参见笔者:《当代艺术中的受难图像》,《文艺研究》2009年第11期,第123页。

[15] 同上,第122页;详见《艺术书写与十字架的吁请》,收入本人的《当代艺术的人文追思(1997—2007)》,上卷,桂林:广西师范大学出版社2008年版,第219—253页。

心存希望,对上帝还怀有期待,就不可能彻底绝望。生活的沉重不应回避现实的苦难,恰恰相反,应当正视苦难,尽个人之力批判和抑制制造苦难的根源,才能真正超越苦难。"(高犹与笔者谈话记录)相反,丁方在这十年却从20世纪80年代以降的神圣书写转向了对于俗世大地与都市的忧患性书写[16]。除了《圣像·死亡无法拒绝》(2004—2005)、《大悲剧》(2008)对圣徒死亡的无助表情与十字架图式的挪用外,十年前《大地系列》、《城市系列》中经常出现的终末论受难意识从丁方的画面中消失了。那时,他的作品的灵感,来源于对基督信仰本身的直接承受;现在,他的《叙事诗》系列、《圣风景》系列(2004—2006),是对自然中的山河、蓝天、大地、流沙、山峰、流云本身的吟颂;他在对这些客观受造物的主观性书写中企图生发出某种超越性的精神信仰。这就是他为什么总把它们置于光芒照耀的画面之下的原因(如2007年的《梦想之河穿越大地》、《雅丹山峰的意志》、《消融与崛起》、《排山倒海》,2007—2008年间的《叠峦峰嶂》、《高高红崖上的流云》、《遥远的山峰》,2008年的《对岸,浓云飞渡》、《崇山礼赞》、《咏叹回荡在云天》、《传道士的足印》、《葱岭余晖》、《突然降临的曙光》、《正午的阳光》)。这种发自内心的对于精神生命的渴望,在丁方2010年的《耸立的赞歌》、《雄壮的和声》得到了极致的表达。不过,所有这些"圣风景",艺术家在其凝动的光晕感中注入了一种神秘性的意涵,有的蓝里透明得难以捉摸,有的混沌朦胧得令人向往。的确,当人从对神圣本身的领受退回到对它的寻求时,这个过程无论处于清晰还是朦胧的表达的时候,都难以摆脱无可言说的神秘性的统治。或许正因为如此,丁方在同时期还情不自禁地创作出带有某种神圣追问的《旷野呼告》、《天堂有多远》(2008)。同时,他的《城市系列》(1999—2000)、《十二连城》与《天

[16] 笔者从艺术观念语言方面讨论过丁方创作的这一"俗世转向"。参见《边缘艺术的主流精神》,收入本人的《当代艺术的人文追思(1997—2007)》,上卷,桂林:广西师范大学出版社2008年版,第153—163页。

使城堡》(2003—2009)、《时代的尽头》(2007—2008),表达的是对现代都市可能发生的生态灾难的忧虑。事实上,按照基督教的传统,人类文明中的城市在离开了三一上帝本身的护理之外,任何来自人性的守护都属于虚妄。“若不是耶和华建造房屋,建造的人就枉然劳力;若不是耶和华看守城池,看守的人就枉然警醒。”[17]

总体而言,已故艺术家钱筑生(1951—2006),直接以三位一体为主题关怀的作品仅有《伊甸园》(1999)(图3)一幅版画。其中,它以太阳代表父神、以鸽子代表圣灵,上帝以耶稣基督的形象向犯罪后抱有羞耻感的亚当、夏娃发出归回的邀请。他的版画背景,大多为中式的青

图3 钱筑生的版画:《伊甸园》(2005)(右上)、《大卫击杀歌利亚》(2005)(左上)、《击磐出水》(2005)(右下)、《耶稣受难》(左下)

[17]《圣经 · 诗篇》127篇1节。

瓦房、格子窗、白色砖墙。作为一个基督徒，钱筑生的大量作品都以耶稣的诞生（《喜讯》1989；《圣诞》，1996、1999；《圣母子》，2000）、事工（2002 年的《讲道》，2005 年的《迦拿婚筵》、《信而不沉》、《耶稣为门徒洗脚》；《最后的晚餐》，1989）、耶稣受难（《耶稣受难》）为书写对象，他把复活后的基督理解为与门徒同在的那一位（《耶稣与使徒约翰、保罗》，1999）；作为一位身患绝症的基督徒，他对耶稣作为人受难的意义的强调更甚于对基督复活的关注。他的病痛，迫使自己更多地同耶稣所表达的人生苦难认同（《基督徒受难》）。而且，这种苦难的根源，在钱筑生看来有时就是因为人世间的强权暴政的蹂躏。基督因为人间皇帝的圣旨而受难（《基督受难》）。对此，他写道："人更可贵的是在挫折、困扰中充满信心和盼望，在夜色中充满光明的心，那就会得到属灵的秘密。艺术的奇妙之处在于使人在腐朽和恐惧中充满生活的勇气，改变死气沉沉、单一的挣扎状态。"（1988. 4. 16）[18] 即使在《神的荣耀》（1998）中，基督徒所赞美的，也是一位被挂在十字架上受难而不是已经复活的耶稣。钱筑生在《天国的福音》（2001）中把上帝描绘为人的庇护者（《神的庇护》，2001），画面中心是耶稣伸出慈爱的双手向众人发出吁请，父神如同照耀在耶稣上方的太阳，圣灵如同飞翔的天使。他渴望得到《好牧人》（2003）的引导，用《浪子回家》（2005）来形容人对于耶稣基督的归信。他区别了有十字架在场保守的、使羊免于遭害的《牧园》与没有这种保护的、随时受到狼威胁的《牧园》（1998）。因为，正如艺术家本人早先对人的现实所认识的那样："同无数的普通人一样，我们没有保护自己的能力，生命、健康、安全……随时会灰飞烟灭，唯一能依靠的只是上帝给我们的爱、信心、盼望。"（1986. 10. 3）"人不可能只靠自己的努力得救，当我孤独无援时，或有许多困扰和苦痛

---

[18] 以下引文，凡未注明出处，兼引自王鲁、沈晓燕主编：《灵心——钱筑生作品》中钱筑生的艺术杂记，香港：中国时代出版社 2009 年版。

时,我设想上帝正坐在我身边与我同在,我毫无保留地把这些忧伤向他倾诉;他非常认真听我诉说,然后亲切地告诉我应该怎样去面对这些难题。”(1988.4.17)在患病的三十多年,他亲身经历了上帝的保守看顾。这种刻骨铭心的经历,构成他不断创作上述版画的感性文化心理动力。他的作品,不过是这种文化心理动力积淀形成的文化心理结构。所以,在生命临终前一个月,他用如下的文字说明了自己真实的艺术创作动机:“人世间为什么会有各种苦难、疾病,最终又免不了一死呢? 这是因为人的罪因之故,人类的祖先亚当、夏娃因为不听上帝的劝告偷吃了智慧果,被赶出伊甸园,并且要世世代代付出疾病、劳碌的代价,并明示人间的快乐少于痛苦。

后来,基督耶稣来到人间,为了拯救人类的罪恶,被钉上十字架,以他的流血替人类赎了罪。

所以,人在今生今世,不应该把人生的目的建立在吃喝玩乐、贪图享受、谋取金钱名利上,而应该以基督耶稣为榜样,活出善行来,过虔诚圣洁的生活,要把神对我们的爱,通过我们的行为传递服务在他人身上,让这个世界变得美好光明、公义诚信、宽容谅解、和谐守法。所以,活在今生今世的人,要珍惜生命时光,认清自己的有限性,戒除自身的罪性,好好信靠神,服务于神和社会,我们死后才能换取真正幸福的永恒,过着无苦难、无忧虑、无病痛、无死亡的生活。”(2006 年 3 月 5 日杂记)

从上述钱筑生的这些艺术杂记中,我们了解到他为什么把上帝描绘为天父、为什么在病痛中选择更多同耶稣基督的受难认同的原因。他用如下的话语,总结了自己对《圣经》题材的厚爱以及如何更好地表达它们的艺术语言特征:“从 1989 年开始,我决定终身用绘画来表达《圣经》的理想和盼望,心灵从中获得极大的喜乐和神圣的滋养,就像久旱干枯的土地获得甘泉的浇灌。灵性获得成长、智慧得到启示,同时我对《圣经》更加崇敬,反过来它又不断改变我的生命,我才慢慢地悟到生命重生是怎么一回事。

我用简单纯朴的线描，象征、安宁的感受来表现《圣经》，留有大片空白给人休闲和余想的空间，其中有传统中国绘画意境空灵的影子，也有现代西方的夸张和装饰，空白和简朴有怀旧的梦想，有助于表达《圣经》的幽远历史，也有助于表达《圣经》中天国的不可见的神秘，因为它和我们身处的混乱无序的现实世界是截然不同的。初看时不觉怎样，但久之便会有耐人寻味的地方，虽然减去了许多细节，甚至有的没有鼻眼，但你会觉得他们是活鲜的人物，会说话，有情感，这个声音是从画面的属灵表达中发出的。”(2006.1.11)

3. 人与神的合一关系

另一方面，钱筑生也充分意识到自己作为人的有限以及根深蒂固的罪性。在《圣经》系列版画中，他用金钱的诱惑来诠释《现代亚当和夏娃》(2004)所面临的诱惑，夏娃在伊甸园摘苹果的行为演变为和亚当一起从摇钱树上采摘铜元的行为。这种行为，也发生在中国的清代(带辫子的《亚当和夏娃》，1998)。夏娃在创造之初因想变得像“上帝能知道善恶”[19]而堕落，其根本的原因在于人与神的直接合一关系的意识，即人的神化(人渴望成为神)与神的人化(神直接显现为人)逻辑，即人在没有信靠耶稣基督的三位一体的上帝时自我人性的蜕变。这在新中国美术史上曾经以“高大全”典型人物形象为代表。钱筑生的《人物》系列(1991—1993)与同期的《人间戏剧》，也是对此种逻辑的批判性表现。他深知人性中的罪本性。他的《撒旦王国》系列(1995、2001)，刻画皇帝在重兵把守下“正大光明”地调戏妇女的一幕；他的《明清杂话》系列中的场景，有《迫害信徒》(1999)，有老人对媳妇的《偷窥》(1996)，有婚外情人的秘密约会，还有《示众》(1997)、《私奔》

[19]《圣经 · 创世记》3 章 6 节。

(2000)、《屠城》、《特权》、《入宫》时被阉割等等;他的《杂话演绎》系列,涉及人的荒淫、《人之劣性》(1995)、《撒旦与羔羊》(1999)的抗争、《偶像崇拜》(1999)等等。这些呈现俗世生活的受洗前的作品,与其对《圣经》包括《旧约》中的大量人物故事的刻画形成对照。后者如《所罗门的智慧》(1989),《亚伯拉罕的考验》、《约伯受难》(1996),《雅各之梦》、摩西《击磐出水》(2005)(见图3)、《路得拾穗》、《大卫击杀哥利亚》(2005)(见图3)。它们是钱筑生根据自己的生存经验所做出的艺术化诠释。因为在他看来,"人类的困局之一,是往往不知道自己到底需要、渴望什么,另一个问题便是知道了也无法实行。……基督教的灵修指出人真正需要的是,从神而来的清新纯全的活水。一位撒玛利亚妇女便需要这种活水。她遇见耶稣,耶稣看出她灵性的需要,提供活水给她。这并非她最初所以为是会流动的水,而是永生神的灵。……"(2006年3月7日)这些文字,是钱筑生生命晚年对早年的一段省悟性笔记的回应:"如果一个人有神性关怀,不论他画什么内容和形式,都可在作品中透煜出来,不是人找到精神,而是精神找到你。"(1988.4.23)用基督教的话说,不是人能够找到上帝,而是上帝在耶稣基督里找到人、找到钱筑生一样的艺术家;是上帝神圣之灵降临在钱筑生的身上,激励他创作出大量对人的精神生命与文化生命有启发的作品。他的版画洗练洁净,如同接受了圣洁之光的沐浴。

和钱筑生不同,油画家王鲁迄今主要致力于艺术语言的灵性探索。他创作了大量血红色的耶稣意象作品,尤其钟情于那些描绘耶稣受难事件的题材,如他的《上十字架》(1998)、《登山宝训》(1999)、《圣衣剥夺》(1999)、《洁净圣殿》(1998)、《逃亡埃及》(1996)、《负十字架》(2005、2007)与《西门代荷》(2007)、《下十字架》(1995、1999、2002、2004、2004—2006)、《十字架苦刑》(2004、2005)。而且,这种创作,一直从八五美术思潮持续到今天。"他借鉴传统中国画中的大写意笔法与自由随意的线描,人物布局形成一种对比性的结构,带着现代性的情感不确定因素与漂移游离特质;其主题关怀指向耶稣的降生、成长、事工、受难之类行动,仿佛就发生在今天的现实里。背景人物或背景本身,大都呈现为黑绿色,或如怏怏激动的人群,或如萧萧静穆的人身,或如斑斑剥离的破墙,或如苦苦挣扎的头颅,或如蛋黄凝固的壁画,或如粼粼闪动的波光,或如殷殷期盼的哀求,或如青青发芽的草场。十字架的构图,虽然不是出现在每件作品中,但是,以苦难与希望为内容的十字架神学意涵却贯穿其中,贯穿在红色与冷绿色的意象对比图式中。"[20]除了《多马释疑》(2006)、《以马忤斯》(2007)外,王鲁基本上没有关于耶稣复活后的作品问世。换言之,他笔下的耶稣形象,带有比较多的理想化的人性而非神性的特色。这或许同他对基督信仰的形而上理解有关。耶稣基督的中保,被认为是介于人与某种神圣的精神之间而不是人与上帝之间。他的作品,依然体现的是人神合一关系中人的自我神化逻辑的可能性;耶稣在受难中的神性,在其中只是某种形而上精神的回音。换言之,王鲁的执著如果要寻求崭新的突破,他对于耶稣复活事件的本真认信乃是必不可少的条件。这个难题,同样摆在高氏兄弟、丁方面前。

事实上,任何没有受洗并且进入教会崇拜的艺术家,从内心都很难接受耶稣基督死而复活以致升天之类事件的历史可能性,很难接受上帝之道成为历史中的肉身事件,更不用说要用自己独特的艺术语言图式将其表达出来。他们只是把道成肉身事件理解为一个形而上的、非神学的教义,理解为某种抽象的存在转化为具体之存在的发生。相反,正如在2009年的"蜕变与更新"(第四届北京国际复活节艺术展)与"以灵命爱中华"当代艺术巡回展中所见的那样,成长于教会中的艺术家,虽然有内在的精神性诉求,但大多数人比较缺乏对于个人性艺术语

[20] 参见笔者:《当代艺术中的拯救意识》,收入本人的《当代艺术的人文追思(1997—2007)》,上卷,桂林:广西师范大学出版社2008年版,第310、312页。

言图式的现代性自觉,许多作品关注的是表达什么而不是对于如何表达的艺术难题。[21] 在这方面,年轻的油画家朱久洋进行了不少独立的探索。他的《赞美天堂》系列(2005)、《失落与回归》、《天堂之路》、《我们的方舟》、《我们的歌声》、《我们的家园》系列等油画,既是对人的生命得救后喜悦的表达,也是对以基督再来的期盼为向度的艺术性赞美(《赞美的国度》),是以艺术的方式主观地呈现人的信仰生命情感的结果,是基督徒在蓝天、红云、星空之夜中的崇拜生活的写照。不过,在人物刻画上普遍缺乏内在的生机灵动,缺乏基督徒得救后应有的喜乐平安之表情。这表明:朱久洋的这些油画,似乎与其对于耶稣基督的认信,还有待进一步的实验结合。不过,2010 年的"迷途的羔羊——朱久洋的艺术现场"中,其《失落的记忆》系列(2007)里,当万民都在面向耀眼的太阳光芒、追寻拯救时,一些人侧脸似乎听到了来自另外方向的呼唤,仿佛是在邀请观众回想在那个偶像崇拜肆虐华夏大地的时代中,少数人的不服从的历史图景;他让赤身裸体的一对男女站立在漂泊于波涛滚滚的大海之船上,使其明白人生真正的平安是来自于象征圣灵的鸽子;他对福音书中耶稣给门徒洗脚的一幕进行日常的转化,其背景为汽车行驶的草原般的虚构绿地和白云飘移的蓝天。他有时把人们生存的世界理解为汹涌的海洋,用充满慈爱的手伸向大海中挣扎的人,来表达上帝在耶稣基督里的大能的拯救(《唉! 大海》,2007)。他的《牧羊人》、《犹大的狮子》、《山上》、《星夜,那人你在那里》、《婚礼》,乃是自己作为一间城市教会的带领人的心路历程的真实写照。这里,一个基督徒艺术家把自己的信仰生活呈现于画面里,和任何非基督徒艺术家把其世俗生活融入到作品中一样,根本不存在"是否应该"的问题。重要的是他们有无对于表达对象的象征性艺术语言方面的转换努力,

---

[21] 参见笔者:《精神化的当代艺术——评"以灵命爱中华"巡回展》,《星星诗刊·上层》2010 年第 3 期,第 128—131 页。

关键在于他们的这种转化是否到位。正是基于这样的艺术信念，朱久洋并没有简单地选择做一个《圣经》题材的、或者以传道为主题导向的艺术家，而是致力于在当代现实的生活情景中如何艺术地表达个人内在的精神性信仰、如何利用油画媒材所特有的肌理、色泽效果以及如海洋、绿地、山冈之类虚构的人物生存场景来传递其艺术观念的探索。他初步形成了作为油画家的原初图式——"浪卷图"。所有这些，都带着一种超越性的意向所指，带着一种在俗世的文化现实里如何把人引向一种更加崇高的生活渴望。"迷途的羔羊"艺术现场出现的其他三大意象，继续成为对于这种俗世的文化现实的诠释：在上上国际美术馆的展览空间中，被捆绑的或被吊起的羔羊所呈现出的"无奈顺服"的意象（图4），在回廊里千只租借的群羊以及牧羊人身上所透露出的"茫然迷失"的意象，在羊圈里有的羊执著地扮演狼的角色所流露出的"凶狠无畏"的意象。所有这些，共同构成了朱久洋的油画作品为什么总是要寻求一种超越性的精神所指的社会隐喻。否则，延续千年之久的华夏

图4　朱久洋的艺术现场 B，2010 年上上国际美术馆

文明所塑造的国人形象就无法摆脱在这三大意象中循环往复的劫运；否则,汉语思想就不可能在根本上脱离强权正义的历史逻辑的后景轨迹,从而脱离暴力轮回的历史演进模式。

总之,在今天非基督徒的艺术家群中,由于中国人普遍抱有的物质主义与肉身主义信仰,中国当代艺术由于在人与上帝之间的维度上的普遍阙如,人与神的合一关系逻辑导致了一些当代艺术家的自我神化倾向和无文化美学崇拜。艺术家从批判性的知识分子身份堕落为被传媒时尚追捧的大众明星。许多人甘愿沉溺其中坐收渔利,拒绝对俗世化的大众文化思潮与其生成土壤采取一种有距离的审视态度。这种现象,也属于理解人与神(终极实在)的对立(分离)关系的产物。另一方面,岛子的圣水墨、钱筑生的版画,开启了对于两者并立之维度的探索,后者同时有关于人与神关系中人与神的合一即人的神化与神的人化之主题的作品问世。朱久洋的“迷途的羔羊”现场艺术,借助综合媒介的表达把艺术的超越性意象同其植根的现实意象结合起来。这里,我们已经看到中国当代艺术的思想图景中人神向度的全方位表达的雏形。只是,还有待更多的基督徒艺术家将个人的灵性生命与艺术创作之文化生命内在地关联起来,需要他们更加深入地向个人性的、历史性的现代艺术观念语言图式的方向推进,以便拓展中国当代艺术的超越性向度的空间,进而在俗世化的汉语思想传统图景中生起对于绝对的超越性存在的艺术性召唤。只有这样,中国当代艺术的观念之维中的精神性才能深度地被开启。(2010 年 10 月 27 日一稿,11 月 26 日二稿)

二、传统美学研究

“气韵”新解

洪毅然

摘要：关于“气韵”在中国美学体系中是讨论很多的话题之一，也是“艺术美”的核心问题。但是正如洪毅然所言：“关于此理论，千百年来曾有许多解说，都嫌过于玄虚，不易捉摸”，许多表述也没有拉入当代的研究体系之中，用西方学术的方式研究者更是少之又少。洪毅然在20世纪70年代就对这一问题进行了不同角度的解读，他通过西方形式主义美学家的研究成果入手，分为“视觉的入口与出口”、“动力学与笔墨的死活”、“情绪共鸣与‘以心使腕，以腕操笔’”、“书画的‘气韵’与时值”、“气的韵致、音调”等方面进行了独有创建的分析和研究，使人耳目一新。

关键词：艺术心理　情绪共鸣　视觉时值　气韵生动

作者简介：洪毅然（1913—1989），四川达县人，我国20世纪重要的美学家、美术理论家及画家。

谢赫是距今约1400多年前南齐画家兼理论家，他在《古画品录》中总结前人大量创作实践经验而系统提出了我国传统的画训《六法论》，其中第一法“气韵生动”是“艺术美”的核心问题。关于此理论，千百年来曾有许多解说，都嫌过于玄虚，不易捉摸，今以新探试解之。

一

某外国美学家曾在一篇文章里[1]有过以下一段有趣的论述(手头已无原书,仅就记忆所及简述之,其中有些是我的补充与发挥):

假设有一人处在一个密封的圆球形屋内(圆球内部壁面无边线,其中没有光),在这样的空间里,我们可以想像其人是受不了的,因为他虽有眼却毫无所见,这意味着这个人的视觉功能无所用,视觉生命力也无由发挥。

忽然,其中有了光,那人两眼顿明,当然十分兴奋喜悦,这意味着视觉生命力开始活跃。但是,那种兴奋喜悦必难持久,很快就会被耀眼的白光(室内壁面为白色)刺激得仍然受不了,感到眼前无非仅仅被一片白代替了一片黑,一片光亮代替了一片黑暗!

接着,壁上某处出现一个黑点,那人便将它当作一大发现而非常欢喜,这意味从他原来那种失望中,视觉探求有了效果,得到了捕获物而有所满足。但是,这种欢喜仍极其短暂,以为他的眼睛既然只能始终盯在那儿,被吸住于一点,无异于被俘虏,想逃脱却逃脱不了,稍久必然疲乏。这时若要逃脱,除非把眼睛闭起来不再去看它,也懒于再看。这意味着视觉又再停止活动,视觉生命反复于静止——死寂。

在这时,那个黑点如果忽然延伸成一条不太长的水平直线(太长了将是别的一种情况),那么,其人又将高兴(兴奋)起来,而且这一次高兴的时间定会比前两次长得多,以为他的两眼视线现在能够从那条直线的这一端走向另一端,又从另一端走向这一端,不断地往复移动,而不是仅仅老盯在一处了。应当指出:他的目光在那直线上移动的时候其眼球周围的各条韧带(共六条:上下各二条,左右各一条,从各个

---

[1] 其人似乎是 F. W. Rukstull,美国人,其余未详。文章题目是《何谓美》,书名亦忘。

方向连接于眼眶)也就正在一张一弛地带动眼球左右转动着,这种生理机制的掣动运动,等于生命力的觉醒与活跃。而且恰是这种生命力(这里主要指视觉生命力)的觉醒与活跃,促成了心理上的兴高采烈。这时候,如果在那条水平线的任何一端,出现一条垂直线与之连接起来,成为"「"或"」",则会因为他的目光往返巡行在那条线路上,每次都多了一个拐弯(转向新的方向)的变化,从而产生较多的兴趣,就能较久地保持视觉的活跃与新鲜。如果与那新的垂直线段相对一面,再有一条与之平行的另一垂直线段,并同原有水平线的另一端连接起来,全体构成为"["或"]",那就将会感到兴趣更丰富些,并且在视觉上保持活跃、新鲜的时间也会更长久些。不过,那也仍然不是无止境的。

然而,如果再加一条水平线上去,终于围成一正方形;或使两条垂直线的末端相交,终于构成一等边三角形。那么,它们在视觉上的效果,则又会更进一步增加视觉上的活跃新鲜感。因达某一极限,反而不免降低其效果,甚至导致类似面对一个仿佛扩大了的"点"那种情况。原因在于:目光沿着围成方形或三角形的各条边线巡行时,尽管不乏方向变化,但是其变化本身却完全是重复的,无例外地雷同而无变化(长方形或不等边三角形,比正方形或等边三角形将略胜,因前两者比后两者在线段长短方向,包含稍多一点变化因素);何况其活动领域始终被拘囚于一个既定的范围之中而无可逃逸,这是易使视觉生理机制疲乏的,所以在视觉上必然造成呆滞、闷塞、不活跃。

如果从"["或"]"不围成方形,而发展成"⊓⊔",情况便大不相同。目光循着这种线纹移行时,因其方向的转动具有严格的规律性,而且每一线段的长度完全相等,所以是同一种有变化,变化中有统一的,符合"统一变化"(或曰"多样统一")的美的形式规律原理。(注:此即曾被西方某些形式主义美学家认为是"最美的线形"之所谓"S 线形"。可以说:"⊓⊔"属刚性,"∽"属柔性,"Z 形线"乃是其变种。又云:"云雷纹”、“回纹”、“锯齿纹”等,皆属其变种与复杂化了的线形。

可是,这种线形如果延伸得过长,当长到一定限度时,其中统一性因素太大乃至超过并吞没其变化性因素(只见尽是完全相等长度线段和完全相同方向转动的不断重新反复,特别突出),也还是觉其单调的(以柔性“∽”为基本单位的波线,及以“Z”为基本单元的锯齿线,均可以此类推)。故不宜形而上学地把它们硬说成是什么一成不变的“最美”线形!不过其中透露出的“统一变化”原理,倒是值得重视的。

“统一变化”其所以是一条不能抹杀的原理,因为它确实是以具有视觉心理规律的生理机制的客观基础作为根据的。其根据就是:一切活的有机个体的生命即运动——活动,“动”意味生,“不动”意味死。属于整个有机体之组成部分的视觉器官,自然也是这样,即位于眼眶之内各由六条韧带固定起来的两个眼球,作为反应外界可见世界的“窗口”,当它们接受对象任何形线的色光刺激时,总是不得不跟随不同对象特定情况的客观要求而不断调整其“瞄准点”以适应之。在这过程中,执行调整眼球方位的任务的各条韧带,随即不断互相交替着一张一弛地运动而处于连续动作的活跃状态。它们适应千变万化的对象要求的张、弛动作,有时是紧张的,有时是平缓的。前者引起的心理反应一般为振奋,后者引起的心理反应一般为静谧。然而无论是前者还是后者,凡属相同的张、弛动作延续的时间一久(达到某种一定限度),就必然会产生生理上的疲乏和相应心理上的厌倦。这也就是说:眼球及其韧带,如果没有适应对象要求的这种运动,固然缺乏活跃生命力的发挥,然而,如果它适应对象要求的这种运动本身,老是完全相同,或者太相近似,而没有必要的变化,那也会逐渐趋向于其生命力之衰变的。因此,线、形的单调引不起人们的兴趣。线、形的变化是经常而必要的。

但是,如果只是无止境的、过分繁复的变化,例如一条永远随便转换方向而且毫无任何相似及任何重复之点的线纹,或者一堆完全乱七八糟的线形,那也会因其杂乱无章而使人厌烦的。其原因是:眼睛对之不免感到应接不暇——眼球及其相关韧带为适应它的活动,简直有些来不及,有些不知所措,亦即由于迫使它必须去做适应的要求往往出乎意料之外,过多地惊惧,毫无把握,因而惶惑、迷惘起来了。由此可见,变化仍然不能无限度。变化必须与统一相结合,变化必须是存在于这种或那种因素的统一性规律之中才行。只有存在于具有一定统一性规律之中的变化,才能够因其变化越多,而给予人们视觉上以越丰富的兴趣。反之,则适得其反。

二

外国一般形式主义艺术理论家们分析画面构图,相当重视蕴含于各种形线之中的、所谓内在不可见(不能直接看出)的"动力学"(dynamic)。他们指出:观画者面对每一幅画进行观赏,都有一个"过程",都是在一定长度的时间之内,目光在画面上不断地进行移动的过程。一般情况如下:

观赏者首先看见画面上最惹眼的一点,即被画面上最惹眼的一点"抓住"了注意力,于是被带进画面中去,那一点就是观赏的"入口"。那一点之所以最惹眼,通常由于或者其明度最亮(反之或者最暗),或者颜色最显著,或者形、线最突出等原因。但是,当其目光集中注意在那一点上经过一定限度的时间以后(通常大体等于已经基本看清对象达到了辨明那一点所描绘者为何物时),由于眼睛盯着一点不动,难免已疲乏了,就要渴望移开。这时,如果在那一点相当距离之内(不超出视线范围)的某处,恰恰有一个次等惹眼的另一点,他的目光便会自然而然地转到那一点上去,暂时停下,而成为观赏的"第二站"。然后,目光又照样地再转到"第三站"、"第四站"……,就这样,目光在整幅画面上不断地巡行移动,直到各“站”都被走完,观赏者的目光才从最后那一“站”离开画面。那个最后一“站”,也就成了观赏的“出口”。

不难理解:越“有看头”的画,就是画面可供观赏者的目光“歇脚”之“站口”越多的。通常一幅成功的画,观赏者的目光在画面上一“站”一“站”地巡行移动完毕,相当满足地由其“出口”离开画面之时及之后,往往还会有着一种恋恋不舍之情,留下一种“余音绕梁”的回味——记忆。反之,如果可供目光“歇脚”的“站口”不够多,观赏者就觉其“没啥看头”而感到不满足。如果“站口”太少,甚至少到假若只有唯一的一个“站口”的话,那就将会一眼看尽,一览无余,而根本不能“留目”。观赏者对之,必然一掠而过。

应当补充指出:正当观赏者的目光在画面上如此一“站”一“站”地巡行移动之时,每次为着改变“瞄准点”,其眼球是要为适应每一新要求的方向而转动的。同时促使控制眼球转动的相关韧带,也有相应的张、弛,必然都是随着目光巡行移动的“步伐”而时疾时徐、时久时暂的。它们那种运动过程的进行曲线,实际恰与目光在画面上巡行移动的全部时间那一整个过程的曲线完全相对应。因此,如果目光停留在某一“站”上,即盯在某一点上的时间久了,已有些乏了(指掣动眼球的相应韧带),正欲逃避、走开,恰巧在其不远不近之处,发觉刚好有个下一“站”,于是目光就极顺当地移了过去,在那儿又再停歇下来,流连一番,适意而畅快。如果从每一“站”到另一“站”都是如此,那么,整个观赏过程都是顺畅的,观赏者的视觉必然也会一直不断地、有节奏地保持着既活跃而又不疲乏,并感到很惬意。反之,如果目光在某一“站”停留已久,已经需要离开,却没有适当的下一“站”可供转移过去,或者经由几乎相等(指其各方面惹眼程度)的一个以上“站口”,同时吸引注意,因而造成一时无所适从的迟疑犹豫,那就会在其移行转动进程的曲线中,形成挫折、纠缠或扭结,不能畅行无阻,从而导致观赏者的视觉及其心情感到“麻烦”——不舒畅。

三

我国传统画论所讲的“气韵”,原本包括:既有来自全幅画面之章法结构方面的诸因素,也有来自画中每一事物形象,以及用以构成形象的每一笔、墨方面的诸因素。无论来自哪一方面因素的所谓“气韵”的“气”,其实主要指的都是流贯、运行与观赏者的视觉对象中的某种“气力”——“气势”(“力”必有其“势”,故“气之力”与“气之势”不可分,而其表现为“气势”)而言。每幅画面中以及每一形象乃至每一笔墨中,确实都有某一种类的“气力”——“气势”流贯、运行于其间,往往可以被观赏者的视觉所直接感受到(似乎有点可意会不可言传)。那也恰恰就是西方画论家们所谓内在于画面中的不可见的“重力学”在起作用。

就流贯运行于全幅画面章法结构中的“气势”来说,那就是本文第二节所述,观图者的目光适应于画面上所固有的各“站口”而移行转动,从“入口”到“出口”整个过程的“扫描曲线”本身所形成的进行态势。此种态势不消说是因画而异的,是完全根据每一画面中各个“站口”的不同安排而千变万化的。不同画面各有不同的章法结构,其所包含着的各个“站口”,都有不同或不尽同的独特安排(不排除也有大同小异或相雷同诸情况),因而观赏者的目光为适应它们而连续地在画面上移行转动的“轨迹”,也就有相应的某种一定的“态势”。即或者顺畅,或者郁结,或者迅疾,或者迟滞,或者跳动,或者平稳……。种种不同的“势头”或“趋势”构成不同的“调子”或“旋律”。那也就是其“气势”(运动曲线)所具有的一种特定的“韵调”或“韵律”了,简言曰“气韵”(即其“气势”的韵致)。

至于其“气”(“气势”=目光移行转动的进程曲线)的“韵”(“韵调”、“韵律”或“旋律”,亦即“韵致”)是不是“生动”,则取决于其整个曲线进程是畅行无阻还是相反。因为若属前一种情况,观赏者在视觉上能够一直保持着不断更新的活跃而不疲乏的状态,从而感到生命力生动活泼之乐。若属后一种情况,便与之相反。当然,如此这般的"气韵"之生动与否,乃是与整幅画中全部章法结构方面一切线、形、色、光诸因素的配合安排——即其穿插、呼应,疏密、开合、隐显……处理得是否适宜或不适宜甚至别扭有关。总之,以上各种因素共同促使观赏者的目光在画面上连续地移行转动所造成的"起、承、转、合",或者"抑、扬、顿、挫",好似阅读一首诗、一篇散文或听一曲音乐,而跟踪其进程状况或"态势"。例如有的势壮,有的势弱,有的跌宕起伏,有的平铺直叙,有的生动活泼,有的"板、挤、结、散"……

来自每一笔墨方面的"气韵"之有无,及其"气韵"是否生动的问题,可从本文第一节所讲的道理推之。按照我国的传统画论的习惯说法,即是所谓"笔"有"死笔"、"活笔","墨"有"死墨"、"活墨"之分。

然则,"笔"何谓"死"?又何谓"活"呢?

"笔"即"笔触"或"笔画",也就是广义的"线条"(此词不甚确切,姑且沿用)。其"死",或其"活",其实恰恰就是取决于本文第一节所述观赏者的目光在其所见之线形范围以内,是否能有适当移行的活动余地或可能性。首先,凡能促使目光随之而适当地移行者,由于眼球与相关韧带皆处于活跃的运动状态(眼球连续转动,韧带不断张、弛),故产生"生动"感。否则,便觉其死板而不生动。其次,凡目光在其线形范围之内,虽然也能有所移行,若其移行过程本身不是完全顺畅的,那也就会形成其"气"(气势)之"韵"(韵调,韵致)不能生动活泼,而难免有别扭或窒塞之类感觉。总之,能促使目光在其间移行,有转动得顺畅者,为"活笔"。相反者,即为"死笔"。故凡"活笔",乃必因其笔画或笔触之线、形(指将它们个别拆开来考察)具有某些方面的一定程度的适当变化因素在内。例如其粗细、轻重、疾徐、断连、顺逆、转折、顿挫……等等,都非一律相同或一成不变。那么,观赏者在视觉上也才会随其刺激量的改变,相应地调节自己注意力的强弱程度,从而保持视觉上一种有节奏的相对紧张——即活跃状态,于是便见其“笔”遂“活”。反之者,便不免会陷入相对静止的死寂状态,于是便见其“笔”遂“死”。

再就“墨”(包括“色”)的“死”、“活”来说:所谓“活”墨,指的就是个别团块的墨痕、墨迹,于其本身范围之内,都不是完全绝对地等同,毫无变化,而是在浓淡(饱和度)、明暗、枯润(干湿)、轻重(厚薄)诸方面包含着某种一定程度的变化在内的。观赏者的目光的注意强度,同样也要为适应对象存在那些变化的刺激量的改变,而相应地不断自行调节,从而处在活跃状态中。否则,便也陷于不活跃状态。这也就是说:能令观赏者的视觉处于上述活跃状态者,为“活”墨。相反者,即成为“死”墨。凡“死”墨,恰如通常用印模印成的那样,似由一种平均压力所一次“印”成,不是以手使笔而或疾或徐、或轻或重地涂抹,烘晕,点染(涂抹、晕染皆“墨”中有“笔”)而成,故绝无浓淡、明暗、枯润、轻重等方面的任何变化(或其变化太不显著,几乎等于零),只见漆黑一团,而无“墨分五彩”的效果。面对那样的“死”墨,必然令人感到闷塞、窒息、静止、沉寂而已!那种“死”墨,自然也就既无其“气”(气势),亦无其“韵”(韵调、韵致),更谈不到还有什么“生动性”(即其活跃、活泼、生趣盎然的印象)了。

至于来自画面的每一形象的“气韵”有无,及其“气韵”是否“生动”之问题,不消说主要地乃取决于对形象的描绘、刻画,必须由“形似”而达“神似”,要将对象事物本身固有的生动活泼的“神态”、“神情”、“神气”、“风姿”、“风格”、“风韵”或“韵味”等充分表现出来,栩栩如生;而非徒具外貌,虚有其表,华而不实,未得其真,只存形模(模样)而已。这亦恰与用以作为构成事物之创造手段的“笔、墨”密切相关。“死”笔墨不可能构成“活”形象。故欲求形象能有其“气韵”,而且能“生动”,其实不得不在很大程度上是要借助于上述“笔墨”方面那种“生动”的“气韵”之条件的。

有必要补充指出:无论对于章法结构的安排(即“经营位置,置陈布势”)还是对于笔、墨的使用(即“骨法用笔”——“笔”包括“墨”,“墨”又包括“色”),画家们诚然并不是事先都按照上述一系列形式规律“法则”,像根据公式作数学注标那样去处理创作的。但是凡属达到“气韵生动”的作品,其章法及其笔墨,必然毫无疑义都是符合上述一系列形式规律“法则”的。否则,便不会有“气韵生动”的效果。应当看到:那种不自觉地符合规律法则,亦非偶然,其实乃是画家们在长期创作实践过程中,由于经验的积累,已使自己的视觉获得锻炼而养成了一种习惯,那种习惯可以自然而然地、直觉地感受到章法结构和行笔落墨诸方面,怎样顺眼,怎样就不顺眼,而其顺眼或不顺眼区别之所以然,恰恰是受着上述一系列客观规律支配的。因此他们也就能够凭经验达到在自己创作中将其章法和笔墨,处理得恰与上述一系列客观规律相暗合,从而取得“气韵生动”的效果。所以,上述一系列规律的存在,对于他们说来,无非“日用而不自知”罢了。(他们作画时,随其自己在特定思想、感情基础上的特定情绪和心境的波蕴,自然而然地将其特定波蕴,反映、贯注并记录于作品的章法安排与行笔、落笔之中,故是不期然而然的。)

所谓“笔”、“墨”的“死”、“活”,即其“笔”、其“墨”经“移情”作用,被人——观赏者所主观地赋予于“笔”、“墨”方面的一种错觉的结果。实际上,物质迹象的“笔”“墨”本身,并无所谓“死”、“活”可言,不过引起人——观赏者在视觉感受上活跃或不活跃之反映。根本处,则仍在于物质的“笔墨”罢了。

四

语云:“喜气画兰,怒气画竹”。盖谓以“喜气”画兰,才能表现兰叶之临风飘洒;以“怒气”画竹,才能表现竹干之劲节冲霄与竹叶之劲爽健利。事实也确实如此。观画者于画家所画的兰、竹艺术形象,每亦直观地感受到(见到)其中所体现的精神,因而受到那种或“喜”或“怒”的“气”的感染,引起情绪“共鸣”(此为影响思想、感情之起点),于是造成观画者与作画者之间在情绪——情感上的精神交流。[2] 这乃是艺术传达感情之秘密,亦即艺术通过审美欣赏能够产生教育、宣传作用的客观依据。

然则,何以会是这样的呢?试释其所以然的客观规律性于下:

人“以心使腕,以腕操笔”[3]而作画(作字亦同)的过程,实际上是:由中枢神经(大脑)向末梢传递脉冲信息(指挥信号)给运动器官——臂、腕、掌、指(包括相关骨骼、肌肉、韧带等)以及作为“器官之延长”的工具——笔(笔杆连笔头,恰如附加于人手之“钻头”似的零件),实现相应运动,使笔行于纸上(饱蘸墨汁或色汁的笔头掠过纸面),从而涂抹出点划痕迹(笔迹=笔行于纸面的“轨迹”之留痕)。各种各样点划痕迹(笔迹)的千变万化,乃因笔行于纸上(笔头掠过纸面)时的动作之千变万化所产生、所形成。而笔头掠过纸面的动作之所以千变万化,是因为直接受着由中枢神经(大脑)到末梢神经一系列神经脉冲所制约,被中枢神经(大脑)的心理——生理机制所规定,而为其当时所处“兴奋”或“抑制”的状态支配之(与此同时,伴随着心脏脉搏相应的强弱快慢之跳动)。“兴奋”或“抑制”的“气”(其人当时的思维与情绪状态),凭借上述过程所形成的特定点划痕迹(笔迹)而体现之。不管作者意识到或不意识到,皆然,一般往往是不自觉的。[4]

---

[2] 情绪(Emotion)受情感(Feeling)支配,通常将二者合称为“感情”。不消说,情感是受思想支配并以思想为基础的。

[3] 石涛《画语录》语“心”=“心灵”。包括人在各自生活实践基础上形成的世界观所支配下之思想、感情等整个“人格”而言。自然也包括头脑的思维活动在内,不过古人每误“脑”为“心”罢了。

[4] 中枢神经发出什么信息,是受中枢神经处于何种状态决定的。而其所处状态为“兴奋”或“抑制”,则由外界刺激所引起,是对外界事物(刺激物)之反应或反映。又:人之情绪表现,实与神经及脉搏状态相关联。

必须明确:“气”之为物,是永远流转运行着的。(《易·系辞下》曰:“变动不居,周流六虚。”盖谓“气”也。)不妨把它理解成“气质”、“气象”、“气概”、“气度”、“气派”等等,但绝不可以错误地视为一种静止的状态[5](它是不能截成“横断面”的)。质言之,无论“喜气”、“怒气”,或其他种种“气”,其存在既然永远在流转运行,则其存在实为一进行着的过程(progression),主要乃为“时间的”,而非“空间的”。

因此,上文所说作者“以心使腕,以腕操笔”而作画(或作字)时的胸中之“气”——即某人与当时内心思维与情绪的状态,指的实际乃是某人为当时内心中思维与情绪的状态,亦即某人内心思潮的起伏和情绪的波动的状态。它们或者平缓轻柔如水面涟漪,或者汹涌澎湃如江海狂澜……总之,各面具有各不相同的旋律、节奏。“气”的流转运行的情态状况各不相同,则其“气”的流转运行的进行“曲线”的情状,亦各相异而千变万化。这也就是说,有其“气”则必有其“势”也。

是故“笔姿”必然显示出某种“笔势”。同时“笔势”与“笔气”不可分割,皆托付于“笔力”——皆赖“笔力”以贯透到相应的“笔迹”之中而呈现出来。详言之,即:行笔、运笔时,臂、腕、掌、指所使用的力量的轻重强弱、徐疾猛怯,实乃体现行笔、运笔其人内心思潮与情绪的起伏波动的不同状态——即其胸中不同的“气”之“态势”,亦即不同的“气势”也。因此作者相应地点划而成各具不同“笔气”、“笔力”与“笔势”、“笔气”,从而领略作者体现于其中的心潮起伏、情绪波动的旋律、节奏,并受其感染,引起相同或相似的神经震荡和心灵波动。这种自然而然的效果,不管观赏者意识到或未意识到,皆然。

论画所谓“气韵”之“气”(这里主要就“发于笔者”而言,其他可类

[5] 所谓“气”,通常是指对象呈现于人们视觉感受中的种种不同的“气质”、“气象”、“气概”、“气度”、“气派”而言。“喜气”、“怒气”,不过是其中较为明显、较易分辨的相反的两大类而已。

推),指的正是作者于作画当时的胸中之"气",及其通过使腕、操笔的动作结果而体现相应的各种点划"笔迹"中的上述"笔气"耳。

不过,其"气"若无跌宕、起伏、摇曳诸变化,死板而不活泼;或虽富于变化,却变化得乱七八糟,不成章节、不统一、不协调,缺乏应有的韵致(缺乏节奏感、韵律感);可说是有"气"而无"韵"。[6] 此所谓"韵",无非指的就是其"气"之流转运行过程中的进行"曲线",恰恰合乎某种一定规律性的起伏波荡、抑扬顿挫之变化,即变化无损于统一、统一中不乏丰富变化的那种"气"之流转运行的进行"曲线"。

由此可知:"气"与"韵"虽不可分,实则仍为二事。虽然或有"气"而无"韵",却不可能无"气"而有"韵"。盖所谓"韵",乃"气"之"韵"也。

总而言之:"气"乃作者其人作画(或作字)的心境——即其内心情绪波动的状态,或曰"心灵"之"气质"、"气象"、"气概"、"气度"体现于其点划所成的"笔迹"中,诉诸观赏者的感觉(视觉),并被观赏者直观地感受到而已。同时,其"气"的流转运行,凡属合乎"变化统一,统一变化"规律者,遂有某种"节奏感"、"韵律感",即和谐生动之韵致(否则无韵致)。"气韵"无非指此而言。

五

以上关于"气韵"及其"生动"与否的探讨,虽然主要是从观赏者于其观赏过程中所引起的主观方面的视觉反应之心理状态及其生理机制方面加以阐明的,但却不能不指出:主观方面的视觉反应,原本是反应

---

[6] 无"气"之作,不可能有。然其"气"如凝结而近于静止(尽管非真静止);其"迹"(笔迹)则难免倾向死沉闷窒而显露僵硬现象("板"、"刻"、"结"诸病,由此造成);具"气"如过弱、过衰,其"迹"(笔迹)则难免呈现涣散松懈(其病曰"散");某些作品其"气"似乎水波不兴,其"迹"(笔迹)看去平滑如镜者,亦非死水一泓,绝无含蓄、隐约的波动。

客观方面对象(指作品)所固有的、完全与其相对应之实际存在着的特定情状,并非无来源和凭空随意的。

书画作品,就其"笔墨"而论,真迹和赝品之间,无论如何总有区别,不可能完全骗过明眼人。即使伪造者本人的功力、造诣水平同原作者不相上下,亦然。那是什么缘故呢?盖因仿制者,只能肖似原作笔墨的外形——即其点划出的笔迹而已(甚至模仿达于惟妙惟肖,亦仅止于此)。但是,原作蕴含的笔姿与笔气,则不可能肖似之。原因即在于:笔之点划的"力"、"势"、"气"(关键要素在其"势"——"势中见力","势中见气"),皆与笔行纸面所经过的时值(时间长度)密切相关。时值长,意味着舒缓迟滞;时值短,意味着迅疾迫促。而原作者于每一点划所用的时值,仿制者既不可能从其已成点划的笔迹中完全准确地测知而效行,自然也就不可能无所差别。故其结果,必然在一切点划用笔的"力"、"势"、"气"三方面不可能完全相同,因而其"笔姿"也不可能完全相同。

所谓笔力,即行笔时指、腕、臂所使用的力量的轻、重、强、弱。其实,与其行笔时值相关的那一方面因素,也必须计入。盖因用力的猛、怯、刚、柔,与行笔之或急或缓不可分,而皆有关乎其时值。

书、画笔墨的"气韵",与笔墨运行的时值密切相关,因此不难理解,所谓"气韵",其实就是"空间艺术"中包含的"时间因素"。

宋代郭若虚《图画见闻志》"论用笔得失"一节曰:"凡画,气韵本乎游心,神影生于用笔……故爱宾称王献之能一笔书,陆探微能一笔画。无适一篇之文,一物之象,而能一笔可就也;乃是自始及终,笔有朝揖,连绵相属,气脉不断",此解所谓"一笔画"(及"一笔书")乃指其"笔有朝揖"(顾盼照应),而形成"连绵相属"的气脉得以不断。看来,"气脉"云云,就创作而言,盖即随意挥毫而自然流贯于全体行笔气势之中的一种脉络(笔之运行的来龙去脉)。就观赏而言:目光亦必循其脉络而游行于画面,而体验其律动。

六

关于书画笔墨的“气”,及其“气”之韵致、音调,原本来自作者其人的胸中之“气”及其样态,可以音乐说明之:

例如各种吹奏乐器,皆凭吹气发声。吹气不同,发声遂异。吹入之气有强有弱、有猛有静、有急有缓……因而其所发出之“声”亦有重有轻、有锐有钝、有清有浊,千变万化,不一而足。总之,声由气发,声随气变。发声受吹气制约,连续吹气,则连续发声。连续吹气的过程各不相同,或断、或续、或高、或低、时隐时现,时强时弱……抑扬顿挫,起承转合。于是,各成其调(tone),各具其韵(其所发出之声,各有不同韵味)。其调之韵,实乃其气之韵。不难理解,吹气之不同,盖取决于吹者的用力,实因气以力行、力以行气之故。气中贯注之力,千变万化,气之运行,也千变万化。气之运行之态势,即气势。气势不同,气韵自异。气韵既异,声调亦必随之而异。

乐器的吹奏如此,乐器的打击、弹拨亦如此。例如击鼓:重击、轻击、缓挑……用力不同,发声固不同;发声不同,其气势与音调亦不相同。“大珠小珠落玉盘”,实由“嘈嘈切切错杂弹”之故耳。应当明确,吹奏与打击、弹拨之差别,无非是口吹、手敲、指触而已。

据报载:我国美术作品在前苏联莫斯科展出时,当时留言簿上曾发现一个别有用心者胡写一些借机反华的言辞。接着又有另一观众在下页上加以反驳,并用红色铅笔给那些反华言辞狠狠地划了几道。不难想像,那几道红色铅笔线条必定划得很有力,划的人在划的时候必定是很使劲的。因而,从那使劲地划出的那种线条的笔迹中,已把其人当时对于那个反华小丑及其反华言辞的愤怒之情——即恨不得“狠狠地”揍他几下的思想感情,表现无遗了。如果他不愤怒,自然不会使劲地划,如果不是“狠狠地”而是“轻轻地”划得软弱无力的话,不消说,就会表现不出愤怒之情。假若线条被画得稳重,规规矩矩,无疑则将表现出另一种内容而起另一种作用。举一反三,诸如此类事例,其实在我们的日常生活中俯拾即是,也都可以证明上文所论。

由此可见,凡书画既然都是由活着的人以心使腕、以腕操笔而做成作品,其笔墨就不可能绝对无气,也绝不可能无韵。不过,尽管可以说凡属人的作品——或书或画的任何笔墨,不可能毫无某种程度之"气韵"因素存在于其中,然其各自所实际具有的"气韵"本身,都有无限差别。且其差别,不仅表现在量的方面,而且表现在质的方面。即不仅存在强、弱、虚、实、隐、显等等差别,还存在着其"气"其"韵"的品性之优劣、格调之高低、内涵之深浅、造诣之巧拙、火候之老稚,以及文野、雅俗、奢俭、纯驳等等差别。不消说,其间种种微妙之差别,最终全都取决于作者其人之性格、品德、情操与学养、生活境界等整个精神状态。盖因作者其人的神清则气爽,气爽则力强,力强则笔健、笔健则势畅,势畅则姿展、姿展则迹利。反之,神昏则气浊,气浊则力惰,力惰则笔痴,笔痴则势滞,势滞则姿靡,姿靡则迹萎……有诸内而形诸外,自然而然,不可勉强。是故古人每谓欲求书画的笔墨"气韵生动",不可不首先重养气、修心,修心则在于为学,而不是无所见而云然。

洪毅然 1977 年 5 月初稿于甘肃师范大学

洪毅然 1981 年 6 月二稿于甘肃师范大学

刘军平 2010 年 10 月整理于中央美术学院

从“才性之辨”看魏晋文艺批评的人文蕴涵

袁济喜　李　俊

摘要：才性之辨是魏晋之际三大玄学辨题之一。它本是针对人材观的讨论，但由于这一论题与当时的社会现实密切相关，因此关于才性的辨论实际上包含着人们对现实的思考和批判。新才性观的确立实际上意味着一种新的人生价值的确立。本文从三个方面解析了新旧才性思想的异同，藉此揭示辨题背后的政治内涵、人生价值观以及官人选材的思想，从而说明才性之辨影响人们思想和生活的方式。而这三个方面正是直接塑造魏晋文艺批评思想的核心内容。才性之辨以人物个性为中心的批评方式，在文艺批评领域获得了及时的回应。以人物为中心，强调文人才性的文艺批评思路由此建立，并形成了一种新的传统，清晰地彰显了中国古典美学的人文特质。

关键词：魏晋　才性之辨　文艺批评　人文蕴涵

作者简介：袁济喜(1956—)，上海人，中国人民大学国学院教授，研究方向为中国古典美学；李俊(1982—)，安徽宣城人，中国人民大学国学院2008级博士生，魏晋南北朝文学与文学批评。

“才性之辨”是魏晋玄学著名的辨题之一，与“有无之辨”、“言意之辨”齐名，讨论人之根本性行与才能关系，直击人性论的本体，即人性的本质特性是根植于抽象的道德性行还是由天赋的气质个性决定。论题本身所具有的丰富人文蕴涵，使之迅速影响美学与文艺批评领域，从而对魏晋文艺思想产生了巨大的影响。

"才性之辨"是清谈与玄学的一种表现形式,与当时的政治斗争有着千丝万缕的联系。陈寅恪曾谓:"寅恪昔年撰《论陶渊明之思想与清谈之关系》,其大旨以为六朝清谈可分为前后两期。后期之清谈仅限于口头及纸上,纯是抽象性质。故可视为言语文学之材料。至若前期之清谈,则为当时清谈者本人生活最有关之问题,纯为实际性质,即当日政治党系之表现。故前期之清谈材料乃考史论世者不可忽视之事实也。"[1]这一观察可谓道尽魏晋"才性之辨"兴起的政治动因。中国古代美学与人物批评本就有着内在的联系,而汉晋之际的人物批评却几乎成了区分各种事物的主要标准,从政治派系到选拔人才,到文学批评等等。这些都是近来学人一直都很关注的话题,各个方面的开掘已颇丰富,然而,人物批评如何影响时人美学批评的思维结构,以及这种相互关涉的方式在那个层面增强了魏晋文艺批评的人文蕴涵,却仍有必要加以明晰而充分的揭示。中国古典美学之人文特性也正是在这一阶段奠定它的发展方向,从而决定了它与西方美学之人文蕴涵的展现方式殊异。下面就此作了论述,敬请方家指正。

一、"才性之辨":从人物批评到文艺批评

若从思想源渊去推寻,"才性之辨"可以上溯到先秦诸子思想。即先秦诸子所论"性"的范畴,儒、道两家对此尤其关注,他们所说的性行与天命一类的范畴涉及到人性问题,然而他们主要关注的内容集中在道德伦理层面;"才"指人的才能与才华一类范畴。关于两者之关系,二家的思维指向是不同的,因为道家具有反社会倾向,所以他们的思想

[1] 陈寅恪:《书〈世说新语〉文学类钟会撰四本论始毕条后》,《金明馆丛稿初编》,上海:上海古籍出版社1980年版,第41页。

趋向于对个人的重视，极端者则否认所有社会道德的合理性；与之相对，儒家特别强调群体伦理的建构，因此认为，才性两者之间应当以性行即道德为基础，才能则建立在道德之本上。就理论演绎来观察儒家之观点，性行道德属于共性，而才能与个性气质联系，是个性的东西，两者牵涉到共性与个性的关系。儒家重视道德的共性，相对轻视个体性，“重性轻才”因而成了儒家才性观的一大特色。孔子说“如有周公之材之美，使骄且吝，其余不足观也已”，[2]即是这一观念的真实表达。

儒家思想在汉武以后取得了极大的成功，占据了社会思想的主流，这一点在人材察举制度方面的反映最为鲜明。西汉时期察举选材的变迁趋势是逐渐向儒生倾斜的历史，经术成了最主要的考察内容。东汉统治者有鉴于西汉武帝时以经术来选取人材，经学成了士人入仕之敲门砖的做法，调整以经明行修——在经术之外兼备德行要素——来选拔人材，但很明显，这不仅没有改变儒家思想的影响力，反而有所加强。因为德行要素是儒家关注的根本，本是个人化的素质，在经术不能保证德行之时，德行本身便出头露面，成为一种衡量标准，也就意味着个人化的因素延展为社会普遍遵循的准则。然而察举的弊病却也累积得越来越厚，随着这一察举制度中积极因素的衰弛，社会上便出现了许多“以名取胜”的现象。[3] 性行与道德竟沦为沽名钓誉的工具。据东晋葛洪在《抱朴子 · 审举》篇中记载，汉末人讽刺的“举秀才，不知书；察孝行，父别居。寒素清白浊如泥，高第良将怯如鸡”表明，[4]弊病已经到了相当严重的程度。《后汉书 · 陈蕃传》也曾记载，时人赵宣为父行服守孝二十余年，“乡邑称孝”，由此一举成名而被荐为官，然而人们后来发现，此人竟在为父服丧的二十来年中，先后生了五个儿子，丑闻一

[2] 杨伯峻：《论语译注》，北京：中华书局1980年第2版，第82页。

[3] 参见阎步克：《汉末的选官危机》，《察举制度变迁史稿》，沈阳：辽宁大学出版社1997年第2版，第81—92页。

[4] 杨明照：《〈抱朴子〉外篇校笺》（上册），北京：中华书局1991年版，第393页。

经传出,人们为之愕然。这些史实展露出汉末士人精神和素质滑向虚伪和浮薄的一面,表明原有的价值体系行将崩解,然而却没有流露历史的发展方向。

与此同时,士人精神还有另外一种面貌和追求。这种追求最后演化为东汉末年与宦官势力相抗衡的"清议"运动和士林中的"汝南月旦"。"清议"是指借品题人物以影响朝廷对官吏的选任,影响巨大。曹操自述思想演变历程就曾说,"孤始举孝廉,年少,自以为非岩穴知名之士,恐为海内人士所见凡遇。欲为一郡守,好作政教以建立名誉,使世士明知之。"[5]这是曹操早年的思想和心态,值得注意的是他当时并不入士林之主流;曹操尚且如此,其他可想而知。曹操之自序反映了当时士人构建人生观的模式,即在传统的才性观指引下,磨炼成为统治者所需要的人材。然而这种才性观强调道德,忽略才能,最终却造成人材缺乏驾驭时事能力的扭曲局面。

曹操通过艰苦的军阀混战最终确立了新的政治秩序,深知这种才性观念的迂腐与摧残人材,于是大力革除。应该留意的是,曹操并非不推崇儒家的道德性行观念,他对于汉末那些风节高亮的党锢人物十分尊敬,对他们的人格也很看重,但是时势使他对于才性的关系必须有一个新的估价。然而他又必须应对剧烈的世变,在选用人材上不得不"明扬仄陋,唯才是举","举贤勿拘品行",这种外在的压力最终冲破了传统才性思想格局,开创了一代新风,其内涵就是以应变才能为第一标准,将道德性行置于第二位。个性气质在这轮观念调整中首次被突显,泛泛而论的经明行修之类则被轮转到次要位置。由于这一变动的刺激,才性之辨重新活跃起来,巨大而丰富的历史内容使得它的深度、规模和影响力远远超越了先秦诸子。

刘劭是曹魏集团中一位识见高明的思想型人物,历任考课官,他的

---

[5]陈寿:《三国志》卷一,北京:中华书局1982年第2版,第32页。

《人物志》就是一部关于才性讨论和如何选用人才的系统论著。刘劭继承和发展了"形具而神生"的形神观,以情性、形神、才能三者的统一作为辨识才性和品鉴人物的理论依据。刘劭认为:"凡有血气者,莫不含元一以为质,禀阴阳以立性,体五行而著形。苟有形,质犹可即而求之。"[6]刘劭认为,"元一"(元气)、"阴阳"(气化)、"五行"是构成人的形体、性情的物质条件和基本要素,其实是从自然"元气"出发认识人的性命本体的思路。遵循这一思路,强调人性的自然禀赋,与奠定两汉才性观之董仲舒建立在"天人感应"基础上的人性本体论具有质的不同,而董氏正是"经明行修"思想的源头。在刘劭看来,人在形质、情性、才能方面本是差异而多样的,它是由不同质的"气",即"阴阳"、"五行"所决定的,换句话说,人之性行"依乎五质"。反之,我们亦可以通过一个人的仪、容、声、色、神五个方面来识别查验其人格质量、才智特点。他所论述的用"九征"、"八观"、"七缪"等归纳识鉴人物的手段,都是这一观念演绎的结果。其实,这种内在的与外在的关联关系尚无特殊之处,重要的是自然形质并非单一。这才是对儒家所坚持的人材内涵最主要是"孝悌"、"明经"等道德伦理的最大冲击。刘劭之才性观为承认和强调人应该有着鲜明的个性气质、独特的仪容风姿,是鲜活的生命之体,奠定了初步的理论基础。刘劭《人物志》提出了一些新的才性观,倡言"智者德之帅也"、"夫圣贤之所美,莫美于聪明",将智慧、聪明视为理想人格之内核的观念,与传统的儒家思想将仁义道德看作理想人格最高境界的观念形成了鲜明的对比;还认为"聪明秀出谓之英,胆力过人谓之雄",以为智慧聪明与胆力过人是构成"英雄"的必要条件,英雄之所以成其为英雄,正在于他具有聪明智识四者有机结合而形成的完整的智能结构。归根结底,这一些思辨最终破除了儒家才性观的基本假设。

---

[6] 伏俊琏:《人物志译注》,上海:上海古籍出版社 2008 年版,第 13 页。

然而,人物才性之辨若要对文艺批评和审美取向渗透,形成影响,仅仅具备这些环境氛围和理论条件尚不充分,传统的思想观念并不会自然消退。才性之辨在曹魏正始时期才取得向其他领域充分拓展的成绩,正印证了这一看法。其间的曲折关联在于,才性之辨内含着政治因素,对话的尖锐程度与政治斗争的尖锐程度几乎形成了正比。正始年间是司马氏通过机诈与血腥争夺曹魏集团实权的非常时期,而司马氏是汉末士族的代表,汉末士族正是保持儒家思想的坚韧纽带,与曹魏新锐思想形成对比,因此,此时的政治进程其实主导了思想史的进程,决定着思想领域的交锋与对话的程度。《世说新语·文学》记载:

> 钟会撰《四本论》始毕,甚欲使嵇公一见。置怀中,既定,畏其难,怀不敢出,于户外遥掷,便回急走。

注曰:

> 《魏志》曰:"会论才性同异,传于世。"《四本》者,言才性同,才性异,才性合,才性离也。尚书傅嘏论同,中书令李丰论异,侍郎钟会论合,屯骑校尉王广论离。文多不载。[7]

正始年间,思想界曾就才性四本发生过剧烈争议。傅嘏、钟会、李丰、王广等正始时期有名的人物,先后参与论争之中,竞相发表自己的看法,并形成了四种富有代表性的观点,钟会把这四种观点加以整理,撰为《四本论》的集子。四本者就是才性的四种关系,所谓才性同,这是力主传统的才性一致、以性统才的看法,是儒学士族傅嘏的立场;以李丰为代表的一方主张才与性相异,不能混为一谈;以钟会为代表的一方认为才与性虽然不是一回事,但是两者之间又有密切的联系,故云"才性合";以王广为代表的一方则主张才与性是分离的,两者不相关涉,故云"才性离"。由于《四本论》散佚,才、性概念的具体内涵很难分说。但通过这种对待关系认定才性的内涵,无疑是很有意思的。根据陈寅

---

[7] 徐震堮:《世说新语校笺》,第106页。

恪的观点,主张才性统一(才性同、才性合)的人受传统的两汉儒家道德观影响较大,在政治上为世族利益的代表人物,司马氏是当时最有势力的世家大族;而主张才性分离(才性异、才性离)的人物大都为新进人物,受益于曹氏集团,故政治上与司马氏集团分庭抗礼。可见,当时出现的这场对话,有着很深的现实政治背景。

曹魏集团自从曹丕接受陈群的建议,采用九品官人选拔人才。但汉末士族不仅没有因此得到限制,势力反而愈为膨胀,九品官人本以德行与才能论品,最终却与门阀相结合,门阀进而褫夺其他要素成为最主要的标准,[8]这实际上已经脱离了曹操当初不拘一格选用人才的宗旨。这一情况对才性之辨也产生了深刻的影响,使得讨论的氛围逆转而对儒家传统才性观有利。司马氏集团巧妙地将名教与因名选人的方针结合起来,并以此作为他们夺取政权、迫害政敌的手段。《世说新语·简傲》曾记载:“钟士季精有才理,先不识嵇康,钟要于时贤俊之士,俱往寻康。康方大树下锻,向子期为佐鼓排。康扬槌不辍,旁若无人,移时不交一言。钟起去,康曰:‘何所闻而来?何所见而去?’钟曰:‘闻所闻而来,见所见而去。’”[9]钟会鼓吹才性相合,正是迎合了司马氏集团的“因名立教”思想。他欲与嵇康讨论“四本论”,嵇康因立场不同,无法与之苟同,且瞧不起他的为人,不愿与之对话与讨论。钟会因此怀恨在心,称嵇康在《与山巨源绝交书》中提出“非汤、武,而薄周、孔”,在司马氏面前谗害嵇康,说他是卧龙,引起司马氏的嫉恨。司马氏故此以不孝的罪名杀了嵇康。由此可见,“才性合”所包含的政治机锋。

由于立场不同,嵇康处处强调与“才性合”的异趣。他在《明胆论》中提出:

---

[8] 宫崎市定:《九品官人法》,韩昇,刘建英译,北京:中华书局2008年版,第7—9页。
[9] 徐震堮:《世说新语校笺》,第412页。

夫元气陶铄,众生禀焉,赋受有多少,故人性有昏明,惟至人特钟纯美,兼周内外,无不毕备。[10]

嵇康指出,人的个体性多样化与丰富性秉承自然的天性,是元气陶铄的产物。唯有圣人是至中无偏的,但这种理想的人物可望而不可及。嵇康在《难自然好学论》中还强调:"鸟不毁以求驯,兽不群而求畜,则人之真性,无为正当,自然耽此礼为矣。"[11] 所谓人的"真性",就是"口之于甘苦,身之于痛痒,感物而动,应事而作,不须学而后能,不待借而后有,此必然之理,吾所不易也。"[12] 这也是强调人的天性是自然欲求而不是道德性行,比观儒家《礼记·大学》中所谓"天命之谓性,率性之谓道,修道之谓教"的说法,区别更为显豁。"修道之谓教"推广下去就是才性合为一体,以性统才。嵇康才性论看似畸出,其实与刘劭的思想颇有渊源,只不过激烈的程度有所不同。前者崇尚天赋气质个性,针砭名教束缚人性,嵇康则"越名教而任自然",更趋向极端,这与他的个性有关。《三国志·王粲传》裴松之注引《魏氏春秋》及《嵇康别传》曰:

初,康采药于汲郡共北山中,见隐者孙登。康欲与之言,登默然不对。逾时将去,康曰:"先生竟无言乎?"登乃曰:"子才多识寡,难乎免于今之世。"及遭吕安事,为诗自责曰:"欲寡其过,谤议沸腾。性不伤物,频致怨憎。昔惭柳下,今愧孙登。内负宿心,外赧良朋。"康所著诸文论六七万言,皆为世所玩咏。

《康别传》云:孙登谓康曰:"君性烈而才俊,其能免乎?"称康临终之言曰:"袁孝尼尝从吾学《广陵散》,吾每固之不与。《广陵散》于今绝矣!"[13]

---

[10] 戴明扬:《嵇康集校注》,北京:人民文学出版社 1962 年版,第 249 页。
[11] 同上书,第 261 页。
[12] 同上书,第 261—262 页。
[13] 陈寿:《三国志》卷二一,第 606 页。

嵇康"性烈而才俊",不受名教的约束,与儒家所要求的"才性合一"、"以性统才"的人物标准大相径庭,钟会所以不敢公开与嵇康对话与交锋,也是预知与之对话必然会产生激烈的冲突。嵇康与向秀互相论难,与山涛绝交书也是很好印证。

钟会、嵇康之间的才性之辨反映了政治对思想的主导。发生在傅嘏与荀粲等人相互之间才性之辨则是另一著名个案。这一个案反映了才性之辨对人生价值的改造程度。荀粲虽是曹操重要谋臣荀彧之子,但思想和为人却与其父大不相同。在才性论上,荀粲坚持识与才的分离,反对将识见与事功统一起来。他在这个问题上与傅嘏展开对话。《三国志》注记载:

> 粲字奉倩,粲诸兄并以儒术论议,而粲独好言道,常以为子贡称夫子之言性与天道,不可得闻,然则六籍虽存,固圣人之糠秕。粲兄俣难曰:"《易》亦云圣人立象以尽意,系辞焉以尽言,则微言胡为不可得而闻见哉?"粲答曰:"盖理之微者,非物象之所举也。今称立象以尽意,此非通于意外者也。系辞焉以尽言,此非言乎系表者也;斯则象外之意,系表之言,固蕴而不出矣。"及当时能言者不能屈也。又论父彧不如从兄攸。彧立德高整,轨仪以训物,而攸不治外形,慎密自居而已。粲以此言善攸,诸兄怒而不能回也。[14]

荀粲在与家族中人的对话中,彰显出自己的反叛个性。荀氏本是东汉末年的世家大族,荀彧曾为曹操集团中的重要人物,以荀彧为首的荀家代表着东汉末年儒林重镇。荀彧的儿子荀粲却服膺老、庄,用老、庄的道论与言不尽意论来消解儒学价值观念。他以为"六籍虽存,固圣人之糠秕",这种离经叛道思想与嵇康倒是很相似。荀粲崇尚言不尽意之观念,同时公开品评父亲与从兄荀攸之高低,认为其父不如从兄,原

[14] 陈寿:《三国志》卷十,第319—320页。

因是其父过于遵守儒学风轨,而从兄荀攸具有洒脱的风度。这其实也涉及才性的标准,显然,荀粲主张才性相分,性行则是内在的自然天赋,而不应当是儒学伦理,因此,外在事功并不足以说明内在性行的高低优劣,故此,像父亲荀彧这样儒学深厚、事功显赫的人物仍难胜过从兄荀攸的性行简放。

荀粲在当时的才性论争中倡导才性分离,将性行理解成老、庄的自然简达,不拘小节。他本人在男女关系方面更体现出这一点来,并传为名士风流。《三国志》记载:"粲常以妇人者,才智不足论,自宜以色为主。骠骑将军曹洪女有美色,粲于是娉焉,容服帷帐甚丽,专房欢宴。历年后,妇病亡,未殡,傅嘏往喭粲;粲不哭而神伤。嘏问曰:'妇人才色并茂为难。子之娶也,遗才而好色。此自易遇,今何哀之甚?'粲曰:'佳人难再得!顾逝者不能有倾国之色,然未可谓之易遇。'痛悼不能已,岁余亦亡,时年二十九。粲简贵,不能与常人交接,所交皆一时俊杰。至葬夕,赴者裁十余人,皆同时知名士也,哭之,感动路人。"[15]荀粲认为女性重在容貌而性行与才能则不足为论,为此他也被《世说新语》标为"惑溺"。

荀粲不仅将性行理解成老、庄的简达放荡,自然与当时司马氏集团的才性观分道扬镳。傅嘏偏向司马氏一派,强调事功与性行即道德的合一,认为"识"是对时局判断,故"识"必以功名事业为表征。二者的区别于此分化得一清二楚。《三国志·荀彧传》所附荀粲事迹记载:

太和初,(荀粲)到京邑与傅嘏谈。嘏善名理而粲尚玄远,宗致虽同,仓卒时或有格而不相得意。裴徽通彼我之怀,为二家骑驿,顷之,粲与嘏善。夏侯玄亦亲。常谓嘏、玄曰:"子等在世涂间,功名必胜我,但识劣我耳!"嘏难曰:"能盛功名者,识也。天下孰有本不足而末有余者邪?"粲曰:"功名

---

[15] 陈寿:《三国志》卷十,第320页。

者,志局之所奖也。然则志局自一物耳,固非识之所独济也。我以能使子等为贵,然未必齐子等所为也。"[16]

《世说新语·文学》中记载:"傅嘏善言虚胜,荀粲谈尚玄远,每至共语,有争而不相喻。裴冀州释二家之义,通彼我之怀,常使两情皆得,彼此俱畅。"[17]这里荀、傅之对话实际上就是才性合与离之争,与嵇康、钟会之间的紧张不同,他们之间的对话较为和缓。荀粲并不热衷于政治,也非政治活动中的关键人物,故政治因素的作用较为缓和。此外,这里还涉及到夏侯玄,夏侯玄与荀、傅二人不同,是自觉参与曹爽集团的人物,与何晏等人立场相近,虽然强调识与才即事功不同,但仍然热心功名。故倡导无为而治的玄论,却也以识为贵。何晏也曾以《周易》中的三种境界为目标来比况司马昭、夏侯玄与自己的人格境界。同样以功名属之司马、夏侯二人,而自许神超识越。[18] 可见这种讨论在何晏时业已萌生。刘勰《文心雕龙·论说》中提出:"迄至正始,务欲守文,何晏之徒,始盛玄论。"[19]荀粲之所以能处在曹氏与司马氏的中间状态而与双方人物交流,正是因为他对政治活动的梳理,使之较为自由。荀粲提出以神识为高,超越傅嘏等人的功利心态,其实是"越名教"疏离政治斗争的表现。显然,傅嘏等人虽然也认为功名与识不可分,识高才能成就功名,但其中之"识"其实是被赋予了不同的内涵。《三国志·王粲传》附《傅嘏传》裴注引《傅子》曰:

是时何晏以材辨显于贵戚之间,邓飏好变通,合徒党,鬻声名于闾阎,而夏侯玄以贵臣子少有重名,为之宗主,求交于

[16] 陈寿:《三国志》卷十,第 320 页。

[17] 徐震堮:《世说新语校笺》,第 108 页。

[18] 见《三国志》卷九《魏志·何晏传》注引《魏氏春秋》曰:"初,夏侯玄、何晏等名盛于时,司马景王亦预焉。晏尝曰:'唯深也,故能通天下之志,夏侯泰初是也;唯几也,故能成天下之务,司马子元是也;唯神也,不疾而速,不行而至,吾闻其语,未见其人。'盖欲以神况诸己也。"(第 293 页。)

[19] 袁济喜、陈建农编著:《〈文心雕龙〉解读》,中国人民大学出版社 2008 年版,第 148 页。

> 嘏而不纳也。嘏友人荀粲,有清识远心,然犹怪之。谓嘏曰:"夏侯泰初一时之杰,虚心交子,合则好成,不合则怨至。二贤不睦,非国之利,此蔺相如所以下廉颇也。"嘏答之曰:"泰初志大其量,能合虚声而无实才。何平叔言远而情近,好辨而无诚,所谓利口覆邦国之人也。邓玄茂有为而无终,外要名利,内无关钥,贵同恶异,多言而妒前;多言多衅,妒前无亲。以吾观此三人者,皆败德也。远之犹恐祸及,况昵之乎?"[20]

傅嘏以传统儒学立场来衡量人物,综核名实,打击浮华,代表了司马氏集团的取向,何曾就曾以此来批评阮籍,钟会也用这样的罪名来谗毁嵇康。《三国志》记载:"嘏常论才性同异,钟会集而论之。"[21]裴注引《傅子》曰:"嘏既达治好正,而有清理识要,好论才性,原本精微,尠能及之。司隶校尉钟会年甚少,嘏以明智交会。"[22]这些话可以证明傅嘏与钟会气味相投。正是这样的取向,在针对曹氏集团时,就会显得异常激烈。除了夏侯玄之外,他对于曹魏一党其他人物也极力加以贬低。《三国志》本传注引《傅子》曰:"初,李丰与嘏同州,少有显名,早历大官,内外称之,嘏又不善也。谓同志曰:'丰饰伪而多疑,矜小失而昧于权利,若处庸庸者可也,自任机事,遭明者必死。'丰后为中书令,与夏侯玄俱祸,卒如嘏言。"[23]傅嘏的"同志"即同党,这也印证了上文所说,才性四本中的现实政治斗争色彩很浓。陈寿写《三国志》对于傅嘏是有保留的,他对于同时的几个人这样评价:"刘劭该览学籍,文质周洽。刘廙以清鉴著,傅嘏用才达显云。"[24]相比较而言,论其"用才达显"则颇含微辞。裴松之特为之鸣不平:"臣松之以为傅嘏识量名辈,实当时高流。而此评但云'用才达显',既于题目为拙,又不足以见嘏

---

[20] 陈寿:《三国志》卷二一,第623—624页。
[21] 同上书,第627页。
[22] 同上书,第628页。
[23] 同上书,第628页。
[24] 同上书,第629页。

之美也。”[25]裴松之的辩解显然偏向于司马氏的晋朝。

荀粲之才性分离，可以被理解为超越功名的神识，是一种人生的智慧与超脱的境界。将他与曹氏与司马氏两者才性观比较，我们也许能意识到，荀粲的才性思想可能是那些希望剥离政治的士人的唯一选择。然而也正如荀粲所说的，成就功名者在于当时当地的具体情况而定，固非神识所能完全逆料，神识因此亦无补于世故。从以神识为高作为超越现实政治斗争之手段的士人中，我们既看到了它的可行性，也发现了它缺失的功能。《晋书·庾敳传》记载：

> 雅有远韵。为陈留相，未尝以事婴心，从容酣畅，寄通而已。处众人中，居然独立。尝读《老》《庄》，曰：“正与人意暗同。”太尉王衍雅重之。
>
> 敳见王室多难，终知婴祸，乃著《意赋》以豁情，犹贾谊之《鹏鸟》也。其词曰：“至理归于浑一兮，荣辱固亦同贯。存亡既已均齐兮，正尽死复何叹。物咸定于无初兮，俟时至而后验。若四节之素代兮，岂当今之得远？且安有寿之与夭兮，或者情横多恋。宗统竟初不别兮，大德亡其情愿。蠢动皆神之为兮，痴圣惟质所建。真人都遣秽累兮，性茫荡而无岸。纵驱于辽廓之庭兮，委体乎寂寥之馆。天地短于朝生兮，亿代促于始旦。顾瞻宇宙微细兮，眇若豪锋之半。飘飖玄旷之域兮，深漠畅而靡玩。兀与自然并体兮，融液忽而四散。”从子亮见赋，问曰：“若有意也，非赋所尽；若无意也，复何所赋？”答曰：“在有无之间耳！”……是时天下多故，机变屡起，敳常静默无为。参东海王越太傅军事，转军谘祭酒。时越府多隽异，敳在其中，常自袖手。豫州牧长史河南郭象善《老》《庄》，时人以为王弼之亚。敳甚知之，每曰：“郭子玄何必减庾子嵩。”象后

[25] 陈寿：《三国志》卷二一，第629页。

> 为太傅主簿,任事专势。敳谓象曰:“卿自是当世大才,我畴昔之意都已尽矣。”[26]

虽然今非昔比,司马氏与曹氏的残酷斗争业已结束,但政治倾轧似乎永无止息。庾敳尽管静默无为,意欲远离政治斗争,遵循和实践着荀粲的思想,但这种超越只是消极的自我放逐。以神识来取得自由的人是没有的,也是不可能的。他虽然对郭象这样的势利之士自叹弗如,但自己最终也无法为时世所容,不免被猜忌。庾敳与郭象的人生异趣,依然是才性离合异趣的外现。庾以性行简达静默为贵,远离事功,不愿用才显达,是为才与性离;而郭象则势焰熏天,为当世之才,素论去之也不顾,当以才性为合。这一史实,一则说明西晋末年才性之争仍涉及人生价值取向的重要话题;二则说明政治是才性观的现实基础,新的才性观必然需要回到现实中去,超越现实其实抽离了才性观的内核。虽然如此,经过如此深刻的反思,新的格局也随之打开,人们意识到确立人生价值的方式可以不再局限于“事功”,还可以是文学、是玄学、是艺术等等。

才性关系的论争与对话不仅仅体现人生价值的研讨中,还表现在人才选取的名实关系上。这是它产生重要影响的第三个方面。儒家历来主张以道德作为考察与选举人才的主要标准,即使承认“识”的价值,“识”也是其次的。建安时期,曹操在危亡蹙迫的条件下选人取才不拘一格,在一定程度上打破儒家传统价值观念的束缚,强调治世尚德行,乱世重才干,二者不必统一;如果乱世还强求才性合一,则无法选取急需的人才。刘劭贯彻曹操的这一思想,意在通过考课循名责实,摒弃虚名,取其实才,其《人物志》即体现出对于人之实际才干的重视。但是这遭到傅嘏的反对,《三国志·王粲传》附《傅嘏传》记载:

> 时散骑常侍刘劭作考课法,事下三府。嘏难劭论曰:“盖闻帝制宏深,圣道奥远,苟非其才,则道不虚行,神而明之,存

[26] 房玄龄等:《晋书》卷五十,北京:中华书局1974年,第1396页。

乎其人。……夫建官均职,清理民物,所以立本也;循名考实,纠励成规,所以治末也。本纲未举而造制未呈,国略不崇而考课是先,惧不足以料贤愚之分,精幽明之理也。昔先王之择才,必本行于州闾,讲道于庠序,行具而谓之贤,道修则谓之能。乡老献贤能于王,王拜受之,举其贤者,出使长之,科其能者,入使治之,此先王收才之义也。”[27]

傅嘏家世儒学,故强调选取人才首要在于遵守“先王之道”,也就是两汉察举所强调的“经明行修”和“贤良方正”等名目。因此,傅氏的主张明显是要退到两汉以经明行修选拔人才的老路上。

这一论题的另一个案是卢毓与齐王曹芳的对话。卢毓是卢植之子,也是家世儒学,且个人品行十分方正,[28]他的才性观也受到传统儒家观念的左右。《三国志·卢毓传》记载:

前此诸葛诞、邓飏等驰名誉,有四聪八达之诮,帝疾之。时举中书郎,诏曰:“得其人与否,在卢生耳。选举莫取有名,名如画地作饼,不可啖也。”毓对曰:“名不足以致异人,而可以得常士。常士畏教慕善,然后有名,非所当疾也。愚臣既不足以识异人,又主者正以循名案常为职,但当有以验其后。故古者敷奏以言,明试以功。今考绩之法废,而以毁誉相进退,故真伪浑杂,虚实相蒙。”帝纳其言,即诏作考课法。会司徒缺,毓举处士管宁,帝不能用。更问其次,毓对曰:“敦笃至行,则太中大夫韩暨;亮直清方,则司隶校尉崔林;贞固纯粹,则太常常林。”帝乃用暨。毓于人及选举,先举性行,而后言才。黄门李丰尝

---

[27] 陈寿:《三国志》卷二一,第622—623页。

[28]《三国志》本传:“卢毓字子家,涿郡涿人也。父植,有名于世。”裴注引《续汉书》曰:“植字子干。少事马融,与郑玄同门相友。植刚毅有大节,常喟然有济世之志,不苟合取容,不应州郡命召。建宁中,征博士,出补九江太守,以病去官。作《尚书章句》、《礼记解诂》。”曹操曾称誉他:“名著海内,学为儒宗,士之楷模,乃国之桢干也。”(第650页。)

以问毓,毓曰:“才所以为善也,故大才成大善,小才成小善。今称之有才而不能为善,是才不中器也。”丰等服其言。[29]

曹明帝秉承父祖用人思想,摈弃虚名之士,故认为名声大而无用之人如画饼充饥。卢毓坚持可以用名声来作为前提,辅以考课之法,加以核实,但是归根结底,他还是主张以名教伦理作为用人的前提条件的,是所谓因名立教,属才性合一之流,与曹操的思想不同。另外,他还强调“才所以为善也”,如果才不能为善则不足以为才。卢毓思想体现了传统的用人与选人标准。

正始年代关于才性四本对话,其意义并不局限政治上的敌我划分和官人选材,更重要的是,经由这场对话,传统儒学意识形态的控制在一定程度上松懈,士人意识到实现人生价值的方式途径并不单一,文学、艺术的意义在这一时期得以凸显。广泛的争论与对话不仅使新的才性观获得彰显,并且从人物批评传导至文艺批评领域。新颖的才性思辨很快也在文艺批评中产生了回应。魏晋美学的人文特性正是在这一基础上生发,别开生面。

二、“才性之辨”与文艺批评观念的重构

才性之辨在汉魏之际重新活跃起来,并渗透到各个领域。我们已然注意到它对文艺批评的影响,但这并不意味着才性之辨对文艺批评直到此时才发生关联。从历史的角度观察,才性观念通过对话的形式延及文艺批评其实也自有渊源。古老的五行之说已经肇始才能与天赋气质关系的论述。虽然带有一些神秘的色彩,但却直觉地体察到才能与天赋气质之间的联系,这其实是汉魏之际的才性之辨兴起的另一历史基础。以刘劭为代表的人物品鉴学认为,人禀受元气而化生,但因禀

[29] 陈寿:《三国志》卷二二,第652页。

气有偏,所以气质个性也不一样;再以人之所禀不同来解释才能、举止、言辞风貌等特征,实际上是将个人的独特性作为最主要的内容契入人的才能和各种活动中加以肯定。这种思维方式启发了人们对文学风格的重新考察,促使人们通过作家的个性特征体会文学作品的风格。曹丕以"气"论文之风格就是这一思路合理延展的结果。

曹丕《典论·论文》曰:"文以气为主,气之清浊有体,不可力强而致,譬诸音乐,曲度虽均,节奏同检,至于引气不齐,巧拙有素,虽在父兄,不能以移子弟。"[30] 曹丕认为文章当以"气"为主。这种"气"体现在每个作家身上,又因人而异,好比吹奏音乐时,乐器构造虽同,由于吹奏人用气不齐,巧拙有分,所以音调也各不相同,这种先天素质就是父亲也不能移给儿子,哥哥也不能传给弟弟。曹丕从作家不同的个性特征着眼,分析其创作特点和创作风格,对富有个性的文学风貌颇为赞赏,他推崇建安七子,说"斯七子者,于学无所遗,于辞无所假,咸以自骋骥騄于千里,仰齐足而并驰,以此相服,亦良难矣",[31] 建安七子所以具有这么高的文学价值和美学意义,乃是因为各自的鲜明的风格,而风格则是由不同的"气"蕴含在作品中所造成:

> 王粲长于辞赋,徐干时有齐气,然粲之匹也。……应玚和而不壮,刘桢壮而不密。孔融体气高妙,有过人者,然不能持论,理不胜辞。[32]

这是曹丕最直接的理论表达,批评的运思脉络非常清晰:作家由于禀赋不同,个性各异,因此作品也形成了不同的气貌与风格。歌德也说,"一个作家的风格是他的内心生活的准确标志"。[33] 曹丕与歌德时空隔越,他们不谋而合的共识表明了个性对于文学的重要性。曹丕肯定个

[30] 郁沅、张明高编选:《魏晋南北朝文论选》,北京:人民文学出版社 1996 年版,第 14 页。
[31] 同上,第 13 页。
[32] 同上,第 13 页。
[33]《歌德谈话录》,北京:人民文学出版社 1978 年版,第 39 页。

性,倡导"以气为主"的思想,不仅具有开一代风气的意义,其实也初步揭示了文学独具的特质。后人论建安文学仍难越此藩篱,如近现代刘师培《中国中古文学史》指出:"汉魏文士,多尚骋词,或慷慨高厉,或溢气坌涌。"[34]也是强调建安文士尚气遒举,诗文创作充满着向上之意趣。建安风力在距建安时代不远的南朝与唐代被奉为真情感人、发扬个性的文学风范,受到刘勰《文心雕龙》、钟嵘《诗品》与唐代陈子昂、李白等人的交口称道,并用它来纠正当时华而不实的文风。刘勰说:"宋来美谈,亦以建安为口实,何也?岂非崇文之盛世、招才之嘉会哉!嗟夫,此古人所贵乎时也!"[35]由此可见建安文人在文学史上的影响力。这一传统毫无疑问是由曹丕《典论·论文》所开创的。可见这种以气质才性论文、肯定风格中所包含的个性价值的思想,相对于两汉儒学以性行品德论人与论文的思路,更具有人文情怀。这也意味着中国古代文艺学自我意识开始崛起。因为只有对于作家独特的创作才能的尊重,才能促进文艺创作的繁荣,才能使文艺理论的内涵更加丰富。各个方向和层面的内涵渐次沉淀凝聚,也就意味着古代文艺学自身属性突显。

自曹丕提出"文以气为主"后,以才性之视角进行解释和批评的思路渐趋流行。西晋陆机在《文赋》中论创作风格的多样化时,也从作家的个性着眼来加以考察。他说:"故夫夸目者尚奢,惬心者贵当,言穷者无隘,论达者唯旷。"[36]陆机认为创作风格千姿百态,由于物象构造的多变性,作者在创作时可以离方遁圆,打破规矩,根据自己的个性喜好进行创作,骋意使才,于是喜欢夸奢的人好为铺陈,思路严密的人则追求精当得体。东晋葛洪在其所著的《抱朴子》中也陈述曹丕、陆机的观点,提出"清浊参差,所禀有主,朗昧不同科,强弱各殊气"。[37] 认为

[34] 刘师培:《中国中古文学史》,上海:上海古籍出版社2000年版,第22页。
[35] 袁济喜、陈建农编著:《〈文心雕龙〉解读》,第359页。
[36] 张少康:《〈文赋〉集释》,北京:人民文学出版社2002年版,第99页。
[37] 杨明照:《〈抱朴子〉外篇校笺》(下册),北京:中华书局1997年版,第109页。

作者禀气不同,个性有异,艺术风貌也不同:“夫才有清浊,思有修短,虽并属文,参差万品。或浩漾而不渊潭,或得事情而辞钝,违物理而文工。盖偏长之一致,非兼通之才也。”[38]

南朝齐梁时的刘勰在写作《文心雕龙》的《体性篇》时,更是自觉吸收了才性之辨的思想观念。《体性》篇的主要内容是论述作品风格与作家个性的关系,它与《神思篇》主题前后衔接,《神思篇》重在作家艺术构思的一般性原理的论述,而此篇则强调其中的个性化特点。首先,本篇所言之“体”,兼有风格、体式、体制诸方面因素的概念,后世文论言“体”,如严羽《沧浪诗话》之《辨体》,大致从此而来,此一概念展现出中国文论注重宏观论文的特色,而所言之“性”亦涵括个性与才性等因素。与西方文论的风格论构成路数有所不同。《体性篇》从综合因素去看待文学创作的各个方面,系统地提出了才气学习的四大因素说:

> 夫情动而言形,理发而文见,盖沿隐以至显,因内而符外者也。然才有庸俊,气有刚柔,学有浅深,习有雅郑,并情性所铄,陶染所凝,是以笔区云谲,文苑波诡者矣。故辞理庸俊,莫能翻其才;风趣刚柔,宁或改其气;事义浅深,未闻乖其学;体式雅郑,鲜有反其习。各师成心,其异如面。[39]

其中才气属于先天的气质因素,即情性所铄,而学习为后天的陶染所凝。“风趣”则属于先天的才气所陶染。袁枚引南宋诗人杨万里之言强调“风趣专写性灵,非天才不办”。[40] 可见文学风趣主要是由先天的情性因素所决定的,它是人的感性生命的呈现。作家的个性是形成作品风格的内在因素,包括“才”、“气”、“学”、“习”四个方面,其中“才”、“气”是“情性所铄”,属于先天因素;“学”、“习”是“陶染所凝”,属于后天因素。此外,《事类》篇也说到“才自内发,学以外成”,“才为

[38] 杨明照:《〈抱朴子〉外篇校笺》(下册),北京:中华书局1997年版,第394—395页。
[39] 袁济喜、陈建农编著:《〈文心雕龙〉解读》,第190页。
[40] 袁枚:《随园诗话》卷1,北京:人民文学出版社1982年第2版,第2页。

盟主,学为辅佐","才"与"学"实有内外之别和主次之分。个性气质直接塑造风格,刘勰认为风格包括典雅、远奥、精约、显附、繁缛、壮丽、新奇、轻靡八体,这八体两两相对,"雅与奇反,奥与显殊,繁与约舛,壮与轻乖"。"八体"其实定义的是风格基准,而不仅仅是风格类型,故"八体虽殊,会通合数,得其环中,则辐辏相成",[41]除完全对立的两类之外,每一种风格实际上都可以与其他风格相兼,组合成新的类型。在他看来,作家个性与作品的风格之间是"表里必符"的关系,即"情动而言形,理发而文见,盖沿隐以至显,因内而符外者也"。正如黄侃在《〈文心雕龙〉札记》中所说的:"体斥文章形状,性谓人性气有殊,缘性气之殊而所为之文异状。然性由天定,亦可以人力辅助之,是故慎于所习。此篇大恉在斯。"[42]作品风格的确立,是一个作家在创作上趋于成熟的标志,而决定作品风格的关键是作家的创作个性,即刘勰所说的才、气、学、习四个方面。据此可见,刘勰显然受到魏晋以来"才性论"和曹丕"文气说"的影响,以至于更重视"才"和"气",因为它是"情性所铄",对作品风格的形成起着决定性的作用;认为决定一个人的"才"和"气"的核心是"志气"。《体性篇》谓,"才力居中,肇自血气。气以实志,志以定言,吐纳英华,莫非情性"。[43] 可见,"志气"不仅是艺术构思的关键,而且也是作品风格形成的核心。又《神思》篇亦云:"若情数诡杂,体变迁貌。"[44]所谓"情数"即"情理",也是"志气"的体现。由此看来,在《神思》之后继之以《体性》,并不是偶然的。

如果说"才"和"气"属于先天的禀赋,那么"学"和"习"则属于后天的学养。刘勰说:"八体屡迁,功以学成","习亦凝真,功沿渐靡",[45]可见,"学"和"习"在作品风格的形成中也具有非常重要的作

[41] 袁济喜、陈建农编著:《〈文心雕龙〉解读》,第 195 页。

[42] 黄侃:《〈文心雕龙〉札记》,上海:上海古籍出版社 2006 年版,第 84 页。

[43] 袁济喜、陈建农编著:《〈文心雕龙〉解读》,第 192 页。

[44] 同上,第 186 页。

[45] 同上,第 195 页。

用,所谓"学慎始习","功在初化",初学者"宜摹体以定习,因性以练才"。[46] "因性以练才"表明学习成功与否仍是有条件的,只有耕植于先天气质的学习才能获得成功。曹丕在《典论·论文》中说:"文以气为主,气之清浊有体,不可力强而致,……虽在父兄,不能以移子弟。"[47]相比之下,刘勰的观点更加严谨周密,体现了他"擘肌分理,唯务折衷"的立场。

刘勰在《文心雕龙》中专门论作家才能的《才略篇》中,也谈到了各个时代作家创作才华的得失与光彩。他首先从"文气说"出发来看待作家创作才华的形成与特点。比如说枚乘、邹阳等西汉作家"气形于言",说孔融"气盛于为笔","阮籍使气以命诗",说"刘琨雅壮而多风",[48]这说明他对作家才华的考察,是与他对文气论的吸取分不开的。刘勰充分吸纳了汉魏以来以气论作家才华与个性的观点。刘勰对于作家的才华的评价,亦从禀气各异、长短相依的特点出发,进行批评。如他对司马相如的评价,既指出他为汉赋之宗,辞赋夸艳,又批评他理不胜辞。称桓谭学富而才贫,长于讽谕但却短于丽辞,陆机思能入巧而无法制繁。这都显示出刘勰对于作家才华的分析是以才性论的思维方式把握的。《才略篇》是对于作家天才的最为全面系统的阐发,突破了传统儒家以道德来压制文才的观点。

下面我们补充讨论这种才性观在古代文艺批评中造成的另外一种倾向。在中国古代一些懂得文艺创作规律与特点的文人看来,既然文艺创作是一种特殊的精神意志与技巧传达相结合的活动,并不是所有的人都能胜任的,而且这一活动与先天的气质个性造成的才能强弱息息相关。如果没有优异的先天禀赋,即使后天再努力也是徒劳的,这与刘勰强调"因性以练才"的思想颇可沟通。北朝的颜之推虽然是一位

---

[46] 袁济喜、陈建农编著:《〈文心雕龙〉解读》,第195页。
[47] 郁沅、张明高编选:《魏晋南北朝文论选》,第14页。
[48] 袁济喜、陈建农编著:《〈文心雕龙〉解读》,第347—355页。

思想比较保守的文士,但他确实看到了文艺创作中才与学的辩证关系。他说:

> 学问有利钝,文章有巧拙。钝学累功,不妨精熟;拙文研思,终归蚩鄙。但成文士,自足为人。必乏天才,勿强操笔。吾见世人,至无才思,自谓清华,流布丑拙,亦以众矣,江南号为诊痴符。[49]

颜之推认为,文艺创作与做学问不同,它是一种特殊的精神与技巧的活动,很大程度上得自于天赋。因此,倘若没有先天的条件,后天再努力也是徒劳。如果不懂得此中规律,一味硬充文豪,到头来只会落下笑柄。在中国古代文艺理论史上,颜之推虽为儒学中人,却能体会"必乏天才,勿强操笔",告诫其子不要去做那种空头文学家。中国古代作家论在论及作家天才时,态度十分鲜明,以为天才不可及。这种倾向到了中国古代社会后期更加明显。对于才情天赋的肯定成了文艺批评中的共识,是人们十分关心的话题。明代浪漫派文人汤显祖力主文章创作要靠自然灵气,是作家天才所致,无灵气与天才之人则与奇文无缘。他说:"天下大致,十人中三四有灵性。能为伎巧文章,竟百十人乃至千人无名能为者。则乃其性少灵者与?"[50]在汤显祖看来,在普通人之中,只有三四成人有一些灵气,而能将此灵气作成文章与技巧者,则千百人中不得一二,可见性灵天才少而又少。他是反对那些拘守成墨、强作文章的腐儒的。汤显祖进而倡言:

> 天下文章所在有生气者,全在奇士。士奇则心灵,心灵则能飞动,能飞动则下上天地,来去古今,可以屈伸长短,生灭如意,如意则可以无所不如。[51]

汤显祖之所谓"奇士",显然是指那些具有文章创作天赋的奇士,它与

---

[49] 王利器:《〈颜氏家训〉集解》,北京:中华书局 1993 年增补本,第 254 页。
[50] 徐朔方笺校:《汤显祖集》,上海:中华书局 1962 年版,第 1078 页。
[51] 徐朔方笺校:《汤显祖集》,第 1080 页。

那些为制举之文所拘的士人是根本不同的。明清以来力主性灵的文士,大抵推崇天才论,以与拟古派划清界限。如清代性灵派文人袁枚就说:“杨诚斋曰:‘从来天分低拙之人,好谈格调,而不解除风趣。何也?格调是空架子,有腔口易描;风趣专写性灵,非天才不办。’余深爱其言。须知有性情,便有格律;格律不在性情外。”[52]袁枚以性灵说反对明清时代盛行的格调说,格调说除了在审美价值观上倡导儒家伦理观外,从作家论的角度来说,是强调对前人格调法式的模拟而忽略作家的主观能动性,因此大凡喜欢性灵之人,一般说来是比较倡导天才论的,认为天才非格调所能局限,性情乃是格调之本,反对以僵死的格调来扼杀作家的天才。可见,魏晋才性之辨的人文蕴涵影响到整个中国美学发展的过程,在今天也依然有着启示的意义。

[52] 袁枚:《随园诗话》卷一,第2页。

论中国古代的语言美学观

王汶成

摘要：在全球化日益高涨的今天，我们在大力引进和借鉴西方先进文化和学术思想成果的同时，还要特别注意深入挖掘和汲取中国本土文化和学术思想的宝贵遗产。本文拟对我国古代美学中的语言美学观作较为系统的梳理和评述，以期从一个侧面展示出中国传统文化和学术思想的世界性和当代意义。从中国古代语言美学观的内在构成看，我们可以将这方面的诸多理论归纳为儒家、道家、禅宗、诗家四大派理论，即儒家的"文质彬彬"、道家的"言不尽意"、禅宗的"不立文字"、诗家的"语不惊人死不休"。

关键词：中国古代　语言观　语言美学观

作者简介：王汶成，男，(1953—)，山东大学文艺美学研究中心教授、博士生导师，主要研究方向为文艺理论、美学理论。

在全球经济一体化迅猛推进的大背景中，在西方强势的消费文化和娱乐文化日甚一日的冲击下，后发展国家的文化和学术如何在现代化的追求中依然保持本土传统和民族特色，以避免全盘西化的后果，就越来越成为一个紧迫的问题。联邦德国前总理施密特是最早意识到全球化浪潮来临的人士之一，早在上个世纪末，他就警告说，"从文化的角度说，全球化意味着全世界大多数国家……各自的特性受到威胁"，"如果我们不把从先辈那里继承来的东西传递下去，我们所能传给后代的东西就所剩不多了；而一旦全球化磨蚀掉我们传递传统价值的能力和意愿，我们将坐吃山空，变得退化，成为那种面向收视率、广告收入和销售指标并追求大众效应的低水准伪文化的牺牲品”[1]。作为一位思想敏锐的国际知名的政治家，施密特的话绝非危言耸听。就拿美学研究来说吧，我们只知道西方20世纪美学有一个“语言论转向”，从世纪初的俄国形式主义、英美新批评、法国结构主义直到60年代以后的接受美学、解构主义、女权主义、新历史主义等等，确实在语言美学方面取得了极为引人注目的成果，我国新时期美学也由于大力引进和吸取了西方这方面的成果而极大地推进了我国语言美学研究的发展。但是，若结合全球化的大背景看，我们还不能不指出，在一味引进和借鉴西方语言美学理论的热潮中，我们却忘记了我国传统美学中关于语言美学的宝贵遗产。事实上，我国古代美学中关于语言美学的论述是非常丰富、非常深刻的，其中许多思想和观点至今仍不失其重要的启示意义和理论价值，理应成为我们建构我国现代语言美学理论的重要资源。奇怪的是，新时期以来，我们的研究者一提到语言美学问题，不是大谈俄国形式主义，就是大谈英美新批评，唯独对我们自己的这份珍贵遗产置若罔闻，很少有人专门论及。这种对于本土理论资源的遗忘和过分的西方化倾向，如果不加以自觉节制，在全球化日益高涨的今天，很可能导致学术发展上的战略性失误的严重后果，对此我们必须给予足够的警觉。正是基于这一考虑，本文拟对我国古代美学中的语言美学观作较为系统的梳理和评述，以期从一个侧面展示出中国传统文化和学术思想的世界性和当代意义。需要说明的是，正如中国传统文化的基本格局总是呈现为一元主导下的多元并存共生一样，中国古代语言美学观的内容也是由相互联系的多种多样的理论构成的。从中国古代语

[1]［德］赫尔穆特·施密特：《全球化与道德重建》，柴方国译，北京：社会科学文献出版社2001年版，第71—72、62页。

言美学观的内在构成看,我们可以把这多种多样的理论归纳为儒家、道家、禅宗、诗家四大派理论,下面就依次对这四大派理论的主要观点分别给以阐述。

一、儒家的"文质彬彬"

众所周知,儒家所追求的理想人格是所谓"君子",孔子对何谓君子曾从各个侧面做过许多界定,其中有一条界定是:"质胜文则野,文胜质则史。文质彬彬,然后君子。"(《论语 · 雍也》)从这句话看,孔子认为最符合君子要求的人,不仅要自觉地按照仁、义、礼、智、信的规则做事,即使在言辞上也要显出"文采",即说出的话要顺理成章和具有感染力。正是孔子的这种"文质并重"的思想构成了儒家诗学观念和语言美学观念的理论基础。

首先,儒家认为思想是必须要靠语言来表达的,不借助语言,再好的思想也无从传达和传播,正如孔子所说的"名不正,则言不顺;言不顺,则事不成;事不成,则礼乐不兴"(《论语 · 子路》)。孔子的着眼点固然在礼乐的推行,但礼乐的推行则要靠"名正言顺",也就是说,没有正确的命名和通顺的言辞,礼乐思想就不能深入人心,当然也就不能实行。唐宋以后的儒家又沿循孔子的这类说法引申出"文以载道"的观点,这个观点将文辞贬低为"道"的附庸,已经有些偏离了"文质并重"的思想,即如宋代周敦颐说的:"文所以载道也,……文辞,艺也;道德,实也。……不知务道德而以文辞为能者,艺焉而已。"(《通书 · 文辞》)这就把文辞看作是完全从属的、次要的东西了。但认为"道"必须要用"文"来传达这一点上,似与孔子别无二致。

其次,儒家在承认语言在表达思想上的必要性的基础上,又进一步肯定了语言在思想表达上的可能性。儒家相信有文采的语言具有无限的表达力量,任何深奥的思想都可以通过有文采的语言获得透彻的表达。所以，孔子很看重说话要有“文采”，他说过“情欲信，辞欲巧”（《礼记·表记》），又说“《志》有之：‘言以足志，文以足言。’不言，谁知其志？言之无文，行而不远”（《左传·襄公二十五年》）。这些话都说明了，孔子认为人的思想感情是完全可以通过现有的语言来传达的，关键在于说出话要有文采，也就是说要善于使用语言特有的魅力来表达。孔子之所以亲自编订《诗经》并将其作为教授弟子的重要教本之一，其中主要的原因在于，一是因为“《诗》三百，一言以蔽之，曰‘思无邪’”（《论语·为政》），二是因为“不学《诗》，无以言”（《论语·季氏》）。就后一个原因看，孔子的意思是说，学习《诗经》可以教会我们更好地说话和表达，因为，诗歌语言正是他所说的那种最有文采的“巧言”和“美言”。孔子的这个意思，也可以联系他对诗歌的基本功能解释作更进一步的理解。孔子在《论语·阳货》中说：“小子何莫学夫《诗》？《诗》可以兴，可以观，可以群，可以怨。迩之事父，远之事君，多识于鸟兽草木之名。”在这里，孔子把诗歌的四大功能中的“兴”摆到第一位上，绝非偶然。“兴”就是指诗歌所特有的启发鼓舞人的感染作用，孔子认为诗歌的这种作用很重要，诗歌只有首先从情感上打动和感染了人，其他的社会教育认识作用才可能实现。而诗歌的“兴”的作用主要来自诗歌语言的美，在他看来，诗歌的语言比之平常说的话更有一种特殊的魅力，这种语言可以很快地调动和激发起人的情感，从而在审美的愉悦中接受语言所传达的思想内容。从这里也可看到孔子关于诗歌语言的基本观点，即认为诗歌语言恰恰因为是一种“巧言”和“美言”，所以才能更好地起到一种“兴”的作用，才能更好地完成“《诗》言志”的使命。这一观点与老子的“信言不美，美言不信”（《老子》第六十八章）的说法是正好相反的。

再次，与推崇“巧言”和“美言”的观点相关联，儒家又极为重视修辞问题的研究，并在诗歌修辞学方面提出了一些极富启迪性的见解。修辞学，无论在中国还是在西方，都是一门古老的学问，它主要研究如何通过对言语的润色和修饰使言语更生动、更新鲜、更有审美感染力。但是儒家的修辞学有其自身的特点,这就是儒家不是把语言的修饰仅仅看作是一种语言表达的技巧,而是把语言表达的技巧性同表达者的真诚性和表达内容的真实性联系起来思考。《易传》的作者在解说被孔子列为儒家经典之首的《易经》的有关章节时讲过一句很有名的话,即:"修辞立其诚,所以居业也。"(《周易·乾·文言》)尽管后世对这句话的理解各有不同,但至少有一点是清楚的,那就是在《易传》的作者看来,"修辞"的目的是为了"立诚",为了"居业",因此,"修辞"事关重大,是一个人"立诚"和"居业"所必不可少的一种本领;反过来说,"修辞"如果离开了"立诚"和"居业"的目的,就成为一种单纯的说话技巧,甚至成为一种欺骗人的"花言巧语",也就是孔子反对的"巧言令色,鲜矣仁"(《论语·学而》)。《易传》的作者一开始就把修辞问题提到了"做人"和"做事"的高度,这个见解不仅奠定了儒家修辞学的基本观点,也由此形成了儒家修辞学的一个基本特点,即始终灌注着一种人文主义的理念和精神。这一点,与西方古代修辞学将修辞仅仅看作是演讲和论辩的技艺的观点是截然不同的。

儒家的这种修辞学思想也体现在对诗歌修辞美学的理解上。我们知道,《诗大序》中提出了关于《诗经》的"六义"说,即:"故《诗》有六义焉:一曰风,二曰赋,三曰比,四曰兴,五曰雅,六曰颂。"很明显,"六义"之说是《诗大序》作者对《诗经》的一种总体解释,但如何理解这种解释?所谓"风、雅、颂、赋、比、兴"到底是指什么?后世学者在这一问题上多有歧见,其中以唐代孔颖达的见解影响最大。他指出:"然则风、雅、颂者,诗篇之异体;赋、比、兴者,诗文之异辞耳。大小不同而得并为六义者,赋、比、兴是诗之所用,风、雅、颂是诗之成形。"(《毛诗正义·关雎正义》)按孔颖达的这种理解,"六义"可分为两大部分,一部分为"风、雅、颂",主要指诗歌三种不同的体式,一部分为"赋、比、兴",主要指诗歌所特有的三种修辞方法。唐代以后,孔颖达的这个见解就逐渐构成了儒家修辞美学的核心观点:诗歌语言作为一种“美言”和“巧言”,主要是靠“赋、比、兴”三种修辞方法来实现的,所以做诗必须运用“赋、比、兴”的手法。那么,“赋、比、兴”具体讲的是什么修辞手法呢?宋代大儒朱熹的解释比较清楚而有说服力,我们姑且采用他的观点。朱熹认为,“赋者,敷陈其事而直言之者也”;“比者,以彼物比此物也”;“兴者,先言他物以引起所咏之词也”(《诗集传》)。如果把朱熹的这种解释与现代修辞学的相关概念加以比照,那么“赋”就大致相当于“白描”(对事物作直接的描述),“比”就大致相当于“比喻”(明喻和暗喻),而“兴”则大致相当于“象征”(用具体事物暗示某种抽象概念或思想感情)。由此看来,朱熹的解释强调的是诗歌语言的形象性和含蓄性,应该说,这种见解基本抓住了诗歌语言的主要审美特性。

总之,从儒家提出的“修辞立其诚”以及“赋、比、兴”的理论来看,至少在一千多年前,儒家就已经认识到了诗歌语言的主要审美特征:一是形象化,二是含蓄性。这种认识同20世纪的俄国形式主义和英美新批评大讲特讲的诗歌语言的“象征性”和“非直指性”等观点基本是一致的。如“新批评”的先驱休姆认为,在文学作品里,“每个词都必须是一个能见的形象,而不是一个筹码”,为了实现这一点,最需要的就是隐喻手法的运用,不能离开“类比作为观念外衣的隐喻”,“任何时候都要运用类比,因为类比会使我感到,我是在透过镜子看另外一个世界,这也就是我所希望达到的效果”[2]。“新批评”派的另一个代表人物布鲁克斯说:“艺术的方法我相信永远不可能是直接的——永远是拐弯抹角的。”[3]这些观点其实都是在讲文学语言的形象性和含蓄性,与儒家所主张的“赋、比、兴”的观点在理论倾向上是一致的。这也表

---

[2] 赵毅衡:《“新批评”文集》,北京:中国社会科学出版社1998年版,第272、279页。
[3] 同上,第320页。

明,儒家关于诗歌修辞学的认识已达到较高的学术水平,很值得我们进行充分挖掘和做出新的阐释。

二、道家的"言不尽意"

道家关于语言的基本观点与儒家正好相反。儒家相信现有的语言只要运用得当完全可以传达任何深奥的思想,而道家认为现有的语言是有限的,道家追求的"道"则是无限的,因此,只是使用现有的语言是无法界定和传达"道"的。在道家看来,那无始无终、无名无状的无限之"道",一落进语言划定的概念,就成为有限的了。所以,老子的《道德经》开篇即言:"道可道,非常道;名可名,非常名。"(《道德经》第一章)按通常的解释,这句话的意思是:可以言说的道,不是永恒的道;可以命名的名,不是永恒的名。言外之意是说,道是不可能用语言表述的,一用语言表述,道也就不是本原的道了。类似的观点,庄子也说过:"道不可闻,闻而非也;道不可见,见而非也;道不可言,言而非也。知形形之不形乎! 道不可名。"(《庄子 · 知北游》)庄子又说:"可以言论者,物之粗也;可以意致者,物之精也;言之所不能论、意之所不能察致者,不期精粗焉。"(《庄子 · 秋水》)在这句话里,庄子把老子"言不达道"的观点更推进了一步,不仅"言"不能达道,即使"意"也难以达道,只不过"意"比"言"更接近一点道而已。因此,庄子秉承老子"致虚极,守静笃"(《道德经》第十六章)的说法,提出通过"心斋"(《庄子 · 人间世》)和"坐忘"(《庄子 · 大宗师》)的境界来体悟道,也即是通过有意识的祛除视听、悬置理智,达到内心绝对的虚静澄明,以便进入物我两忘、天人合一的悟道之境。由此可见,道家对语言的怀疑和不信任已经到了宁可指望"意致"也不依靠"言说"的极端地步。

当然,道家也不是不知道,语言虽不能表达道,但表达道又不能不使用语言。那么,怎么解决这个矛盾呢? 庄子认为,"狗不以善吠者为良,人不以善言者为贤"(《庄子·徐无鬼》),因而表达道不能靠"美言",而是要靠所谓的"寓言"、"重言"、"卮言"。他这样说过:"以天下为沉浊,不可与庄语;以卮言为曼衍,以重言为真,以寓言为广。"(《庄子·天下》)庄子的这段话有些费解,大概的意思是说:天下人都浑浑噩噩的,不可与他们正面说话,只能通过醉酒后的那种荒诞不经的话(卮言)来喻示真理,通过重述先哲的话(重言)来宣示真理,通过描述其他的事相(寓言)来暗示真理。所以,我们可以看到,庄子论道很少使用抽象的语言直截了当地说出,而是使用一些含糊的甚至不着边际的词语,或者借用一些故事和具体的形象,来隐喻他的思想和观点。由此而形成了庄子文章的最突出的特点,即通篇充满了丰富的想像和大量地讲述寓言故事。庄子的这一"三言"论归结到一点就是:既然语言不能直接表达道,那就只好通过语言所描绘的某种物象、事象或情境间接地传达道了。

如果把庄子的这一"三言"理论与《易传》中著名的"言、象、意"理论加以比照,不难发现,这两者之间存在着明显的相承相通的关系。两者都认为语言不能直接传达道,需要通过"象"间接传达。按照多数学者的意见,《易传》并非孔子所撰,而是成书于庄子之后的战国时期,因此《易传》所提出的"言、象、意"理论应该是受了庄子"三言"理论的影响,应该是对庄子"三言"理论的继承和发展,应该属于道家语言美学的重要组成部分。《易传》是这样表述这一理论的:"子曰:'《书》不尽言,言不尽意。'然则,圣人之意,其不可见乎?子曰:'圣人立象以尽意,设卦以尽情伪,系辞焉以尽其言。'"(《周易系辞上》)在这段话里,《易传》的作者假借孔子之口认为,虽然"言不尽意",但圣人却有办法表达他的意思,这就是通过"立象"以尽其意,通过"设卦"以辨真伪,通过"系辞"以尽其言。应该说,《易传》的作者在理论上比庄子更进了一步,这就是在"言"和"意"之间明确提出了一个"象"的概念,试图通过"象"来调和"言"和"意"之间的矛盾,同时也昭示了以"象"为中介的

“言”、“象”、“意”之间的递联关系。

晋代王弼对《易传》所昭示的“言”、“象”、“意”之间的递联关系作过精辟的论述,他说:“夫象者,出意者也。言者,明象者也。尽意莫若象,尽象莫若言。言生于象,故可寻言以观象;象生于意,故可寻象以观意。故言者所以明象,得象而忘言;象者所以存意,得意而忘象。犹蹄者所以在兔,得兔而忘蹄;筌者所以在鱼,得鱼而忘筌也。”(《周易略例·明象》)王弼指出,在“言”、“象”、“意”三者中,最重要的是作为目的的“意”,其次是作为表达“意”的手段的“象”;再次是作为表达“象”的手段的“言”。故而只要“得意”,就可以“忘象”;只要“得象”,就可以“忘言”。从王弼的这个解释看,《易传》的“言、象、意”理论虽然也强调“言”、“象”、“意”之间的整体关联,但由于被道家的怀疑论的语言哲学观所决定,在这个整体关联中更加看重的还是语言的所指,即“意”的方面,而对于语言的能指本身,即“言”的方面,则相对忽视了。而这一点也是与儒家的“文质并重”的语言美学观大相径庭的。

《易传》的“言、象、意”理论最初所针对的还是《易经》这样的哲学文本,也许是因为这一理论的美学特性更接近于诗歌文本,所以魏晋特别是唐代以后,越来越多的诗人和诗论家就借用了这一理论来解说诗歌,于是也就形成了中国古典诗歌特别重视意境创造的独特的诗学传统。公正地说,作为中国古代诗论的核心范畴的“意境”说,其理论来源并不是单一的,譬如儒家的“比兴”说也应该是其理论来源之一。但“意境”说的最重要的理论来源无疑还是老庄的“言意之辨”和《易传》的“言、象、意”论。当然,“意境”说在承继老庄和《易传》的相关理论时,其间也出现了诸多的生发和改变。将“意境”说与原来的“言、象、意”理论比较一下,就会发现,两者除了阐释的对象不同外,至少还有两点区别:一是“意境”说从其命名看更侧重于“意”和“象”两个方面,而对于“言”这个方面涉及不多,若有涉及也是更多地把“言”融进“象”里去,这大概是受了庄子以及王弼的“得意妄言”思想影响的缘故；二是“意境”说在“意”和“象”的关系上，虽也以“意”为目的，但同时也兼顾了“象”的重要性及其相对独立的审美价值，更多地强调两者之间不可分割的密切联系，主张所谓的“虚实相生”、“情景交融”、“意象合一”、“物我两忘”，以求得“象外之乡”、“景外之景”、“味外之旨”、“言有尽而意无穷”的审美效果。由此也可看出，“意境”说所强调的“意”与老庄所讲的“意”不尽相同，主要不是指那种统贯世界万有、体现世界精神本体的“道”，而是指内含在“象”之中并由“象”生发出来的一种悠长蕴藉的“意味”、“滋味”、“趣味”、“韵味”，而所谓“理”、“情”、“志”、“理”、“义”等这些观念的东西就是从这种诗性的“味”中领悟出来的。所以，从这一点看，中国古代诗歌美学的核心理念受道家语言美学的影响最大。

三、禅宗的“不立文字”

南朝时期达摩祖师西来东土，开创了中国佛教的禅宗一派。其实早在达摩来华开坛立宗之前，印度佛教中就有了所谓“修禅”的做法。相传佛祖释迦牟尼有一次向会众说法，却突然举起手指“拈花示众”，众皆不解其意，只有摩诃迦叶以“微笑”应之，但不赞一词，于是佛祖说：“吾有正法眼藏，涅槃妙心，实相无相，微妙法门。不立文字，教外别传。嘱咐摩诃迦叶。”[4]这一著名的“拈花微笑”的佛家典故说明了中国“禅宗”的创立是在总结印度“禅法”的基础上并将其中国化而形成的一个结果，也说明了禅宗的基本宗旨是对印度古老禅法传统的继承，即后来禅宗六祖慧能所总结的所谓“教外别传，不立文字，直指人心，见性成佛”[5]。很明显，禅宗的这一宗旨的核心精神体现为禅

---

[4]《五灯会元》(上)，北京：中华书局1984年版，第10页。
[5] 同上，第495页。

宗所主张的一种独特的语言观，这种独特的语言观可以用"不立文字"四个字来概括。

禅宗的大多数禅师认为，佛法禅意，精妙深邃，既不能靠讲经、诵经、解经获得，也不能靠话语的谈论和言教来传达，只有通过超越了语言文字的、直接出自心性的静思默想和感受体验，才有可能悟得。这大概就是大多数禅师们守持的"不立文字"信条的主要意思之所在，所谓"明心见性"、"以心传心"、"心心相印"是也。所以，禅宗的语言观归结为一点，就是对语言文字的彻底的排斥和不信任。我们知道，道家主张"言不尽意"，也对语言采取一种怀疑和不信任的态度，但是道家对语言的怀疑和不信任是有限度的，这个限度就体现在道家至少还承认"言"是获得"意"的一种手段，"言"可以帮助人们获得"意"，只是强调在获得"意"的时候要忘掉"言"。毋庸置疑，禅宗的语言观显然借鉴和吸取了道家的"言不尽意"、"得意妄言"的思想，但是，禅宗的语言观并不是到"忘言"为止，而是从"忘言"进一步走向了"去言"，即认为语言文字不仅不是通向佛法禅意的手段，反而是阻断佛法禅意的一个障碍，也就是禅师们经常警示的所谓"文字障"(佛经中把阻碍众生明心成佛的诸般因由归纳为"文字障"、"理障"、"所知障"、"惑障"等，认为其中的"文字障"为诸障之根)，所谓"言语道断，心行处灭"(意思是说，执著于语言文字只能阻断众生与真如本性的亲近，只有祛除一切妄想杂念，归于寂灭，才能证悟成佛)。这就是说，禅宗在排拒语言方面比道家走得更远，更为决绝和彻底。这一点也可以从禅宗和道家对"言"和"意"的关系所作的不同的比喻上看出。道家是把"言"和"意"的关系比作"筌"和"鱼"的关系，比作"蹄"和"兔"的关系，这两个比喻很清楚地体现出道家是承认语言在意义传达上的手段作用的，尽管又认为语言的这种手段作用很不理想，很有限度，可以凭借，但不可尽信。而禅宗对"言"和"意"的关系也有一个著名的比喻，这就是佛家语录里常提到的"指月"之喻，其寓意与道家的"筌鱼"和"蹄兔"之喻相去甚远。

"指月"的典故最早见于《楞严经》卷二,佛祖在谈到如何"缘心得法"时告诫他的二弟子阿难说:"如人以手指月示人,彼人因指当应看月,若复观指以为月体,此人岂唯亡失月轮,亦亡其指。何以故?以所标指为明月故。"[6]佛祖的意思是,讲法论教的语言无非是指月的手指,而佛法真义则是那被指的月亮,众生往往不是沿着手指的方向去寻视月亮,而是专注于手指本身,这样手指就成为遮蔽月亮的障目之物了,使我们既看不到月亮,也认不清手指本身,甚至误以手指为月亮。依照这个思路,禅宗不仅否定了道家所主张的语言的有限手段性,而且还进一步认为语言是阻止人们识心悟道的蔽障,必须彻底铲除这一蔽障,才能明心见性,立地成佛。正是从这一点生发开去,禅宗才提出了"不立文字"的说法,才构筑起它独具特色的语言观。

那么,禅宗认定语言文字是阻断真如本性的蔽障,其立论依据何在呢?在禅宗看来,宇宙之真相、天地之本体必须有一种大智慧(般若智慧)才能觉悟,而这种大智慧只能从扫除了一切"魔障"的、了无挂碍的、归于空灵的本心真性中生出。但是,禅宗认为语言文字决不能给予人们这种大智慧,因为语言文字体现着人的一种逻辑的区分和划定能力,用禅宗的话说就是,语言文字印合着人的一种"分别心","分别心"是对"不二"之世界的"斟酌"、"拣择"、"取舍",是人世间一切"妄念"、"偏见"、"烦恼"的根源。正如禅宗三祖僧璨大师在其《信心铭》中说的,"至道无难,唯嫌拣择","一切两边,良由斟酌","圆同太虚,无欠无余,良由取舍,所以不如"[7],这些说法都意在强调禅宗的"不二法门",强调"分别心"及其语言表征所造成的对"真一"世界的割裂、歪曲和遮蔽。正因此,禅宗才主张"绝言绝虑"、"离分别、离言说",回到"无分别"、"无挂碍"之本心,以便体认"般若",参透"真如",达到"识性成

[6] 慧因:《〈楞严经〉易读简注》,北平:庚申佛经流通处影印本 1943 年版,第 30 页。
[7] 僧璨:《信心铭》,北京:宗教文化出版社 2003 年版。

佛”的胜境。如此看,禅宗语言观的哲学依据既是对道家的“洗心涤虑,顺其自然”思想的继承和发扬,也与西方反对主客二分、拆解“逻各斯中心主义”的后现代思想不谋而合。

尽管禅宗“不立文字”的语言观在理论上具有足够的彻底性,甚至提出“动念即乖,开口即错”的极端说法,但在实践上却殊难实行。相传南朝高僧傅大士曾应邀给梁武帝讲《金刚经》,刚一落座拍一下惊堂木,旋即又下座了,武帝茫然不解,身旁有人问道:“陛下听懂了吗?”武帝说:“没听懂。”问者说:“大师已讲完经了。”这无疑是一个禅宗拒绝言教口传的例子,在禅宗史上,类似的公案例证还可举出一些。但是,禅宗要想将其衣钵世代正常地传授下去,完全弃绝言教,仅靠心会默认,几乎是不可能的,也是不现实的。就连力主“教外别传”的六祖惠能也不得不承认,事实上是不可能“不立文字”的,因为他们提出的“不立文字”四个字本身就已经是文字了[8]。这就是说,禅宗一方面在理论上主张“不立文字”,另一方面在实践上又不可能离开文字,正是这一理论与实践之间的悖谬,迫使历代禅师创造了一整套独具特色的传教方式,同时也创造了一整套独具特色的禅宗语言。

关于禅宗的传教方式,有论者将其归纳为棒喝、体势、圆相、触境、默照等几种具体的手段[9],这些具体手段尽管形式各异,但有一个共同的目的,这就是尽量运用非语言的方式(声音、动作、体态、表情、情景、形象乃至沉默无语等)提醒修行者的注意,以免落入言筌理路的陷阱,达到直指人心、立地成佛的境界。例如“棒喝”,即是不惜采用棒打喝嚇甚至骂祖呵佛的极端方式,警示僧众远离经文教条,超越文字障,直接通过心性修持以成正果。但是,禅宗的传教不可能仅仅采用非语

[8] 张玉英:《禅与艺术》,杭州:浙江人民出版社1992年版,第68页。
[9] 方立天:《禅宗的不立文字语言观》,《中国人民大学学报》2002年第1期。

言的方式,理论上不立文字而在实践上又离不开文字的矛盾,使得言传言教的方式在所难免。但是,禅宗的言传言教又是以不立文字的宗旨为指导的,如此的言传言教,其实就是利用语言文字来“解构”语言文字,或者说,是对语言文字的一种极为特殊的运用,由此也形成了极为特殊的禅宗语言。

禅宗语言集中体现在历代流传下来的记载关于禅师门的事迹、言行的各种文本中,主要样式有公案、机锋、偈语、灯录等。其中,“公案”和“灯录”是专门记载禅宗历代高僧的言语行为的著述,“机锋”是指禅师们说过的一些内藏玄妙的机智话语,“偈语”是禅师们留下来的议经说法的诗歌。无论何种样式,禅宗语言都显示出以下几个特征:一是反常性,这可谓禅宗语言的最突出的特征。因为禅宗使用语言的日的主要不是为了传情达意,而是为了揭露语言的遮蔽性本质,反证禅法“不立文字”的要旨精义,所以禅师们在说话时故意或正话反说,或答非所问,或词语倒错,或不合逻辑,或有违情理,使说出的话语表现出不同寻常的诡谲怪诞甚至莫名其妙的特点。例如,《五灯会元》里载有这样的对话,“僧问:‘如何是佛?’师曰:‘干屎橛’”[10],又载,“僧问:‘如何是祖师西来意?’师曰:‘一寸龟毛重七斤’”[11]。前一句以最污秽之物说最神圣之物,属正话反说;后一句显然是答非所问,且答话本身也荒谬透顶,龟本无毛,即使有毛,也不会重达七斤。这两句话很典型地体现了禅宗语言的反常性,也就是故意说反常的话显示语言如何偏执、如何遮蔽世界真相和真义。其他还可以举出很多类似禅门话语,如“面南看北斗,仰面看波斯。空手把锄头,步行骑水牛。人从桥上过,桥流水不流”,也都体现出禅宗语言的反常性。二是含混性,也就是不直接表达,绕弯说话,让人感

[10]《五灯会元》(下),北京:中华书局1984年版,第929页。

[11]同上,第969页。

到似是而非、颇费猜测。例如,“问:‘如何是乐净境?’师曰:‘有功贪种竹,无暇不栽松’”(《景德传灯录》卷二十四)。又,“问:‘如何是佛法大义?’师云:‘蒲花柳絮,竹针麻线’”(《景德传灯录》卷七)。这里的两句回答很有诗情画意,形式上有对仗有韵律,也很工整,只是语义含糊,禅师并不正面答问,而是绕开去,描绘了一种情景,似乎含有某种玄机妙义,但终又参不透说不清,禅宗语言的含混性由此可见一斑。禅师说法时的这种故弄玄虚,有意制造含糊效果,也是为了表明语言的有限性和不可靠,语言不可能直接说清佛法禅机,只有心领神会才是正途。三是意象性,这一点与上述含混性密切相关,因为含混性常常是由意象性造成的,而意象性又常常是运用了隐喻、象征等修辞手段的结果。如,“僧问:‘佛出世时如何?’师曰:‘月中藏玉兔。’问:‘出世后如何?’师曰:‘日里背金乌’”(《五灯会元》卷六)。又,“问:‘如何是西来意?’师曰:‘白猿抱子来青嶂,蜂蝶衔花缘蕊间’”(《五灯会元》卷二)。这里列举的几个答句,不仅对仗工整,还创造了很优美的意象,可谓意境深远,韵味无穷。在禅门语录里,像这样形象生动、富有诗意的语句比比皆是,举不胜举。禅师们正是通过大量意象的创造,调动弟子们的感受力和想像力,以便绕开逻辑思维,跳出语言蔽障,通过直观的默照兴会,达到对佛性禅法的觉悟。

从上述禅宗语言的特点可以看出,禅宗语言与诗歌语言极为接近,诗歌语言讲韵律,讲意境,讲直觉感悟,讲造语的出奇制胜,与禅宗语言的反常性、含混性、意象性等特征是一致的,而禅宗语言中的许多禅言偈句,本身都是可以作为诗歌来阅读欣赏的。因而,禅宗语言虽受诗歌语言影响甚深,但禅宗语言所代表的语言观又反过来对古代诗歌语言美学思想产生了重大影响,这主要体现在中国古代诗论史上唐宋以来业已形成的以禅喻诗的传统上。这方面最有代表性的人物当数南宋时期的诗论家严羽。严羽论诗反对北宋以来以“文字”、“议论”、“才学”为诗的诗风,强调做诗的独特性,认为做诗与修禅相通,可以相互参照。

他在《沧浪诗话·诗辨》中指出,“论诗如论禅”[12],“大抵禅道惟在妙悟,诗道亦在妙悟”,“夫诗有别材,非关书也;诗有别趣,非关理也”,“诗者,吟咏性情也。盛唐诗人惟在兴趣,羚羊挂角,无迹可求。故其妙处莹澈玲珑,不可凑泊,如空中之音,相中之色,水中之月,镜中之相,言有尽而意无穷”[13]。这些以禅喻诗的观点,显然是深受了禅宗“不立文字”语言观的影响,把诗歌看作是一种超越了语言和逻辑的“妙悟”,因而需要一种与语言和逻辑不同的才能和兴趣,这种才能和兴趣主要体现在意境的创造上,而不在于语言文字和议论推理。但是,做诗毕竟不等于修禅,做诗不可能不立文字,正如金代的元好问在《陶然集诗序》中说的:“诗家所以异于方外者,渠辈谈道不在文字,不离文字;诗家圣处不离文字,不在文字。唐贤所谓性情之外,不知有文字云耳。”[14]元好问站在“诗家”的立场上对中国古代以禅说诗的诗学传统的理论偏颇做了必要的修正和补充,由此也可见出诗家与禅宗在语言美学的基本主张上是观点迥异的。

四、诗家的“语不惊人死不休”

“诗家”这个词经常出现在中国古代那些在诗歌创作方面公认的有所创新、有所成就的诗人们的口中,如宋代大诗人王安石说的“诗家语”(《诗人玉屑》卷六),清代诗人赵翼说的“国家不幸诗家幸,赋到沧桑句便工”(《题元遗山集》)。这些诗人在思想倾向上自然有所偏重(或儒家、或道家、或佛家),在创作风格上自然也各有千秋(或豪放、或婉约),但有一点是共同的,这就是对诗歌语言的刻意求工和执著追

[12] 郭绍虞、王文生:《中国历代文论选》(一卷本),上海:上海古籍出版社 1979 年版,第 208 页。

[13] 同上,第 209 页。

[14] 元好问:《中州集》(卷十),台北:台湾商务印书馆影印文渊阁四库全书本 1986 年版。

求,因而他们愿意以“诗家”自称以突出他们对于诗歌语言的一种创造性偏好。如果说禅宗语言观的核心是认为语言是对世界本相的遮蔽,那么诗家语言观的核心则正好相反,主张语言是对诗歌美的彰显,将语言之美视为诗歌美的根本标志,在诗歌创作中始终以语言文字为本,在语言文字上狠下功夫。诗家的这种语言观不仅与禅宗的“不立文字”大相径庭,即使与儒家的“文质彬彬”、道家的“得意妄言”也相去甚远。被称为诗圣的杜甫,虽也有着“致君尧舜上,再使风俗淳”(《奉赠韦丞丈二十二韵》)的强烈儒家精神和宏大抱负,并力图在他的诗里展现这种精神和抱负,但他最为痴迷、最为用功之处还是在诗语的打磨上,因而他一生所取得的最高成就也是在诗歌创作方面。他曾在一首诗里这样说:“为人性僻耽佳句,语不惊人死不休。”(《江上值水如海势聊短述》)杜甫的这句脍炙人口的诗包含两层意思,一是语言对于诗家最为重要,二是诗家在诗句的锤炼上要达到出奇制胜的效果,即所谓“惊人”的效果,我们完全可以把杜甫的这句诗看作是诗家语言美学观的一种满怀诗情的精辟而又充分的表述。的确,诗家论诗总是将诗语是否“惊人”作为第一标准,陆机早在其《文赋》里就提出了诗歌创作“其会意也尚巧,其遣言也贵妍”[15],刘勰在《文心雕龙》里也特设《夸饰》、《比兴》、《熔裁》、《章句》、《炼字》等大量篇章,专讲语句文辞的营造和创新对于诗文创作的重要性及其具体方法,清代王骥德的《曲律》里也有“意常则造语贵新,语常则倒换须奇”[16]之说,而明代著名的诗人、书画家徐渭,则用比喻的语言说明了选取好诗的主要依据就是诗句是否具有“惊人”效果。他说:“试取所选者读之,果能如冷水浇背,陡然一惊,便是兴观群怨之品。如其不然,便不是矣。”[17]“冷水浇背”

---

[15] 郭绍虞、王文生:《中国历代文论选》(一卷本),上海:上海古籍出版社 1979 年版,第 68 页。

[16] 中国戏曲研究院编:《中国古典戏曲论著集成》(四),北京:中国戏剧出版社 1959 年版,第 123 页。

[17] 徐渭:《徐渭集》(全四册),北京:中华书局 1999 年版,第 482 页。

的说法非常形象生动，试想，一瓢冷水突然浇到你的背上，将是一种什么感觉？此时，无论你正在做什么，恐怕你整个精神都会立即为之一振并集中在那一瓢水浇在背上的感觉中。因之，诗家何以如此追求“惊人”之句，就在于使读者因诗句的奇特而“惊”，因“惊”而引起“注意”，因“注意”而切实“感觉”到诗句所描绘的“诗境”。请看杜甫的诗句：“绿垂风折笋，红绽雨肥梅。”（《陪郑广文游何将军山林十首》）首先，这两句诗不同凡响，正常的事件次序应是：先有了“风折笋”然后才有“绿垂”，先有了“雨肥梅”然后才有“红绽”，而诗人在陈述时却把这种正常事件次序颠倒了，且这两句诗对仗工整、用语洗练，读之确如“冷水浇背”，令人惊叹不已，立刻引起读者的高度注意和兴致。其次，由于高度的注意和兴致，使我们反复诵读玩味诗句，强化了我们的感觉，激发了我们的想像，于是，一幅红梅绿笋交映成趣的雨后春景图便跃然于纸上，昭然于目前。如此看来，中国古代诗家所追求的“惊人”之句与俄国形式主义提出的“反常化”理论殊为接近。俄国形式主义的领军人物什克洛夫斯基在其《作为程序的艺术》一文中认为，诗歌在语言运用方面贯彻所谓“反常化程序”，即有意创造反常化语言，以便增加“感觉的难度和范围”，使“感觉被阻挡而达到自己力量的最大高度和最大延时性”，[18]这就是说，与中国的诗家一样，俄国形式主义也主张诗人要创造异乎寻常的话语，目的是激发注意力，延迟感觉时间，使读者重新感觉到事物。

诗家的这种崇尚独创性、注重奇特性的语言美学观当然是通过具体的创作实践体现出来的，从具体的创作实践来看，诗家的理论探索和总结主要集中在以下几个方面。第一个方面就是所谓诗歌韵律学。讲究韵律美本是诗歌语言的基本特征，而中国古代诗歌由于汉语音调本

[18] 伍蠡甫、胡经之：《西方文艺理论名著选编》（下卷），北京：北京大学出版社 1986 年版，第 338、385 页。

身的特点在这一点上尤为讲究。其实,中国古代诗歌韵律的创制和形成,既是为了上口入耳和便于传唱,也是为了在语音上追求一种与日常语言不同的奇特效果和音乐美,所以诗家对于“惊人”之句的创造,首先就是从韵律开始的,把合辙押韵看作是写诗填词制曲的至关重要的一环。中国古代诗歌韵律理论的开创者无疑是南齐的沈约等人。早在沈约之前,陆机在《文赋》中已对诗歌特有的音乐美有所论述,他说:“暨音声之迭代,若五色之相宜。”[19]沈约正是沿袭这一认识成为对诗歌韵律进行了专门系统探索的第一人,提出了著名的“四声八病”说,即用“平、上、去、入”四字标四声,并把诗歌创作中出现的使四声不和谐的病犯总结为“平头、上尾、蜂腰、鹤膝”等几种情况。他还特别强调,诗人做诗务必注意“欲使宫羽相变,低昂互节,若前有浮声,则后须切响。一简之内,音韵尽殊;两句之中,轻重悉异。妙达此旨,始可言文”[20]。沈约声律论的提出,有力地推动了五言古诗向律诗的转变,促使中国古代诗歌的韵律趋向于完美和定型。在沈约之后,宋代的李清照在《论词》一文中指出做诗填词“别是一家”,必须“协音律”,反对当时不讲音韵和谐的“句读不葺之诗”[21];明代李梦阳在《潜虬山人记》一文中主张好诗的准则应该是“格古,调逸,气舒,句浑,音圆,思冲,情以发之,七者备而后诗昌也”[22],以音律和谐和韵味无穷作为判断好诗的主要标准;清代的沈德潜在《说诗晬语》中也提出“乐府之妙,全在繁音促节,其来于于,其去徐徐,往往于回翔曲折处感人”,“诗中韵脚,如大厦之柱石,此处不牢,倾折立见”[23]。总之,中国古代的重

[19] 郭绍虞、王文生:《中国历代文论选》(一卷本),上海:上海古籍出版社 1979 年版,第 68 页。

[20] 沈约:《宋书》(卷六十七),北京:中华书局 1974 年版,第 1779 页。

[21] 郭绍虞、王文生:《中国历代文论选》(一卷本),上海:上海古籍出版社 1979 年版,第 189 页。

[22] 李梦阳:《空同集》(卷四十八),台北:台湾商务印书馆影印文渊阁四库全书本 1987 年版。

[23] 王夫之等:《清诗话》(全二册),上海:上海古籍出版社 1978 年版,第 529、552 页。

要诗家几乎都把韵律的创构摆在诗歌创作的第一位，都在诗歌韵律理论的发展上做出了贡献。尤其是，明代的王世贞在其《曲藻》中论到曲词音韵时，提出了“声情”这一概念，并与“辞情”加以区别，他说道：“凡曲，北字多而调促，促处见筋；南字少而调缓，缓处见眼。北则辞情多而声情少，南则辞情少而声情多。”[24]这种“声情”论的提出，说明中国古代诗家已经在理论上自觉地把韵律形式与情感内容联系起来考虑，这与英国克莱夫·贝尔的“有意味的形式”的理论显然有相通之处，是可以相互参照的。

诗家贯彻它的语言美学观于创作实践的第二个方面的成就是语言风格的创造及其理论上的总结。如前所说，诗家语言美学观的核心就是强调独特语言（惊人语）的创造，也就是强调在诗歌语言上要显示出个人的特色和风格。所以，中国古代诗学一开始就极为重视区分和总结诗人不同的语言风格和风格类型，这种诗歌风格学的理论探讨甚至已成为中国古代诗学体系中最重要的组成部分之一。例如在风格类型的划分方面，早在陆机的《文赋》里就已提出文体风格十大类之说，并且描述了这十类文体风格各自的特点。刘勰在《文心雕龙·体性》中又将诗文的风格归纳为八大类：“一曰典雅，二曰远奥，三曰精约，四月显附，五曰繁缛，六曰壮丽，七曰新奇，八曰轻靡。”[25]唐代司空图的《二十四诗品》更是一部对诗歌风格类型进行系统研究的专著，将诗歌风格细分为雄浑、冲淡、纤秾、沉着、高古、典雅、洗练、劲健、绮丽、自然、含蓄、豪放、精神、缜密、疏野、清奇、委曲、实境、悲慨、形容、超诣、飘逸、旷达、流动等二十四个品类，每一品类下又对此品类做了细致的描述与说明。其他还有王昌龄的《诗格》、李峤的《评诗格》、皎然的《诗式》、陈骙的《文则》等也都是专论诗文风格的著作。这些对风格的评述和

[24] 中国戏曲研究院编：《中国古典戏曲论著集成》（四），北京：中国戏剧出版社 1959 年版，第 27 页。

[25] 范文澜：《〈文心雕龙〉注》，北京：人民文学出版社 1958 年版，第 505 页。

分类是否妥当贴切另当别论,但由此可以看出诗家在风格创造方面所积累的丰富经验以及所取得的巨大成就。

上面说到的韵律和风格毕竟还属诗家实践其语言美学观的间接的高远的追求,而其更直接、更切近的追求则是字、词、句的选择和锤炼。因此,诗家欲要创造出"惊人之句",就要在选词炼句方面下最大的功夫,因而也在这方面积累了更多的实践经验,进行了更深入的理论探讨。陆机的《文赋》以"会意尚巧"、"遣言贵妍"为文人骚客之能事,主张"立片言以居要,乃一篇之警策。虽众词之有条,必待兹而效绩"[26];刘勰的《文心雕龙・章句》也提出:"夫人之立言,因字而生句,积句而成章,积章而成篇。篇之彪炳,章无疵也;章之明靡,句无玷也;句之清英,字不妄也;振本而末从,知一而万毕矣。"[27]《练字》云:"是以缀字属篇,必须练择。"[28]无论陆机还是刘勰,都认为诗家功夫完全在篇章字句的组织安排之中,而著文做诗之难之苦也都在篇章字句的组织安排之中。而篇章字句的组织安排又是以字词的"择炼"为根基的,所以,古代诗家甚至奉从"著一字而境界全出"之说,南宋的诗论家胡仔还明确提出"一字为工"的理论,他认为:"诗句以一字为工,自然灵异不凡,如灵丹一粒,点石成金也……足见吟诗,要一两字功夫。"[29]胡仔主张的"一字说"也许有些极端,但写诗要在字词上狠下功夫则是不刊之论。胡仔的这一理论显然深受北宋大诗人黄庭坚的影响,而黄庭坚的诗论在文论史上颇有争议,常被后世讥之为"以文字为诗",近代以来,又多被斥之为"形式主义"而遭否定。其实黄庭坚的诗论无非是偏离了"诗以言志"、"文以载道"的传统,更强调诗歌应以语言为本体,以字句的营造为要务。在他看来,诗语的好坏固然以创造性

[26] 郭绍虞、王文生:《中国历代文论选》(一卷本),上海:上海古籍出版社 1979 年版,第 68 页。

[27] 范文澜:《〈文心雕龙〉注》,北京:人民文学出版社 1958 年版,第 570 页。

[28] 同上,第 624 页。

[29] 胡仔:《苕溪渔隐丛话》,北京:人民文学出版社 1962 年版,第 64—65 页。

的有无为准绳,但创造性的诗语并非一定是“自作语”。他在《答洪驹父书》一文中指出“自作语最难”,即使像杜甫、韩愈那样的大家也是“无一字无来处”,因而“古之能为文章者,真能陶冶万物,虽取古人之陈言入于翰墨,如灵丹一粒,点铁成金也”[30]。“点铁成金”之说固然有因袭摹仿之嫌,但其立足点还是站在诗家的立场上说话的,从诗家的立场看,篇章字句的构建和锤炼实为做诗的第一要义,无论怎么强调都不为过,无论怎么议论都有其一定的道理。正是在这个意义上,我们认为,以黄庭坚为代表的江西诗派的理论是真正的诗家理论,它留下来的关于文则诗法这方面的遗产,很值得我们深入发掘和予以重新阐释。

[30] 郭绍虞、王文生:《中国历代文论选》(一卷本),上海:上海古籍出版社 1979 年版,第 185 页。

龚自珍的美学思想

祁志祥*

摘要： 龚自珍是中国古代启蒙思想向近代民主思想转换的过渡人物代表。他继承、发展了中明以来的启蒙思潮，尊心宥情，崇尚自然，张扬个性，对心性美、情感美、自然美、个性美作了丰富的阐释和突出的强调，奠定了近代美学以自然情感为美的思想基石。

关键词： 心性美　情感美　自然美　个性美

作者简介： 祁志祥(1958—)，男，文学博士，上海政法学院新闻传播与中文系主任、教授、博士生导师，上海市美学学会副会长。

龚自珍(1792—1841)，一名巩祚，字璱人，号定庵，浙江仁和(今杭州)人。出身三代京官之家，外祖父为经学大师段玉裁。自幼从外祖父学经学训诂。年轻时科举屡屡落第，27岁方中举人，38岁方中进士。历任内阁中书、礼部主事等京城小官近20年，48岁辞官到杭州、丹阳等地书院讲学，两年后暴卒于丹阳。有《定庵文集》、《定庵诗集》等。

龚自珍28岁时曾从常州学派刘逢禄治《公羊春秋》，成为今文经学派中的重要一员。今文经学派倡导"通经致用"，不拘泥于文字考据，注重在经文注疏中阐发大义，发挥己说，这使得他成为晚清贴近现实的思想家。

---

* 本文为笔者主持的国家社科基金项目"中国古代美学史的重新解读"部分成果。

恩格斯曾说：但丁是欧洲“中世纪的最后一位诗人，同时又是新时代的最初一位诗人”。[1] 龚自珍主要生活在鸦片战争以前的中国古代，但他继承、发展了中明以来的启蒙思潮，大力张扬个性、尊心宥情，喊出了“不拘一格降人才”的最强音，开清末民初康、梁为代表的近代启蒙思潮之先声，成为中国古代启蒙思想向近代民主思想转换的过渡人物代表。梁启超《论中国学术思想变迁之大势》说他：“其于专制政体，疾之滋甚，集中屡叹恨焉；又颇明社会主义，能知治本。”“语近世思想自由之向导，必数定庵。”

1. “尊心”说

龚自珍与章学诚一样“尊史”，但侧重点则不同。章学诚曾夸大“史”的范围，认为“凡著作之林，皆是史学”，龚自珍分析古史状况时亦云：“周之世官大者史，史之外无有语言焉，史之外无有文字焉，史之外无人伦品目焉。”章学诚曾说“六经皆史”，龚自珍亦云：“六经者，周史之宗子也。《易》也者，卜筮之史也；《书》也者，记言之史也；《春秋》也者，记动之史也；《风》也者，史所采于民而编之竹帛、付之司乐者也；《雅》、《颂》也者，史所采于士大夫也；《礼》也者，一代之律令，史职藏之故府，而时以昭王者也。”[2] 这是二人之同。二人同样尊史，但着眼点却不同。章氏认为“文章以叙事为最难”，而“叙事之文”以史为备。龚氏则看中史的“尊心”功能，他在《尊史》中说：“史之尊，非其职语言、司谤誉之谓，尊其心也。……心尊，则其官尊矣；心尊，则其言尊矣。官尊言尊，则其人亦尊矣。”《尊史》中提出的“尊心”、“尊人”思想，龚自珍在多处从不同角度、层面加以阐述过。

从心与物、人与天的关系来说，心为物之本、天为人所造：“天地，

---

[1]《共产党宣言》1893 年意大利文版序言，《马克思恩格斯选集》第一卷，第 249 页，人民出版社出版，江苏人民出版社 1972 年第一版。

[2] 均见《古史钩沉论二》，《龚自珍全集》第一辑，上海人民出版社 1975 年版。

人所造,众人自造,非圣人所造。……众人之宰,非道非极,自名曰‘我’。我光造日月,我力造山川,我变造毛羽肖翘,我理造文字言语,我气造天地,我天地又造人,我分别造伦纪。众人也者……人自所造,非圣造,非天地造。……日月旦昼,人所造,众人自造,非圣人所造。……天神,人也;地祇,人也;人鬼,人也。"(《壬癸之际胎观第一》)"人心者,世俗之本也;世俗者,王运之本也。人心亡,则世俗坏;世俗坏,则王运中易。王者欲自为计,盍为人心世俗计矣。"(《平均篇》)

从人心在社会生活中的价值作用来说,"报大仇,医大病、解大难、谋大事、学大道,皆以心之力","哲人之心,孤而足恃","心无力者,谓之'庸人'"(《壬癸之际胎观第四》)。真正的伟人奇士,是具有坚毅的精神、意志的人。

从其所肯定的人心的成分来说,龚自珍所呼唤的人心,是判断是非的道德良知,是充满个性的独创意识:"夫有人必有胸肝,有胸肝则必有耳目,有耳目则必有上下百年之见闻,有见闻则必有考订同异之事;则或胸以为是,胸以为非。有是非,则必有感慨激奋。感慨激奋而居上位、有其力,则所是者依,所非者去。感慨激奋而居下位、无其力,则探吾之是非,而昌昌大言之。"(《上大学士书》)"言也者,不得已而有者也。如其胸臆本无所欲言,其才武又未能达于言,强之使言,茫茫然不知将为何等言?不得已,则又使之姑效他人之言。效他人之种种言,实不知其所以言。于是剽掠脱误,摹拟颠倒,如醉如寱以言,言毕矣,不知我为何等言。"(《述思古子议》)"呜呼!予欲慕古人之能创兮,予命弗丁其时;予欲因今人之所因兮,予茯然而耻之。耻之奈何?穷其大原。……虽天地之久定位,亦心审而后许其然。苟心察而弗许,我安能颔彼久定之云?"(《文体箴》)而当时"衰世"的社会现实是,一旦有良知、有见识的"才士"、"才民"出现,便有若干平庸"不才"之人"督之缚之,以至于戮之",并且调动各种手段,"戮其能忧心、能愤心、能思虑心、能作为心、能有廉耻心、能无渣滓心”,从而造成了没有“才相”、“才史”、“才将”、“才士”、“才民”、“才工”、“才商”甚至“才偷”、“才盗”的平庸局面;“人心混混而口无过(非议)也,似治世之不议”(均见《乙丙之际著议第九》)。其实是专制高压之下“万马齐喑”的假象,所以他要呼唤“风雷”以挽救“人才”,给这个社会注入“生气”:“九州生气恃风雷,万马齐喑究可哀!我劝天公重抖擞,不拘一格降人才!”(《己亥杂诗》)

龚自珍重视史家的见识和良知,故鄙薄考据和词章。龚自珍步入文坛之际,正是桐城派统治天下、肌理派风靡诗界之时。桐城派主张义理、考据、词章合一,肌理派主张用学问充实诗材。龚自珍处于这样的时代氛围中,自幼又受外祖父段玉裁的训诂考据之学的熏陶。然而目睹社会的平庸和良知的缺失,他则不以考据、词章为贵,而以识见义理为重。在给友人魏源的信中,他说:

> 客言:“足下始工于文词,近习考订。仆岂愿通人受此名哉?又云:足下既习考订,并兼文词。又岂愿通人受此名哉?足下示吾近作,勇去口吻之冶俊,为汪洋郁栗冲夷,是文章之祥也;而颇喜杂陈枚举一二琐故以新名其家,则累累矣。古人文学,同驱并进,于一物一名之中,能言其大本大原,而究其所终极,综百氏之所谈,而知其义例,遍入其门径,我从而管钥(开启)之,百物为我隶用。苟树一义,若浑浑圆矣,则文儒之总也。(《与人笺一》)

龚自珍的“尊心”思想,是其以“情”为美和以“完”为美的哲学基础和道德基石。究其根源,明代王阳明的心学影响固然不可忽视,然而佛家的影响也许更加重要。龚自珍对佛典广有涉历,造诣颇深,曾写下许多佛学论文。[3] “万法唯心”是佛教的世界观和修行论。龚自珍《发大

[3]《龚自珍全集》第六辑收有龚氏的数十篇佛学文章。

心文》阐述、发挥此旨道:“是故欲修檀(布施)者,发心为先;欲修羼提(忍辱),发心为先;欲修尸罗(戒),发心为先;欲修毘黎耶(精进),发心为先;欲修禅那(静虑),发心为先;欲修般若(智慧),发心为先。我今先愿断种种心。何谓种种心?嗔心,差别有三:曰嫉恶心,曰怨懑心,曰难忍辱心;贪心,差别有三:曰乐世法心,曰羡慕心,曰忆世法心;痴心,差别有五:曰善感心,曰缠绵心,曰疑法心,曰疑因果心,曰昏沉心。有境相应行心,有非境不相应行心。若广分别言,则有八万四千尘劳,皆起一心。我今誓发大心……遇它横逆,应正思维,生安受心;遇它机械,应正思维,生怜他心;遇他作恶,应正思维,生度他心;遇他冥顽,不忠不孝,不存血性,于家于国,漠然无情,应正思维,生感动他心;遇他遏抑我、噬负我,皆正思维,而生怜他心;遇他顽痴,应正思维,生敬他心;遇它妒忌,生让它心;遇它丑恶,应正思维,生爱它心;乃至见他十恶五逆,亦将我心置他胸臆,而替他想,生种种怜他心、宥他心、度他心,乃至一切施不如愿于我,我皆如是思维;此我夙业,今生幸已受报,已偿已讫,生自庆幸心。”后来康有为、谭嗣同、梁启超等人由佛教而尚心力,与龚自珍如出一辙。

2. 从“宥情”到“尊情”

龚自珍崇尚的人心,既是包含着是非判断的道德心,又是包含着真情实感的“童心”。28 岁时,他作诗道:“不似怀人不似禅,梦回清泪一潸然。瓶花帖妥炉香定,觅我童心六年。”(《午梦初觉,怅然诗成》)48 岁时,他作诗云:“少年哀乐过于人,歌泣无端字字真。既壮周旋杂痴黠,童心来复梦中身。”(《己亥杂诗》)于是,由“尊心”,龚自珍走到了“尊情”。

龚自珍生来就是一个充满情感素质的人,所谓“少年哀乐过于人”,不过关于“情”的理性认识,他走过了一个从含糊“宥情”到明确“尊情”的过程。先秦儒家提倡“发乎情,止乎礼义”;汉儒则认为情阴性阳，性善情恶；俟西方佛教传入中土，则力主禁欲禁情，而大乘经典又主张真不离俗，并“不以情为鄙夷”。情是与生俱来的一种心灵活动，到底应当如何对待情？年轻时龚自珍陷入了困惑。19岁时，他写下《宥情》一文，记载了甲、乙、丙、丁、戊等人对情的不同态度，提出，既然各执一说，莫衷一是，不如“宥之”，用宽容的态度对待情：

甲、乙、丙、丁、戊相与言。甲曰：“有士于此，其于哀乐也，沉沉然，言之而不厌，是何若？”乙曰：“是嫖嫚之民也。许慎曰：‘情，人之阴气有欲者也。’圣人不然，清明而强毅，无畔援，无歆羡，以其旦阳之气，上达于天。阴气有欲，岂美谈耶？”丙请辨之：“西方（一本作天竺）之志曰：欲有三种，情欲为上。西方（一本作天竺）圣人，不以情欲为鄙夷，[4]子言非是。”丁曰：“乙以情隶（附属于）欲，无以处乎哀乐之正而非欲者。且人之所以异于铁牛、土狗、木寓龙者安在？乙非是。丙以欲隶情，将使万物有欲毕诡于情，而情为秽墟、为罪薮，丙又非是。是以不如析言之也。西方（一本作天竺）之志，盖善乎其析言之矣。”戊请辨之曰：“西方（一本作天竺）之志又有之：纯想即飞，纯情即坠。若是乎概而诃之也，不得言情。或贬或无贬，汝言皆非是。”

龚子闲居，阴气沉沉（指情感活动）而来袭心……不知此方圣人所诃欤，西方圣人所诃欤？甲、乙、丙、丁、戊五氏者，孰党我欤，孰诟我欤？姑宥之也，以待乎覆鞫之者，[5]作《宥情》。

---

[4] 西方之志：一般理解为指古印度佛典。此当指大乘空宗经典。西方圣人：指古印度佛教高僧。空宗主张空不离有，真不离俗，故并不绝对否定情欲。然若以之为“情欲为上”，毕竟不合佛教基本宗旨。不知龚氏何据。

[5] 覆：审察。鞫，通鞠，究、问。

在对“情”的追问与宽容中,龚自珍言情写情,被时人目为“天下善言文章之情者”(《钱吏部遗集序》)。26 岁时,钱廷烺请他为先父钱枚诗集作序,他以“幽窅而情深,言古今所难言”、为“古今情之至者”称道之,尊情的态度开始形成。28 岁时,从刘逢禄治今文经学,思想发生较大变化,尊情思想益加明确。他在诗中说:“情多处处有悲欢,何必沧桑始浩叹!”“欲为平易近人诗,下笔情深不自持。”[6]32 岁时,龚自珍刊定其早年词作,写下《长短言自序》,鲜明提出“尊情”说:

> “情”之为物也,亦尝有意乎锄之矣;锄之不能,反而宥之;宥之不已,而反尊之。龚子之为《长短言》何为者耶?其殆尊情者耶!情孰为尊?无住为尊,无寄为尊,无境而有境为尊,无指而有指为尊,无哀乐而有哀乐为尊。……畴昔之年,凡予求为声音之妙盖如是,是非欲尊情者耶?且唯其尊之,是以为《宥情》之书一通;且唯其宥之,是以十五年锄之而卒不克……虽曰“无住”,予之住也大矣;虽曰“无寄”,予之寄也将不出矣。

在同年所作《题红禅室诗尾》中,他写道:“不是无端悲怨深,直将阅历写成吟;可能十万珍珠字,买尽千秋儿女心。”

龚自珍天性多情,平生写情,倾向尊情。一方面继承了明中叶以来以自然真情为美的思想,另一方面,他是一个深受儒家经学观念熏陶,对佛、道深有濡染的学者,他尊尚的“情”又不完全等同于明末不受理性约束的自然之情,而不同程度地受到儒、道、佛之理性规范的制约。如《五经大义终始论》说:“圣人治人情,必反攻其情,以己治之。圣者有情欤?曰微矣,至清以有神,至和以有精,至静以有形,至淡以应群灵,至冲虚以应兆人,故遂终言之曰:心无为也,以守至正。”《长短言自序》云:“情孰为畅?畅于声音……是声音之所引如何?则曰:……凡

---

[6]《杂诗,己卯自春徂夏,在京师作,得十有四首》,《龚自珍全集》第九辑。

声音之性,引而上者为道,引而下者非道,引而之于旦阳者为道,引而之于暮夜者非道。道则有出离(指对情的超脱)之乐,非道则有沉沦陷溺之患。”若说上述材料体现了儒、道规范对“情”的制约,那么,《长短言自序》中要求对“情”“住”而“无住”、“寄”而“无寄”的态度则体现了大乘佛教的行为规范。大抵明人尚情,情多礼教规范外之情,清人尚情,情多理性规范内之情(如王夫之、黄宗羲、顾炎武、翁方纲)。龚自珍的“尊情”说,体现了清代情感取向的基本特征。

3. 以“完”为美

龚自珍的内心深处充满着矛盾。他既崇尚富有个性的童心真情,又不赞成沉溺于情;他既不赞成完全被情所主宰,又反对“迂儒”以“故道”扼杀情。[7] 在骨子里,龚自珍渴求保持完整的自然大性,并以此为美。《病梅馆记》批判江浙售梅者按文人画士“以曲为美”、“以欹为美”、“以疏为美”的趣味绳梅、育梅,指出如此栽培出来的梅花都是“病梅”,而真正美的梅花应是按自然天性成长,保存其完整天性的梅:

> 江宁之龙蟠,苏州之邓尉,杭州之西溪,皆产梅。或曰:梅以曲为美,直则无姿;以欹为美,正则无景;梅以疏为美,密则无态。固也。此文人画士,心知其意,未可明诏大号,以绳天下之梅也,又不可以使天下之民斫直、删密、锄正,以殀梅、病梅为业以求钱也。梅之欹、之疏、之曲,又非蠢蠢求钱之民能以其智力为也。有以文人画士孤僻之隐,明告鬻(售)梅者,斫其正,养其旁条,删其密,夭其稚枝,锄其直,遏其生气,以求重价,而江、浙之梅皆病。文人画士之祸之烈至此哉!予购三百盆,皆病者,无一完者。既泣之三日,乃誓疗之、纵之、顺之。

[7]《己亥杂诗》:“安用迂儒谈故道?犁然天地划民风。”

> 毁其盆,悉埋于地,解其棕缚;以五年为期,必复之全之。予本非文人画士,甘受诟厉,辟病梅之馆以贮之。呜呼!安得使予多暇日,又多闲田,以广贮江宁、杭州、苏州之病梅,穷予生之光阴以疗梅也哉!

据吴昌绶《定庵先生年谱》,该文写于龚自珍48岁,也就是写下"我劝天公重抖擞,不拘一格降人材"诗句的那一年。这表明,龚自珍晚年(龚一生只活了50岁)要求挣脱外在束缚、张扬自然个性的愿望更加决绝。

同样的思想,在《削成箴》和《书汤海秋诗集后》也有所表述。《病梅馆记》反对"斫梅"、"删梅"、"锄梅",《削成箴》亦云:"天地之间、凡案之侧,方何必皆中圭?圆何必皆中璧?斜何必皆中弦?直何必皆中墨?有无形之形受形敝,有无名之名受名阙。"《病梅馆记》强调一个"完"字,并主张"纵之"、"顺之",《书汤海秋诗集后》亦以一"完"字概括、赞赏汤海秋诗:"益阳汤鹏,海秋其字,有诗三千余篇,芟而存之二千余篇,评者无虑数十家,最后属(嘱)龚巩祚一言。巩祚一言而已,曰:'完。'何以谓之'完'也?海秋心迹尽在是,所欲言者在是,所不欲言而卒不能不言者在是,所不欲言而竟不言,于所不言求其言亦在是。要不肯挦扯他人之言以为己言,任举一篇,无论识不识,曰:此汤益阳之诗。"

不仅如此,举凡古来一切著名诗人,其所以名者,皆可以一"完"字概括:"人以诗名,诗尤以人名。唐大家若李、杜、韩及昌谷(李贺)、玉溪(李商隐),及宋、元眉山(苏轼)、涪陵(黄庭坚)、遗山(元好问),当代吴娄东(吴伟业),皆诗与人为一,人外无诗,诗外无人,其面目也完。"(《书汤海秋诗集后》)自此,龚自珍之美学观明也。

此外,龚自珍直接涉及"美"的文字还有《水仙花赋》、《琴歌》、《昨夜》。《水仙花赋》赞美水仙花:"姿既娉乎美人,品又齐乎高士。"《昨夜》诗云:"种花都是种愁根,没个花枝又断魂。新学甚深微妙法,看花看影不留痕。"《琴歌》诗云：

> 之美一人，乐亦过人，哀亦过人。
>
> 月生于堂，匪月之精光，睇视之光。
>
> 美人沉沉，山川满心。落月逝矣，如之何勿思矣？
>
> 美人沉沉，山川满心。吁嗟幽离，无人可思。

花的美，人的美，不只在形，而且在"品"、在"魂"、在"神"（睇视之光）、在"情"（哀乐过人）。这是中国美学的一贯思想。

与道合一:道家人生美学之审美域

李天道

摘要: 中国美学非常看重人生。认为人与自然万物是同体同构的,视人与天地自然如一大生命。作为中国美学的重要组成,道家美学思想认为作为宇宙自然生命本源的“道”既是生命的基础,生命活力的源泉,也是美所生成的根本所在。由此出发,道家美学推崇“与‘道’合一”的审美境域论。

关键词: “道”与“道”合一　自然无为　任性逍遥　长生久视

作者简介: 李天道(1951—),四川彭州市人,四川师范大学文学院教授,博士生导师。

与西方美学相比较,中国美学更加看重人生。在人与自然的关系上,中国人认为自己是自然万物的组成部分,视天地自然如一大生命。中国美学这种重视人生的特点与道家人生美学思想的作用是密不可分的。作为中国美学的重要组成,道家人生美学思想认为作为宇宙自然生命本源的“道”既是生命的基础,生命活力的源泉,也是美所生成的根本所在。可以说,以老子为首的道家美学思想就是人生生命活力的颂歌,就是生命美学、人生美学。其突出特点就是鲜明的人文关怀和人生诉求。在境域构成方面则主张“与‘道’合一”。

一

在中国美学史上,把社会、人和人生问题提到极高的地位并且对人生进行审美探究的,道家美学的首要人物老子应该算是第一个。在老子看来,社会、人和人生与自然万物是一体共存的,只是宇宙自然演化过程中的一部分,都由"道"所生成。因而,老子把社会、人生问题放到了宇宙论的高度。老子认为,"道"是先天地、人生、社会而生的,是宇宙间万事万物生成的纯粹原初态。

虽然在老子以前,也有人提到"道",但是"道"并没有上升到哲学这么高的地位。例如郑国的子产在《左传・昭公十八年》说道:"天道远,人道迩,非所及也,何以知之?"子产在这里说到的"天道"和"人道"显然还只具有形而下意义,并且他只重视"人道",并不重视"天道"。而老子的"道"则应该具有形而上的意义。在老子那里,生成"一"、"二"、"三",并由此而生成"万物"的"道"是最高、最真实的存在,是宇宙自然生命构成的纯粹原初本源。

应该说,在老子由生"一"而生成"万物"意义上的"道"是道家人生美学的最高范畴,也是其中国美学的重要范畴。对深受道家美学思想影响的中国美学而言,宇宙万物都原生并构成于"道"。"道"的存在是自在、自由、自然、自明的,也是无限的。"道"作用并蕴藉于宇宙自然的化生化合、变化构成中的,并且对人生及其审美境域的构成变化起着决定性的作用。宇宙自然的化生化合都是由"道"所决定的,宇宙间自然万物化生化合、变化莫测,都是"道"作用的呈现而已。老子向人们详细地描述了作为生命和美的本源的"道"的呈现态:"道冲而用之或不盈,渊兮似万物之宗,挫其锐,解其纷,和其光,同其尘。湛兮似或存,吾不知谁之子,象帝之先。"[1]

[1] 陈鼓应:《〈老子〉注释及评介》,北京:中华书局1984年版,第75页。

朱谦之注解说:“神耶帝耶?此世所称生杀之主,而道独居其先。道者疑似之间,若不知其谁子;然而自本自根,未有天地自古以固存之。”[2]生成宇宙万物的“道”“自本自根,未有天地自古以固存之”。在老子这里,天地间没有“神”的存在,所谓“神”仅仅是“道”的一种构成态。“道”才是万物生命构成的本源。即如胡适所指出的:“老子的最大功劳,在于超出天地万物之外,另假设一个道。”[3]

作为生成宇宙万物,为“天地”之“母”的“道”是“先天地生”,其存在态势是“混沌”、“独立”、“周行不殆”的。所以老子说:“有物混成,先天地生。寂兮寥兮。独立而不改,周行而不殆,可以为天地母。吾不知其名,字之曰道。强为之名曰大,大曰逝,逝曰远,远曰反。故道大,天大,地大,人亦大。域中有四大,而人居其一焉。人法地,地法天,天法道,道法自然。”[4]蒋锡昌按:“天地自道而生,故道可以为天地之母也。”[5]“道”之所以“为天地之母”是由于“天地”都由其所“生”。“道”先天地就存在的,是天地万物之母,但由于不知道它的名字,所以把它勉强命名为“道”。[6] 老子说:“道生一,一生二,二生三,三生万物。万物负阴而抱阳,冲气以为和。”[7]在老子看来,天地万物都是由“道”所化生的,阴阳二气为“一”所生,天地万物又由阴阳二气所生,“一”是万物之始,然而“一”又是由“道”所生的,因此“道”是万物之源,万物皆为“道”所生。老子说:“道生之,德畜之,物形之,势成之。是以万物莫不尊道而贵德。道之尊,德之贵,夫莫之命,而常自然。故道生之,德畜之,长之育之,亭之毒之,盖之覆之。生而不有,为而不恃,长而不宰,是谓玄德。”[8]对此,蒋

[2]朱谦之:《〈老子〉校释》,北京:中华书局1984年版,第21页。
[3]胡适:《中国古代哲学史》,安徽:安徽教育出版社1999年版,第52页。
[4]陈鼓应:《〈老子〉注释及评介》,北京:中华书局1984年版,第75页。
[5]蒋锡昌:《〈老子〉校诂》,成都:成都古籍书店1988年版,第168页。
[6]王弼:《〈老子道德经〉注》,《诸子集成》本,北京:中华书局1957年版,第55页。
[7]陈鼓应:《〈老子〉注释及评介》,北京:中华书局1984年版,第75页。
[8]同上,第75页。

锡昌解释说:"'道生之'言道生万物也。无道与德则不能生畜;不能生畜则物固不能形,势亦无所成,是以万物莫不尊道而贵德也。"[9]老子又说:"谷神不死,是谓玄牝。玄牝之门,是谓天地根。绵绵若存。用之不勤。"[10]因为"道"是宇宙万物生化的母体,所以老子称之为"玄牝"。老子所谓的"道",既然是万物之源,当然也是善与美之源。《韩非子·解老》:"道者,万物之所以然也。道者,万物之所以成也。"[11]"道"之所以是万物之源,乃是因为它是生命之源。

在以老子为首的道家美学看来,"道"有五大基本审美特性:第一,"道"是万物之母,具有核心的地位。在以老子为首的道家美学中,"道"是核心,具有本体论的意义。同时,"道"既是历时的,也是共时的。"道"是天地万物统一共存的生命本源,它生成万物,为天下母,为万物宗,万物的性能赖道而有正常的发挥。《道德经》第四十二章说:"道生一,一生二,二生三,三生万物。万物负阴而抱阳,冲气以为和。"第四章又说"道冲而用之或不盈,渊兮似万物之宗。"第二,"道"的属性是自由、自在的。"道"自然无为而无不为,它生养万物而不私有,成就万事而不恃功,不过是自然化生而已,故老子说:"道法自然。"第三十七章说:"道常无为而无不为。侯王若能守之,万物将自化。化而欲作,吾将镇之以无名之朴,无名之朴夫亦将无欲。不欲以静,天下将自定。"第五十一章说:"道生之,德畜之,物形之,势成之。是以万物莫不尊道而贵德。道之尊,德之贵,夫莫之命,而常自然。故道生之,德畜之,长之育之,亭之毒之,养之覆之。生而不有,为而不恃,长而不宰,是谓玄德。"道生育万物,它虽是万物的本源,但它是无目的、无意志的,完全是自然而然的,正是因为它的无为使它无所不为。第三,"道"具有超越性,它既是超验的,但又是真实存在的。作为宇宙万物的生

[9] 蒋锡昌:《〈老子〉校诂》,成都:成都古籍书店出版,1988年版,第168页。
[10] 陈鼓应:《〈老子〉注释及评介》,北京:中华书局1984年版,第75页。
[11] 王先慎:《〈韩非子〉集解》卷六,上海:上海书店出版,1996年版,第67页。

命本源,道无形无象,不可感知,以潜藏的方式存在,玄妙无比,不可言说,只能意会。第十四章说:“视之不见名曰夷。听之不闻名曰希。搏之不得名曰微。故混而为一。其上不皦,其下不昧。绳绳不可名,复归于无物。是谓无状之状,无物之象,是谓恍惚。迎之不见其首,随之不见其后。执古之道,以御今之有。能知古始,是谓道纪。”第二十一章说:“孔德之容,惟道是从。道之为物,惟恍惟惚。”老子把道描述得恍恍惚惚,是我们看不到、听不见、闻不着的,它是超验的。虽然老子把道描述成恍恍惚惚,说是我们看不到,听不见,闻不着的,但作为宇宙万物的生命本源,道又是实有的,它无所不在,谁也不能须臾离开它,违背了道就要失常。“道之为物,惟恍惟惚。惚兮恍兮,其中有象,恍兮惚兮,其中有物。窈兮冥兮,其中有精。其精甚真,其中有信。自古及今,其名不去。以阅众甫。吾何以知众甫之然哉?以此。”道虽然是超验的,但是老子强调其中“有物”、“有精”、“甚真”、“有信”,是真实的存在。第五,“道”是不断运动着的。老子说:“有物混成,先天地生。寂兮寥兮。独立而不改,周行而不殆,可以为天地母。吾不知其名,字之曰道。”早在天地形成以前,道就独立存在,不停地运动。第二章说:“天下皆知美之为美,斯恶已;皆知善之为善,斯不善已。故有无相生。难易相成。长短相形。高下相倾。音声相和。前后相随。是以圣人处无为之事,行不言之教。万物作焉而不辞。生而不有,为而不恃,功成而弗居。夫唯弗居,是以不去。”“道”作为宇宙万物的生命本源,它推动着宇宙万物的变化和发展,在这一过程中它进行着相反相成的矛盾运动和返本复初的循环运动,一切矛盾的事物都是相反相成的,它们在相反对立的状态下互相依存并互相转化,事物的运动变化遵循着这一规律,周而复始。“万物并作,吾以观复。夫物芸芸,各复归其根。归根曰静。静曰复命。复命曰常。”万物蓬勃发展,循环往复;万物纷繁茂盛,都要返回它静的本根,这是宇宙万物运动变化中的规律,万物都要遵循这一规律。老子所谓的“道”就是宇宙万物自然的生命本原。道本身就具有强大的生命力与创造力。老子把宇宙看成一个大的生命体,在这个生命体中宇宙万物之间的关系是紧密联系着的,它们遵循着一定的规律,统一于“道”。

二

应该说,以儒道两家美学思想为主要构成的中国美学一直都非常关注人和人生问题,其所有观点都是围绕着人和人生问题而展开论述。其美学思想总是以人为中心,基于对人的生存意义、人格价值和人生境域的探寻和追求的,旨在说明人应当有什么样的精神境域,怎样才能达到这种精神境域,具有极为鲜明和突出地重视人生并落实于人生的特点。但是相比较而言,儒家的人生美学主要是要求人如何提升自身的修养和人格价值,以及基于此所建构的人生境域;重视人对家庭、社会的责任,崇尚发奋图强、百折不挠的审美精神,呈现出鲜明的阳刚之美。而以老子为首的道家的人生美学思想与儒家的人生美学思想却有所不同,主要要求人应该效法自然,顺应自然的发展,燕处超然,保持内心的虚静,无为而无不为;可以说,道家美学是主静、主柔的,呈现出一种阴柔之美,而不同于儒家美学的阳刚之美。同时,在审美境域构成方面,以老子为首的道家人生美学思想追求一种与“道”合一、天人合一的境域,要求顺应自然的发展规律,要保持内心的虚静澄明,像水一样柔,利万物而不争。以老子为首的道家的人生美学思想对当今的人在人生追求、人生设计与审美诉求、审美情趣指向等方面是有非常有益的。

就其主要内容看,以老子为首的道家美学推崇的是一种与“道”合一的审美境域。要达成与“道”合一域,老子认为必须保持清净纯真的心态,要自由“自然”,顺应万物自然的发展态势,从而始构成天人合一,返璞归真,达到无为而无不为,从而进入与道合一的境域。具体说来要想达成与“道”合一的境域必须做到以下这几点:

首先,必须营构成“利而不害,为而不争”的审美心态,要以柔克刚。道家美学认为,审美活动的目的,是审美者通过澄心静虑,心游目想,通过顺应自然、自由自得、直观感悟,直觉体悟,通过“归真返朴”、“以天合天”、“和光同尘”、“由己”“返身”“归朴”,“还原”到“道”之域,以与“道”合一,从而达到真力弥漫、万象在旁、掉臂游行、“超脱自在”、顿悟人生真谛的审美境域,从而从中体验自我,实现自我。而要达成这种境域的构成,作为审美者则必须排除杂念,超越一切人世间的利益纷争,构筑出一种清心寡欲的心境,从而才可能与作为审美对象的自然万物情景相生、即境缘发,兴到神会。老子说:“天之道,利而不害;圣人之道,为而不争。”(《道德经》五十五章)这就是说,宇宙自然的运行态势,是有利于万事万物的周行不殆,而对其没有损害,社会人世间发展的规则,是施为而不争夺。就社会人生而言,所谓“利而不害”,就是指人应该为此社会的审美生态,在对待人与人的关系上,应该先天下而后自己,做事不能只考虑个人的得失。所谓“为而不争”,则是指不能一味地去追求名利、欲望这些东西,要保持内心的虚静澄明,做到无为,虽是无为但却无所不为。“利而不害”是达成与“道”合一最基本的必须营构的心态;而“为而不争”是人生的理想域,也是最高的审美境域。用老子的话说,就是“少私寡欲”。《老子》第十九章说:“见素抱朴,少私寡欲,绝学无忧。”所谓“少私寡欲”就是不要过多地去考虑自己的利益,不要一味地去追求金钱、名利、欲望这些东西,要保持纯朴的内心,以柔克刚,以弱胜强。《老子》第七十六章说:“草木之生也柔脆,其死也枯槁。故坚强者死之徒,柔弱者生之徒。是以兵强则不胜,木强则折。强大处下,柔弱处上。”老子以草为例,告诉我们生长的事物是柔弱的,但它们生机勃勃;没有生命的事物是僵硬的。老子还说兵强则灭,木强则折。从这些我们不难看出老子是主柔的,他提倡以柔克刚,以弱胜强。老子还用水为例。天下间水是最柔弱的,但是它却能把坚硬的石头滴穿。“利而不害,为而不争”、柔以克刚的心态体现在审美境域营构活动中,在审美者方面则推崇心灵的柔和谦逊之美,保持淳朴的本质,超凡脱俗、飘逸淡远、朴拙冲淡,自然天成。在与“道”合一之域的创构方面则推崇无心偶合、自然天然;其审美特色是平淡而不流于浅俗,澄淡朴洁。唐代司空图在《诗品·典雅》中云:“玉壶买春,赏雨茅屋。坐中佳士,左右修竹。白云初晴,幽鸟相逐。眠琴绿阴,上有飞瀑。落花无言,人淡如菊。书之岁华,其曰可说。”这里所描绘的,就是一种淡雅闲适、悠然澄明、空灵邈远、莹洁疏朗、澄淡朴洁之境域。大味必淡,大音必希、大道必朴。故而与“道”合一之境域所表现出的“质朴自然”审美风貌中的“朴”,应该意指冲和、宁静、闲适、淡远,是淡而意蕴幽长、渐远而至无穷;是平淡萧疏、冰痕雪影、乌迹山廓,渐远渐无的清澄平淡之境;是淡中见浓、淡中见深;是朴中现真、朴中体道,是浮云卷舒、孤鸿轻逝、空灵淡远、纯真古朴。

其次、必须保持“清静无为,顺其自然”境域而构成态势。这是以老子为首的道家美学的中心思想,也是以老子为首的道家美学思想最为重要的思想之一。第十六章说:“夫物芸芸,各复归其根。归根曰静,静曰复命。复命曰常,知常曰明。不知常,妄作凶。”老子认为,道的特性就是虚静,虚静是自然万物的本来的面貌,万物是由道产生的,它最终又复归于道。既然自然万物的本源是虚静,那么就只有通过虚静,自然万物才能呈现它自己原本的形态,最终才能复归于虚静,所以审美主体只有保持内心的虚静,才能去体合自然万物,才能进入对生命本源的观照,进入最高的审美境域。审美主体要怎么样才能保持内心的虚静呢?审美主体要保持内心的虚静就必须要顺应自然,顺应宇宙自然而然的发展,根据事物的发展规律做事,不妄为,这样就能无为而无不为。

以老子为首的道家人生美学思想所推崇的与“道”合一境域营构中的自然无为并不是要人不积极努力,任凭上天的安排。这里的“清静无为,顺其自然”是一种纯真质朴的心灵境域构成态势,是要顺应自然的发展,切入“道”生成自然万物、运行不殆的生命韵律,与宇宙大化的生命运动相切相合、相生相化。而在以老子为首的道家人生美学思想看来,“清静无为”、纯真质朴心态的营构必须还原到人的自然天性,即“素”、“朴”之心。此即所谓“见素抱朴”,就是“显现其素朴自然的心性,保持其质朴纯真的天性”;其中的“朴”,则通常被解释为素朴、质朴、自然、纯真。第三十二章的“道常,无名,朴”和三十七章的“道常,无为而无不为。侯王若能守之,万物将自化。化而欲作,吾将镇之以无名之朴。镇之以无名之朴,夫将不欲。不欲以静,天下将自正”中的“朴”,其义域都是纯朴,质朴。第五十七章的“我无为,而民自化;我好静,而民自正;我无事,而民自富;我无欲,而民自朴”和二十八章的“知其雄,守其雌,为天下溪。为天下溪,常德不离,复归于婴儿。知其荣,守其辱,为天下谷。为天下谷,常德乃足,复归于朴。知其白,守其黑,为天下式。为天下式,常德不忒,复归于无极。朴散则为器,圣人用之,则为官长,故大智不割”的“朴”之义域,则有的人把它解释成原真,朴素,有的人把它解释成原木。或把第一个朴解释成原真,朴素的意思,把第二个朴解释成原木。同时,老子还运用“朴”来表示婴孩时心态的质朴、纯真。而上升到美学的高度,则“见素抱朴”、“复归于朴”之“朴”又为宇宙万物构成本源的“道”的构成态势,其表征为质朴自然、玄默无为,在老子则称之为“无名之朴”。老子认为,作为纯粹构成域的“道”也是“无名”的,所谓“绳绳不可名”,只是“强为之名”,因而“道隐无名”,“道常无名”。因而在他看来,“道”、“大”、“一”就是“朴”。“朴”就是“无”,是不可名之“名”,不可道之“道”。应该说,正是在此基础上,老子才提出“大音希声,大象无形”。因为“无”是没有大小之分、之名,因此是无限,是“真”与“朴”。

正由于“朴”又为宇宙万物构成本源的“道”的构成态势,而老子尚“朴”,所以,作为中国美学的子系统,以老子为首的道家美学所追求的审美境域是大智若愚、大成若缺、大盈若冲、大直若屈、大巧若拙、大音希声、大象无形、大美无言,是返朴归真、与“道”合一,也即“复朴”“归朴”、达道合道体道之域。在老子看来,知识和欲望不断增加,诡诈和忧烦也就增加;见素抱朴、遵循“道”之自然,知识和欲望减少,诡诈和忧烦也就减少。只有“见素抱朴,少私寡欲”,保持朴实、朴素、纯真、自然的原初构成态,保持并蕴含朴素、纯真的自然天性,不要沾染虚伪、狡诈而玷污、损伤人的天性,“抱朴”、“复朴”、“归朴”、去掉外饰,还其本质,还原质朴;返回本真、真性、纯真、自然之域,保持原初的自然生成态势,返回到原初的纯朴纯真的状态,不为物欲所诱惑,不为杂念所困扰,贱物、贵身、守朴、养素、全真,保持淳朴、朴实、质朴、实在的自然状态,如陶渊明《劝农》诗所描述的“傲然自足,抱朴含真”,去掉外饰,返朴归真,还其本质,才能达道、体道。因此,老子说:“反者道之动。”“反”既是道的自我运动,是“复归于静”、“复归于无极”、“复归于朴”,亦是变。有变,才有“生成”,才能与道合一,以体道、得道。

童心、赤子之心、婴儿之心淳朴、质朴,是理想的原真,朴素之域。因此,老子说:“专气致柔,能婴儿乎?涤除玄鉴,能无疵乎?”(《道德经》第十章)又说:“为天下溪,常德不离,复归于婴儿。”(《道德经》第二十八章》)又说:“含德之厚,比于赤子”(《道德经》第五十五章)。老子认为结聚精气,使之柔顺,要达到婴儿的状态;高尚的道德永远都不会消失,就要回复到婴儿时的状态;含德深厚的人就如同刚出生的婴儿。老子之所以认为婴儿状态是最理想的境域,也是人生的最终追求,是因为婴儿的内心是纯净、剔透的,保持着天然的本性。庄子继承了老子的这一思想,提出了神人、真人、至人境域,推崇外生死、超利害、齐物我等一系列观点。他在《大宗师》篇中说:“古之真人,不知说生,不知恶死;其出不䜣,其入不距;翛然而往,翛然而来而已矣。”古时候的真人,不知道去享受所谓的荣华富贵,不害怕死亡,他们过着无拘无束的生活。老子和庄子都认为人不能被世俗欲望这些东西束缚,如果一个人的贪念、欲望太强烈了,它就会被这些东西束缚住,他的心就会被禁锢,无法得到清静。人应该把世俗欲望这些东西通通抛弃,燕处超然,保持内心的虚静澄明,跃身大化,以天合天,心灵潜入自然万物的内核,与“道”相融,与之合一,达到天人合一的最高审美境域。因此,可以说,以老子为首的道家人生美学追求的是心灵和精神的自由,老子提出的复归婴儿,就是要求人们摆脱世俗欲望的束缚,从而进入至乐、至高的境域,即达成“与‘道’合一”审美域。

论江南古代都会建筑元素的生态表达[*]

王　耘

摘要：江南古代都会建筑系生态美学之典范，堪称生态美学开放性系统的具体体现。这一点充分展露在其建筑元素情态的表达上。通过对比，本文指出，如果说御道是一种帝王皇权的锻造，那么江南水桥则是人与自然的嫁接；如果说门阙是一种德性意志的威仪，那么江南亭廊则是人在自然中的依势；如果说台基是一种精神诉求的仰观，那么江南铺地则是人对于自然万物的俯拾。

关键词：生态表达　水桥　亭廊　铺地

作者简介：王耘（1973—），江苏仪征人，文学博士。现为苏州大学文学院副教授，硕士研究生导师。主要研究方向为中国美学史、生态美学等。

中国古代建筑实例中蕴涵着丰富的生态意味，其观念可谓生态美学的灵活表达，这在江南都会建筑上表现得尤为突出。本文选取了建筑元素的情态作为视角，通过南北建筑风格的比较，对江南都会建筑的生态意涵做出了具体地论证。

一、从御道到水桥：锻造与嫁接

《史记·梁孝王世家》曰："大治宫室，为复道，自宫连属于平台三

---

*　[基金项目]：本文为2009年国家社科基金后期资助项目"行走的空间——江南古代都会建筑与生态美学研究"的阶段性成果（09FZX013）。

十余里。”可见,道路与宫室是同时修建的,且用于连接两个相距甚远的地点——供人行驶,以便出行。然而道,尤其是御道,绝不仅仅是一条普普通通的路途,而是帝国皇权的象征。御道的铺设,首要目的不是供人交通,而是为锻造出一种帝国的权威形象——与之相较,“途”指一般意义上的交通之路,但“道”却可用来解释“场”(古代祭神用的平地)。“道”因而有着与祭祀有关的特殊含义。《尔雅·释宫》曰:“一达谓之道路,二达谓之歧旁,三达谓之剧旁,四达谓之衢,五达谓之康,六达谓之庄……”通往一个地方的路才被称作道路,连接两个、三个、四个地方,所谓的四通八达之路,名字各自有别,并不一律被称作道路。铺设一条通往一个地方的道路并不是为了便于人们交通,那么它又通向何处?帝王皇宫。《尔雅·释诂》中又有:“迪、繇、训,道也。”“繇”,通“猷”,和“迪”、“训”一样,都有说教道理、教导的意思。所以,所谓的“道”,确与帝国皇权推行德性社会原则有着不可分割的血脉关联。理解到这一层,我们也便可理解为什么出行在梁孝王所筑之道上,有“拟于天子”的威风。“晁错言:‘……然后营邑立城,制里割宅,通田作之道,正阡陌之界……’此盖司空度地居民之法。”如何行“度地居民之法”?在“营邑立城,制里割宅”的同时,“通田作之道,正阡陌之界”,城、宅、道、界之间,都贯穿着一种集权的张力。所以“道”有着深厚的“政治”背景。《三国志·吴志·孙权传》曰:“赤乌八年,遣校尉陈勳将屯田及作士三万人凿句容中道。句容近境,而其劳师至于如此,况其远者乎?”《后汉书·顺帝纪》:“延光四年,诏益州刺史罢子午道,通褒斜路。”注:“子午道,平帝时王莽通之。”《三国志·王肃传》:“曹真征蜀,肃上疏言其‘发已逾月,行裁半谷,治道功夫,战士悉作’,其所由者即子午道也。盖道非经行,每易废坏。非但开辟,即维持亦不易也。”道路的使用频率并不高,但开辟及维修它的代价煞是惊人。这貌似矛盾的两面性正是御道之复杂性的注脚——是帝王而不是百姓需要道路。以历史的角度来看,历代帝王都有修道以显示恢弘国势的遗风。

与之对应,江南却无疑是水桥的故乡。范成大《吴郡志》曰:“吴门桥梁之盛,自昔固然。今图籍所载者,三百五十九桥。在郡城者,今以正中乐桥为准,分而为四达。”水桥的材质多以木为主。比船、造舟属于桥梁早期的浮桥模式。《洛阳伽蓝记》云:“宣阳门外四里,至洛水上,作浮桥,所谓永桥也。”中国桥梁成熟期的作品大多有着稳固的桥身,其材多为木质。江南的桥梁尤其如此。《吴郡图经续记》:“吴江利往桥,庆历八年,县尉王廷坚所建也。东西千余尺,用木万计。萦以修栏,甃以净甓,前临具区,横截松陵,湖光海气,荡漾一色,乃三吴之绝景也。”一座桥何以“用木万计”?并不只是因为桥的跨度“东西千余尺”的需要,而是唯其如此,才能“萦以修栏,甃以净甓”。身在江南的人,是把桥当作艺术品来看待的。在他们看来,桥是有生命的东西,既然是有生命的东西,就需要雕饰,以显示其生机。例如,桥栏从来都不是可有可无的部件。“白居易《三月三日闲行诗》:‘黄鹂巷口莺欲语,乌鹊河头冰欲消。绿浪东西南北水,红栏三百九十桥。’”与“绿浪”对仗的不是桥身,而是“红栏”。《吴郡志》曰:“崇真宫,在能仁寺西。宣和中,为神霄宫,毁于兵。门有青石桥扶栏,雕刻之工,细如丝发,为吴中桥栏之最。”文震亨《长物志》中还专门诠释过“栏干”:“亭、榭、廊、庑,可用朱栏及鹅颈承坐;堂中须以巨木雕如石栏,而空其中。”可谓美轮美奂。所以,木质及其桥栏,正是江南古桥的“表情”。江南水桥是木质的,与桥的本意“梁”有很大关系。《尔雅 · 释宫》曰:“柣谓之阈。枨谓之楔。楣谓之梁。枢谓之椳。”所谓的梁,即是门楣,门框上的横木。《尔雅 · 释宫》又有:“宲廇谓之梁,其上楹谓之棁。”梁即是在屋制当中南北架设的大梁,它和东西架设的栋是并称而不分的。粗略地说,梁就是指在房屋门楣上架设的横木。梁在中国建筑文化的品格中有着特殊的含义。所谓的“栋梁”、“津梁”不仅仅是一个建筑的部件,而是一种代表了文化架构支撑力的称谓。这种力量与巫术的崇拜接近,有天人沟通的神秘含义。而正是这样一种梁,成为了桥的早期形态,《尔雅 · 释宫》曰:“堤谓之梁,石杠谓之倚。”所谓的桥,也就是两头聚石、以木横架其上的形式了。造舟为梁与架木为梁的类比,正说明在江南古人的意念世界里,把这个世界看作一间巨大的房屋——桥梁本来是户外建筑,是交通河流两岸的途径,但在江南古人的眼中,桥梁不在户外,而在室内,这个世界是一个大房子,所以他们宁愿把架设在河流两岸之上的桥称作自家屋宇中的梁。这意味着,自然本身已先验地接受了人类的保护。戏言之,万千游动在水流中的鱼蟹,很有可能被他们当作自己豢养的宠物。这不是一种西方荒野的生态,却真实地把天地人安顿在了一个周流不息的有机系统中。

陈从周曰:“造园亦必注意‘过片’,运用自如,虽千顷之园,亦气势完整,韵味隽永。……楼阁以廊为过渡,溪流以桥为过渡。”[1]桥是什么?一种过渡。在江南水乡里,在一座座苏州园林中,桥已不是为了便于出行的过渡,成为一种嫁接两岸,联通人与自然的过渡。正因为桥,两岸才成为一个相互交流的系统;也正因为桥,这个世界就是一个人与自然整合的家庭。东西南北,桥桥相望,岸岸成群,联系成一张自由脉动的网。桥联通了现实的两岸,何尝又不是联通了过去与将来的两岸。而这种种联通里,自然从来都扮演着重要角色。王撰《山行竹枝词》咏吴县时有:“相传九里十三桥,水浅舟迟去路遥。行近塘湾刚月上,舟人打火暂停桡。”[2]这是一种多么宁静恬淡的有桥的夜景。《新定九域志·台州》:“盖竹山,一名竹叶山,上有石室、石桥。”《天台记》云:“桥上有小亭,桥龙形,龟背架在山壑,有两涧合流于下,泄为瀑布。”这是如何清新的一座小桥。所以,桥才是真正的风景,桥所沟通的是人与完美仙境的坦途。迂回在山水幻境里,桥成为一种生态美学的典范。

---

[1] 陈从周:《梓翁说园》,北京:北京出版社2004年版,第46页。

[2] 徐崧、张大纯纂辑,薛正兴校点:《百城烟水》,南京:江苏古籍出版社1999年版,第125页。

二、从门阙到亭廊:威仪与依势

《史记 · 汲郑列传》讲过这样一个故事:“始翟公为廷尉,宾客阗门;及废,门外可设雀罗。翟公复为廷尉,宾客欲往,翟公乃大署其门曰:‘一死一生,乃知交情。一贫一富,乃知交态。一贵一贱,交情乃见。’”翟公历经世态炎凉,人情冷暖,心有戚戚焉——翟公的人生体验由他自己写在了门楣上,门已俨然成为体现翟公的荣耀繁华与落寞悲凉的标志。门是一种象征,门前的景象暗示着一个家庭,尤其是这个家庭的主人的得势与失势;门是伦理社会中,人之地位或浮或沉的晴雨表。当人们在屋前争相树立起气派的大门,他所树立的不仅仅是一种建筑的元素,而更多的是一种志在迈进社会生活的表示。《尔雅》对于门以及与之相应的阙有着明确地定义。《释宫》曰:“祊谓之门。正门谓之应门。观谓之阙。”所谓的祊,正是古代宗庙门内设祭的地方。所谓阙,观也。所谓观,即古代宫门外高台上的望楼。“阙在应门之两旁,即观也。亦曰象魏,为悬法之地。”观望的主体是帝王、王储。观望的对象,也许是王气,也许是民情,今天我们不得而知,但阙本身的意义是清楚的,它是“悬法之地”,是为了表明王权无以复加的威仪的存在。也就是说,阙是维持、欣赏并赞美帝王美德、伦理生活乃至江山固若金汤的表象。《三辅黄图》曰:“阙,观也。周置两观以表宫门,其上可以远观,故谓之观。人臣将朝,至此则思其所阙。”从历史的角度来看,门、阙所代表的权力内涵就更为显豁。《礼记 · 曲礼》曰:“客车不入大门。妇人不立乘。犬马不上于堂。”为什么“客车不入大门”,因为门内是主人的世界。所以,门是一种阻挡,它是隔离内与外的界限,是区别亲疏的依据。如果入侵者“破门而入”,就要算严重的罪行了,因为这种入侵不是翻墙,偷偷摸摸地潜入,而是破门而入——置主人的尊严于不顾。无论如何,门阙都是王权的象征,立法的标志。

与中原都城的门阙相对应的是,江南处处有亭廊。与水桥一样,并不是只有江南有亭廊,但亭廊的品格却渗透在江南都会建筑文化中。亭最早的用途是我们今天难以想像的,它与“阙”密切相关,有着特别的祭祀功能与军事用途。《史记・范雎蔡泽列传》:“三亭,皆祖饯之处。”在远古,亭更重要的作用是为行旅及军事服务。《史记・秦始皇本纪》:“又使蒙恬渡河取高阙、阳山、北假中,筑亭障以逐戎人。”类似文献屡见不鲜,所以吕思勉说:“亭传之置,于边方关系尤大。盖内地殷繁,自有逆旅以供过客,而边荒则惟恃此,故永光羌乱,诏书特言其‘燔烧置亭’;永光四年,溇中、澧中蛮反,《后汉书・南蛮传》亦特记其‘燔烧邮亭’也。《史记・汉兴以来将相名臣年表》,于元光六年特书南夷始置邮亭,可见其与边方交通关系之大。”[3]在蛮荒地带,亭是人们出行暂留的“客栈”,所以也就自然成了战争袭击的目标和军方补给的据点。不过吕思勉同时也告诉了我们,亭传的制度并没有延续下去,驿站的职能在历史的过往中,往往分散到其他建筑形式里。“亭传亦已芜废,故行旅或一时无宅者,不复能如汉世之藉寓,而多以佛寺为栖托之所。”[4]

然而在江南园林中,计成为我们展现出了关于亭的另一种解释:“《释名》云:‘亭者,停也。人所停集也。’司空图有休休亭,本此义。”[5]什么是亭?停留、停止,或许还有停靠的意思吧。人生的脚步太匆忙了,白驹过隙,稍纵即逝,所以,让我们在亭下停下来,小憩片刻,享受一下懒散而惬意的时光。而当我们稍许远离了尘嚣,自然也便沁入心底。王振复说:“亭这种建筑文化,与审美结合得十分密切。它的

[3] 吕思勉:《秦汉史》,上海:上海古籍出版社2005年版,第548页。

[4] 吕思勉:《两晋南北朝史》,上海:上海古籍出版社2005年版,第1047页。

[5] 计成著,陈植注释,杨伯超校订,陈从周校阅:《园冶注释》,北京:中国建筑工业出版社1988年版,第88页。

文化特征,即融于自然之中,是一种与自然为一体中国古代的'有机'建筑。"[6]此处的"有机",恰恰就是一种生命性的留驻。而这种生命性的存在方式就是以吸纳天地、容留时空的生态美学。"明人钟伯敬《梅花墅记》又云:'……虚者为亭,曲者为廊。……'这里提出'虚者为亭'这一命题,是十分精彩的一种见解。亭的文化审美性格确在于一个'虚'字。'虚'是亭的空间特性,即前述所谓空间通透与内外空间交流。空间特性的'虚'造成了亭的空灵之美。"[7]所谓的亭,正是一种虚位以待的情怀。它在等待什么?等待山水、等待时间,当然也在等待人的到来。来来去去,空山有亭,给予我们的就是禅意的生态。我们发现,江南的亭多出现在佛寺中。"兰亭,在山阴县二十五里天章寺,有曲水。"更让我们感动的是,诗人在面对这样一座座亭时内心的空幻。独孤及《水亭泛舟望月宴集赋诗序》:"徐知浩每夜引宋齐丘于水亭屏语,独置大炉,相向坐,不言,以画灰为字,随即灭去,故所谋人莫得而知。""相向坐,不言,以画灰为字,随即灭去",这是只有知心人才懂得的安宁与妥帖。在亭下,本没有什么可说的,漠然无言,心只在画灰与字灭之间辗转。这正是一种妙不可言的生态世界:人的主体性已遭遇消解,却又不是完全退出,他存在于一个开放而涌现的时空中。《长物志》提到过亭榭:"亭榭不蔽风雨,故不可用佳器,俗者又不可耐,须得旧漆、方面、粗足、古朴自然者置之。"如果亭是停是虚的话,榭便是藉是随。"旧漆、方面、粗足",古朴而又自然,在亭榭中的一切也许都是旧的,落满了灰尘,但正是在这样一个不事繁华的梦里,我们看到了生态之大美境界。

江南有廊,其重点在于"游"字。"中国古代有廊庑之建,为堂前廊屋。《汉书》本传注:'廊,堂下周屋也;庑,门屋也。'亦有所谓廊庙

[6] 王振复:《中华意匠:中国建筑基本门类》,上海:复旦大学出版社 2001 年版,第 178 页。

[7] 同上书,第 183 页。

之制,犹言庙堂,指四周建回廊的宫殿与太庙,代指朝廷。《国语·越语下》:'夫谋之廊庙,失之中原,其可乎?'因为廊庙代指朝廷,所以旧时称那些大德贤人和大器可任朝廷要职的人为'廊庙器'。"[8]廊庙虽被用来指称朝廷,但江南园林中的游廊文化却有着深厚的生态意蕴。计成规划的廊:"廊者,庑出一步也,宜曲宜长则胜。古之曲廊,俱曲尺曲。今予所构曲廊,之字曲者,随形而弯,依势而曲……斯寤园之'篆云'也。"[9]廊如篆笔,曲折有度而又绵延不绝。如果我们把园林比做舞台,就会发现廊的存在正是演员旋转的痕迹;而这道痕迹,恰恰是可以作为图形,在背景当中独立出来,具有特殊的审美价值。不仅如此,廊所具有的这种特殊的审美价值还体现在它的随形依势上:"中国园林所追求的最高境界,是《园冶》所说的'虽由人作,宛自天开'。廊是人工建筑,亦须达到'宛自天开'的境界,为此'随形'、'依势'是建造廊子的一个审美定则,目的为了达到建筑与景观的完美结合。"[10]廊是连贯的,却并不打算真正从背景中分离出去;相反,它随形、依势游于背景,与背景中的山水以一种无痕的方式结合在一起,这恰恰是一种生态美学的效果。这种审美效果将牵动着一种开放性的审美意境。

三、从台基到铺地:仰观与俯拾

对于台,首先吸引我们注意的是,它是帝王的"死处"。《史记·殷本纪》曰:"甲子日,纣兵败。纣走,入登鹿台,衣其宝玉衣,赴火而死。"纣王兵败,走则走矣,死则死矣,为什么偏偏要穿戴华丽的衣装,登上鹿

[8] 王振复:《中华意匠:中国建筑基本门类》,上海:复旦大学出版社 2001 年版,第 160 页。

[9] 计成著,陈植注释:《园冶注释》,第 91—92 页。

[10] 同上书,第 167 页。

台自焚?相似的情形时有发生。《史记·秦始皇本纪》:"七月丙寅,始皇崩于沙丘平台。"集解引徐广曰:"年五十。沙丘去长安二千余里。赵有沙丘宫,在巨鹿,武灵王之死处。"秦始皇同样驾崩于台。秦始皇与纣王不同,如果说纣王的一生是穷奢极侈、死于罪恶的话;那么秦始皇的一生应当可称作戎马生涯,终死于确立中央帝国之后的盛时,但相似的是他们却都死在了台上。所以在中国古代的建筑文化观念里,台是天人沟通的通道。纣王不只是去自杀,他死时恐怕还在期盼,自己能得到神灵的佑护,飞升天堂。

《尔雅·释宫》:"室有东西厢曰庙,无东西厢有室曰寝,无室曰榭,四方而高曰台,陕而修曲曰楼。"通过这条文献可以知道,古人对于庙、寝、榭的定义是通过东西方向以及空间的有无来确立的;但对于台以及楼,则从其自身的造型来设定。所谓台者,就是在造型上四方而高的建筑,它不受方位的严格限制。所以,如果说四方代表的是一种大地文化的话,那么高高在上的台恰可看作是大地上高耸的山岳之代表。例如秦始皇曾建鸿台,"二十七年筑,高四十丈,上起观宇,帝尝射飞鸿于台上,故号鸿台"。台的建造起源很早,起码至周代,就已经相当成熟。《三辅黄图》曰:"周文王灵台,在长安西北四十里。……郑玄注云:'天子有灵台者,所以观祲象、察氛祥也。文王受命而作邑于丰,立灵台。'"郑玄指出,台的作用在于"观祲象,察氛祥"。《周礼》曰:"视祲:掌安宅叙降。正岁则行事,岁终则弊其事。"显然,台之所以存在,其主要依据在于它能够成为帝王安顿社会秩序的必要工具。"不管怎样,台这种建筑的一些基本方面还是很清楚的。这便是:首先,台是与老天'打交道'的建筑物,筑台是为了与神灵、神秘之'天'进行'对话';其次,台具有审美功能,为的是眺望四处、四时景色,台本身也是一种审美对象;又次,台具有一定的实用性,可用以藏物,后代的烽火台、敌台等还用于军事;最后,台一般以土筑成,《老子》曾说:'九层之台,起于累土。'实际以土木为构者众多,也建有石台。台的建造观念,渗透着古人关于山岳崇拜的意识,并且影响中国古代其他一些建筑的形成。”[11]可见,台文化的演替,的确说明了中国古人对于建筑之不朽的内在诉求,他们在台上寄予的情思,是一种渴望永恒地站在世界中央的梦想。

在中国古代,木制之台是十分普遍的。原始的台由垒土筑成,根植于一种古人对于山岳的崇拜信仰;但后起之台,有大量木制者出现,充分地表现出人为构造工艺的精巧与奢华,以及内蕴其中的人的主体能力的张扬。《洛阳伽蓝记》曰:“观东有灵芝钓台,累木为之,出于海中,去地二十丈。……既如从地踊出,又似空中飞下。”“累木为之”,而“去地二十丈”,足见其宏伟。木制之神明台不仅基于人们对于台之木质已成习惯,而且更多地表现出一种对人对建筑者的主体能力的确证。《世说新语·巧艺》曰:“陵云台楼观精巧,先称平众木轻重,然后造构,乃无锱铢相负揭。台虽高峻,常随风摇动,而终无倾倒之理。魏明帝登台,惧其势危,别以大材扶持之,横即颓坏。论者谓轻重力偏故也。”实在是令人惊叹!“台虽高峻,常随风摇动,而终无倾倒之理”,这岂止是言台的凌云之势,更会让我们赞叹建造者的工艺之巧妙。这种筑造不以严密和精确为目的,“魏明帝登台,惧其势危,别以大材扶持之,横即颓坏”,正相反,它塑造出的是一个有机的组合体,与大地组合,与风霜雨雪组合,非稳固二字所能涵盖。

所谓“铺地”,顾名思义,也就是一种用人工的方法铺设的地面。这种装饰性手法,早在周朝就已经出现了。李渔在解释“甃地”时说过:“惟幕天者可以席地。梁栋既设,即有阶除,与戴冠者不可跣足,同一理也。”李渔实在是一个有趣的人,他的解释就是“戴冠者不可跣足”:头戴礼帽的人怎么可以赤着脚呢!所以,我们或许可以把铺地艺

---

[11] 王振复:《中华意匠:中国建筑基本门类》,上海:复旦大学出版社2001年版,第209页。

术想像成为一双双给房子穿的鞋子。铺地一般分为室内铺地和室外铺地两种。室内铺地有着漫长的历史，最为著名的当属宋代以来“金砖”的讲法：“宋代始以石灰铺砌地砖，更显牢固。这种地砖式铺地用于宫殿，庙宇正殿者，称‘金砖’式。金砖是一种规格较大、经淋浆焙烧而成的铺地方砖。一般铺地纹样有十字缝、拐子锦、人字缝、褥子面、套八方、席纹以及丹墀（俗称柳叶斜裁）等，统称为‘砖墁地’。有‘细墁’与‘糙墁’两法。”[12]这里透显给我们的信息是，虽然铺地是由大小、规则的金砖铺就的，但实际上砖面上的花纹以及砖与砖之间的嵌缝才是人们在看待铺地时所关注的审美对象。也就是说，铺地给人们留下的审美印象大多是一种涉及装饰纹样的体验。这一点很重要，它使我们更愿意从纹样的角度而不是从砖块本身材料质地的角度去对铺地的审美意义进行考察。

与室内铺地相比，江南园林的室外铺地更为著名。王振复指出，在苏州园林中，“室外铺地样式更见丰富，在道路、庭院、山坡蹬道、踏步、屋檐、山墙之下以及河岸之侧等，随处可见。所用材料除方砖、条砖外，还有条石、不规则之湖石、石板之类。由于铺地之建造，在建造房舍、园林时往往总是最后一道工序，所以所用材料，有时便是建筑废料、废料利用，一些碎砖、碎瓦、废旧陶瓷片以及卵石等，都可用于铺作地纹。”[13]在这琳琅满目的铺地艺术中，废物再利用，从我们的古人那里就已经开始了。何况，计成还从理论上证明了这一点：“铺地：废瓦片也有行时，当湖石削铺，波纹汹涌；破方砖可留大用，绕梅花磨斗，冰裂纷纭。路径寻常，阶除脱俗，莲生袜底，步出个中来；翠拾林深，春从何处是。花环窄路偏宜石，堂迥空庭须用砖。各式方圆，随宜铺砌，磨归瓦作，杂用钩儿。”[14]看来，古人的确是愿意拿废瓦片来铺地的。但问

---

[12] 罗哲文、王振复：《中国建筑文化大观》，北京：北京大学出版社 2001 年版，第 438 页
[13] 同上，第 439 页
[14] 计成著，陈植注释：《园冶注释》，第 195 页。

题是,如果按这个思路推衍下去,还是会回到荒野哲学那里去。照这个讲法,如果古人不用瓦片用茅草,不是更好吗?不盖房子,都住在树上,不是更生态吗?所以,我们认为,铺地真正能够走向生态美学的因素不在于所使用的材料是不是废料,拿什么来铺地对于生态美学来说其实并没有实质性的差异,关键在于所设计的纹样,怎么铺这个地。

在江南园林里,铺地最主要的纹样是冰纹,这种冰纹在建筑的深层结构上蕴涵了江南园林的生态美学意蕴。我们必须知道,铺地原本是极为严肃的事情,因为它将直接关系到园林审美的整体效果:"不论庭前、曲径、主路,皆须极慎重考虑。今日苏州园林所见,有仄砖铺于主路,施工简单,拼凑图案自由。碎石地,用碎石仄铺,可用于主路小径庭前,上面间有用缸爿点缀一些图案。或缸爿仄铺,间以瓷爿,用法同前。"[15]我们注意到,按照陈从周的总结,铺地形式其实可以用同一个概念来概括:工整的冰纹。换句话说,园主对铺地的材料并不加以特定的限制,但对铺地的纹样还是有很高的要求的,而使用最为广泛的就是这种冰纹。童寯说过一句非常值得我们深思的话:"廉次材料甚至废物的利用,使中国园林中的小径铺地趣味倍增。片石、残瓦、卵石和碎瓷片拼成形色无穷的图案。平面一般呈多边形或四叶形对称组合。也有不对称者,其中最常见的是'冰纹式'。不过,若将图案做成逼真的鱼、鹿、莲或鹤形,便又近庸俗。"[16]中国的装饰纹样是非常发达的,它的种类齐全,对于动物纹的塑造有着高超的技巧,但童寯却建议人们使用冰纹,这是为什么呢?从中西纹样比较的角度,我们又可以获取以下信息:"从装饰图案上看,……中国建筑的装饰比较抽象,是自然界事物的概括;而西方建筑的装饰则比较具象,是自然界事物的摹仿。"[17]原来,中国装饰纹样最根本的特征就在于其抽象。正因为它抽象,所以

---

[15] 罗哲文、王振复:《中国建筑文化大观》,北京:北京大学出版社2001年版,第77页。
[16] 童寯:《园论》,天津:百花文艺出版社2006年版,第6页。
[17] 罗哲文、王振复:《中国建筑文化大观》,北京:北京大学出版社2001年版,第88页。

它生态。我们力求表明,正是这样一种整体,铺地以抽象但不规则的冰纹面目出现,才更为有效地保证了一个与天地自然融为一体的开放性的生态世界的呈现。在地上拼出一只鸟、一条鱼不好吗?很好,但这种好除了让人们知道这地上有一只鸟、一条鱼以外还有什么呢?这是一只不会飞的鸟、一条永远不会游动的鱼,所以,他们是死鸟、死鱼,近乎人们对盘中餐的模拟。童寯对于如是做法的判词是:庸俗。王振复说过:"铺地文化的特点,是一般地平展于地面、毫不掩藏。它的'开朗'性格,在整个中国建筑文化系列中是别具一格的。"[18]此论洵是。铺地如果不开朗,还有什么需要开朗?——它必须承载一切!所以它开朗,而且必须开放!铺地的任务就是让人们忘掉自己,或者说透过自己看到一个鸢飞鱼跃的真实世界,这就是它对于整个生态系统的特殊贡献。换句话说,如果人们因为过度关注铺地上的动物纹样,而忽略了真实的存在于水云间的万千活物,铺地就不算成功。那么,也许会有人怀疑,铺地就必须是消极的为了整体做出牺牲吗?铺地何尝消极过哪里牺牲过。冰纹的特点即对实体纹样的解构,但它从来都没有放弃过对于它自身主体性的欣赏:它抽象,但不规则。我们要知道,这种纹样不仅在铺地中有,在窗户上也有。计成《园冶》提到冰裂地时说:"乱青版石,斗冰裂纹,宜于山堂、水坡、台端、亭际,见前风窗式,意随人活,砌法似无拘格,破方砖磨铺犹佳。"对于这种纹样,关键在于"意随人活,砌法似无拘格"。这恰恰是中国古代文人的洒脱遁隐的心性修养的体现,冰裂正是对于文人高洁人格的比况!这种人格的含义是什么?纯净而无瑕疵,拒绝尘染。铺地意在掩盖大地的污浊,还大地以它应有的澄澈。王振复曾动情地把铺地看作是一首建筑之诗的句号,有了这样一个句号,一个生机勃勃的生态世界才是可能的。"铺地往往作为建

[18] 罗哲文、王振复:《中国建筑文化大观》,北京:北京大学出版社 2001 年版,第 437 页。

筑物或建筑环境之建造的最后一道工序,是人通过建造方式、改造自然所划上的最后一个完美的'句号'。极具民族特色的中国园林建筑尤其如此。于是,人居住在一个由自己所创造的建筑这'六合''宇宙'之中,全面地感到生理意义上的安全舒适与心理意义上的赏心悦目。"[19]

---

[19] 罗哲文、王振复:《中国建筑文化大观》,北京:北京大学出版社2001年版,第437页。

三、现当代美学研究

中国美学:现代以来的演进

张　法

摘要: 中国美学借用了日本新词而定型,王国维、梁启超、蔡元培为起源三大家,民国时期,朱光潜成为借用西方美学的中国美学体系的代表,宗白华在王国维的路上艰难行进,新儒学美学、海外华裔美学等亦如此。共和国前期,美的本质争论显示了苏联的影响,改革开放后,美学掀起过七种浪涛。

关键词: 中国现代美学　学科命名　民国美学　共和国前期美学　改革开放后美学

作者简介: 张法(1954—),浙江师范大学人文学院特聘教授,长江学者,国务院哲学学科评议组成员,主要从事美学、审美文化、思想史研究。

中国美学在现代以来的演进,可总结为如下三点:一是中国现代美学的出现与成形,二是中国现代美学的演进与世界美学演进的互动,三是这一互动对中国美学形态的影响。

一、中国现代美学的出现与成形

中国现代美学的出现与成形,可以体现为三个方面,一是美学名称的确立,二是把美学渗透到中国文化的一切方面,即与中国文化原有的美学内容对接,三是结构出美学学科的内容。

先看第一个问题,美学名称的确立。aesthetics(美学)学科在西方文化达到现代阶段并向全球扩张而进入东亚之时,汉字文化圈在与西方的互动中,首先面临的就是找怎样一个词汇来与之对译。中国、日本,以及来华传教士,为此进行了共同的努力,提出了一批互相竞争的词汇:"佳美之理","审美之理"(传教士罗存德最先提出),"审美学"(日本小幡甚三郎最先提出),"论美形"或"如何入妙之法"(传教士花之安最先提出),"佳趣论"(日本西周最先提出),"美妙学"(日本西周最先提出),"艳丽之学"(中国颜永京最先提出),"美学"(日本中江兆民首先提出)[1]。在所在这些词汇中,"美学"最终取得了胜利。现在回头去问为什么是"美学"一词取得了胜利,明显可寻的理由有二,一是当时著名学人采用此词,不但康有为在1897年,而且沈翊福在1900年,夏偕复、吴汝仑在1901年,都在美学的意义上使用了"美学"一词,王国维、梁启超、蔡元培等更是在其具有全国影响力的论著中采用此词;二(也是更为重要的)是,"美学"一词在晚清的教育体制和学术体制改革中正式进入中国的教育体制和学术体系。1901年1月张百熙出任京师大学堂管学大臣,继而于1903年辞退西方教席(丁韪良等),聘用日本教席(服部宇之吉、岩谷孙藏、高桥作卫等),在日本教席的主导下,美学一词与一系列日语新词一道,成为教育体制中的正式语汇。1904年1月,张之洞等组织制定了《奏定大学堂章程》,规定"美学"为工科"建筑学门"的24门主课之一。1906年初,王国维发表《奏

[1]"佳美之理","审美之理"(由传教士罗存德(Wilhelm Lobscheid)1886年的《华英词典》所用),"审美学"(由日本小幡甚三郎撮译、吉田贤辅1870年校正的全二册《西洋学校规范》所用),"论美形"或"如何入妙之法"(由德国传教士花之安Ernst Faber1873年的《德国学校论略》所用),"佳趣论"(由日本西周1870年的《百学连环》讲义所用),"美妙学"(同一个西周1872年的《美妙学说》[进讲草案]所用),"艳丽之学"(华人颜永京1889年翻译出版美国心理学家海文《心灵学》时所用),"美学"(日本中江兆民1883年译《维氏美学》(上下册)所用,该书翌年3月由日本文部省编辑局先后刊行)。

定经学科大学文学科大学章程书后》一文,主张文科大学的各分支学科除历史科之外,都必须设置“美学”课程。[2] “美学”处在体制的高位之中,决定了其最终的胜出。

美在西方成学,其名称不是 callology(美学)而是 aesthetics(感性学),后者战胜前者。而汉语文化圈面对 aesthetics 时,在日本或在中国,诸多词汇竞争,后来成了“美学”与“审美学”两大词汇的对决。但原义最接近 aesthetics 的“审美学”落败,而与之较远的“美学”胜出。中文用“美学”来译对不对呢?现代汉语在词典意义上,把美与美感区分开来,就这一点来说,是有所偏颇的,会引起美学自身建构的许多困惑,如 20 世纪五六十年代美的本质的大争论,就与美与美感的区分而产生的误导有关。但从古代汉语看,美字既用于对象的美(《庄子》中有“西施之美”),又用于主体的美感(《孟子》中有“目之于色,有同美焉”),还用于创美行为(《诗大序》中有“美教化”),美字兼有名词,形容词,动词三种词性,把这种一而三、三而一的“美”与“学”连起来,构成美学一词,比西方 aesthetics 更能体现这门学科的实质。且因美在古代汉语中的宽容内涵,更有助于解决美学的深层次问题。中国学界普遍承认了“美学”作为 aesthetics 这一学科的名称,本身就包含了中国文化的特性和中国现代文化面对外来文化时的一种态度。西方美学,在古代希腊发源,于近代德国得名,应合了西方文化现代性过程中的两种需要,一是现代学术体系的建立要求美学作为一个具体学科出现,表现为一种黑格尔式的美学结构,这主要是一种科学性的需要。二是现代人的宇宙宏图要有人性整体,美感作为对现代性以来在概念分工和技术分工下遭遇分裂的人进行全面整合的方式,表现为康德式和席勒式

---

[2] 关于美学一词的缘起和成为定译,可参:黄兴涛《“美学”一词及西方美学在中国的最早传播——近代中国新名词源流漫考之三》《文史知识》2000(1);聂长顺《近代 aesthetics 的汉译历程》《武汉大学学报》2009(6);鄂霞、王确《晚清至五四时期美学汉语名称的译名流变》,《东北师大学报》2009(5)。

的美学。在这一意义上,美学是在现代性的历史发展和自我矛盾中产生的。从而,美学的产生和包含的问题,不仅是西方文化的问题,而且是走向现代性的人类所共同面临的问题。

其次,让美学进入到中国文化各个方面。在美学学科名称过程中,出现了三位大家,王国维、蔡元培、梁启超,把美学推进到文化的方方面面。王国维第一个大力提倡美学,把握到了美学的基本特质:即美和艺术是让人从现实功利中超越出来,走向一种心灵净化之学。在美学领域上,他一方面把西方美学理论与中国古代文艺进行对接,在小说、戏曲、诗词上开出了一片新境,另一方面把西方美学与中国材料融会,在审美类型上进行开拓,提出了古雅、优美、壮美、有我之境、无我之境等新的范畴。王国维努力让丰富的中国艺术与美学对接了起来。蔡元培提出了以"美育代宗教"的口号,突显了美学在教育体制和社会文化中的重要位置,不但显示了用美育培养具有现代意识的全面发展的新人的现实需要,也让美学与教育体制和社会的公共文化生活对接起来。梁启超以《小说与群治的关系》等文章,在晚清的"革命"营造中,一方面使小说为艺术的最上乘而改变了中国传统文化中以诗文书画为主体的艺术结构,另一方面让艺术成为唤起民众、塑造现代性新民的有力武器,显示了美学巨大的政治/社会功用。把美学的感染力与古代的文以载道结合起来,让美学与有巨大社会影响的政治文化对接起来。三大家不但形成了中国美学三种方向:王国维的学术研究方向,蔡元培的学院美育方向,梁启超的社会功用方向,而且通过这三个方向,把西方型的美学与中国固有的现实/文化/学术对接,它呈现了:美学是存在的,存在于文化的各个方面。[3]

最后,作为学科的美学的出现。从文化上讲,美学可以关联到一切方

[3] 王国维的美学论著有《〈红楼梦〉评论》、《宋元戏曲考》(1913)、《人间词话》、《古雅在美学上的地位》等,蔡元培的主要美学论著有《以美育代宗教》,梁启超的主要美学论著有《小说与群治的关系》。

面;从学科上讲,美学不同于其他学科。由于中国古代并无美学概论一类著作,王国维把西方美学与中国材料的对接,还处在个案层面,难以形成学科意义上的美学,因此,直接移置西方美学原理著作就成了让人们确切地知道作为一个学科的美学是什么样的内容和结构的一种较好的方式。1917 年萧公弼《美学概论》连载于《寸心》杂志,共出了 6 期,1923 年吕澂《美学概论》和《美学浅说》出版。西方型的美学正式在中国出现。

以上三个方面的演进,完成了中国现代美学的建立:美学有了一个名称,可以与中国文化的每一方面相关,有自己的学科形式。第二和第三方面的分离,是中国现代美学一开始就出现的问题。在今天,我们越来越感觉到这一分离对中国美学的巨大影响。

二、中国现代美学:在与世界互动中演进（从民国到共和国前期）

一旦中国美学以直接移置西方美学原理的方式来形成学科性的美学,这一方式就形成了自己的套路,这一套路决定了中国之外的美学在美学学科中的重要地位。这一套路从 20 世纪初一直延续到今天。从这一角度看,中国现代美学的演进,就是这一套路的演进,而这一套路又决定了中国现代美学的演进,是在与世界美学的互动中进行的。

中国美学在形成自己美学原理著作时,西方正进入了现代美学时期,审美心理学与艺术哲学相互分离,特别是审美心理学成为主潮,因此,中国美学在形成最初的原理著作时,基本上是移置西方的美学原理著作,从 1917 年到 1930 年,中国共出了标准的美学原理著作 6 种,另有美育原理著作 3 种[4]。这些著作中,基本上是两个方向,一是审美

[4] 美学原理著作 5 种为:萧公弼《美学概论》,连载于《寸心》杂志,1917 第一、二、三、四、六期;吕澂《美学概论》,上海,商务印书馆,1923;吕澂《美学浅说》,上海,商务印书馆,1923;陈望道编著《美学概论》,上海,民智书局,1927;范寿康编 （转下页注）

心理型,陈望道《美学概念》(1927)可为代表,一是艺术哲学方向,徐庆誉《美的哲学》(1928)可为代表。这一时期,朱光潜留学西方,深深感受到审美心理学在当时西方的主流地位,并学得了全面知识,回国后发表了两本美学原理著作《文艺心理学》(1931 年写成,1936 年出版)、《谈美》(1932),综合西方审美心理学诸流派,形成了一个美学原理体系。如果说,初期的其他美学著作,主要是从西人的著作中得出资料和观点,那么,朱光潜不仅综合了西人的观念和材料,还用一个中国学人之心去体会这些观念和材料,并把中国材料融会进美学体系之中,使自己成为民国时期美学的代表人物。朱光潜的作学方式,也有其西方的相同对应物,这就是朗菲德《审美态度》(1920)。

当西方美学进入现代美学之后不久,苏联崛起,苏联美学继承的是西方古典美学,俄语的 эстетика(美学)一词,直接来自于西文的音译(亚诺夫斯基 1806 年第一次使用,随后 1830 年出现在普希金的语汇中),有意思的是,俄语的 эстетика,除了美学之义外,还是"美"、"艺术性"(相当于法语的 beaux arts,美的艺术)、"艺术观"(相当于法语的 philosophie de beaux arts,艺术哲学),看来,在俄语的 эстетика 中,既兼顾主观的美感与客观的美,还兼顾美与艺术。[5] 然而,在俄国思想的崛起中,大概与俄罗斯的民族性和俄国革命的时代性有关吧,无论是社会民主主义美学家(如车尔尼雪夫斯基),还是马克思主义美学家(如普列汉诺夫和卢那卡尔斯基),都更强调美的客观性。苏联型美学随苏联思想于五四运动传入中国,随着苏俄美学论著在中国的翻译和出版,苏联型的美学著作在中国有了一定的地位,在 1930 年—1949 年出

(接上页注)《美学概论》,上海,商务印书馆,1927;徐庆誉《美的哲学》,世界学会哲学丛书,1928。美育原理著作 3 种为:李石岑《美育之原理》,上海,商务印书馆,1925;蔡元培等《美育实施的方法》,商务印书馆,1925;大玄、余尚同《教育之美学的基础》,商务印书馆,1925。

[5] 关于苏联 эстетика(美学)的词义和词源,受惠于四川外语学院俄语教授朱达秋对俄语词典的查阅和翻译,以及东南大学苏俄美学专家凌继尧教授的指点。

版的美学概论型著作9本[6]中,《辩证法的美学十讲》一看书名,就知其类型,蔡仪的《新美学》则为一面苏联型美学的大旗。从某种意义上说,民国时期,朱光潜《谈美》开其先,蔡仪《新美学》随其后,标出了西方和苏联两种不同类型的美学,而从出版的年代,则呈现了两种美学的消长盛衰。

如果说,朱光潜和蔡仪的美学代表了在学科上对西方美学和苏联美学的移置,那么,王国维的方向,即用美学的观念来重讲中国材料,特别是重讲中国艺术,表现在宗白华和邓以蛰的著述中,特别是宗白华在西方斯宾格列思想和国内民族主义思想的影响下,从一种世界文化比较的背景中(主要是中西比较),去探讨中国美学的独特性,取得了相当的成就。但从这一条道路去走普适性的美学原理,却相当艰难,这条道路在中国台湾有两个方面的应合,一是徐复观、唐君毅、方东美等,有相当的著述,但偏于新儒学因素,主要成为一种新儒学美学,二是陈世襄、高友工、叶维廉、叶嘉莹等,多以西方理论参照,呈现了中国美学"抒情传统"特色。从学科角度来说,由于这些以中国美学为基础的研究尚未从中国美学的独特性中走向一种普适性的美学原理,故其在美学上的影响,还未能进入到一种学科的高度。而从美学原理的研究视角来说,在整个20世纪,这一方向都只是一种背景。

共和国的建立,苏联型的世界史在中国取得了胜利,美学也随之发生转变。民国时期曾风光一时的以朱光潜为代表的西方美学在共和国前期遭到了彻底的否定,苏联模式开始一统天下。然而,正如中国现代性在朝向苏联模式的同时也注意马克思列宁主义的中国化,苏联模式

[6] 朱光潜《谈美》,上海,开明书店,1932;李安宅《美学》,上海,世界书局,1933;王钧初《辩证法的美学十讲》,长城书店,1933;朱光潜《文艺心理学》,开明书店,1936;金公亮编著《美学原论》,上海,正中书局,1936,中华书局,1943;蔡仪《新美学》,上海,群益出版社,1947;傅统先编著《美学纲要》,上海,中华书局,1948;萧树模《美学纲要》,世界书局,1948;马采《论美》,广州,美术研究会,1948。

的美学也有一个中国化的过程。共和国初期的美学要在马克思主义的基础重新确定美学的基础和出发点。前面说过,美的问题是世界上最复杂的问题之一,因此,从马克思主义哲学原理简单地推衍出一个美学肯定是不行的,于是 1950—1960 年代展开了一次关于美的本质的学术大讨论。在以美的本质为基础的美学类型里,讨论美的本质,成了共和国前期重建中国美学体系的基础工程。怎样确定美的本质呢? 苏联模式的哲学框架已经决定了讨论这一美学根本问题的运思理路。世界的总体,归根到底,无非是两种可能:客观和主观;在客观和主观这一范围来思考,还可得出一种结论:主客观的统一;如果再加上历史和现实,又可以得出另一结论:客观性与社会性的统一。共和国前期中国美学关于美的本质的大讨论,正是由这一思维模式可能得出四种观点:第一,美是客观的,以蔡仪为代表,人称为客观派;第二,美是主观的,以高尔泰和吕荧为代表,人称主观派;第三,美是主观客观的统一,以朱光潜为代表,人称主客观统一派;第四,美是客观性与社会性的统一,以李泽厚为代表,人称社会派。四种观点相互争鸣,从 1950 年代争到 1960 年代,谁也说服不了谁,极有意思的是,苏联美学先于中国出现这些观点[7],两国学人并未通气,而是相同的思维模式使然。但在中国大多数学人倾向于同意李泽厚的美是客观性和社会性统一的观点。1960 年中央书记处决定编写高校文科教材,在中宣部长周扬的主持下,制定了 224 门课程 297 种教材的编选计划,美学是其中之一,王朝闻出任主编,其基本思想是以社会派为基础的。这本教材名为《美学概论》,于"文革"之后的 1981 年出版,但其内容和思想基本上代表了共和国前期的美学体系。

从 20 世纪 50 年代末至 70 年代末,世界形势发生大变。中国于

[7] 苏联没有美是主观的一派,美是主观的很容易被认为是唯心主义,问题会很严重。虽然思维的逻辑可以导出这一观点,但久经政治运动的苏联学人没有提出这一观点,而中国提出这一观点的高尔泰,因此被定为右派,生活是悲惨的。

1978年启动了改革开放,中国美学也与时俱进,产生了一个更大的变化,如果说,共和国初期,中国是以苏联为榜样,那么,1978年以来,中国以现代化理论和三个世界理论为框架,承认了西方世界作为发达国家的地位,同时承认自己的发展中国家地位,并树立了朝向现代化的发展目标。在这一背景下,中国与世界的互动,有了一个新的方向,特别关注作为世界主流、已进入发达阶段的西方文化。在美学上,据吴伟统计,1980—1999,出版西方的美学译著有224册(其中1980年代为143册,1990年代为81册),而苏俄译著只有53册。西方美学译著其内容之广泛,包括几乎所有20世纪出现的主要美学流派的作品[8]。自80年代以来,是世界产生大变化的时代,也是中国融入世界、与世界进行全方位互动的时代,也是中国美学,产生了巨大变化的时代。主要体现在,首先是重新审视世界,全面重视作为世界主流的西方美学。其次,在全球化的多样性中,对美学有了一个全球性的观照。最后,本土资源开始高涨并逐渐地进入到学科性的美学原理之中。

从世界对中国的影响和中国与世界互动的角度回顾,中国现代美学的演进可以归为三个阶段;首先是与西方美学互动,然后与苏联美学互动,最后回到与西方互动,并开始兼及与其他方面的互动。

三、中国现代美学:在中外互动中演进(改革开放以后)

中国美学的格局,一开始就是三条线,一是外国资源的翻译,并在总结外国材料的基础上写出外国美学的原样。其成果不外是各样的有关外国美学的论著,如西方美学史、苏俄美学史、东方美学史,等等。二是用美学的观点去看中国资源,既忠于原样又用现代观点去诠释古代

[8] 牛宏宝、张法、吴琼、吴伟:《汉语语境中的西方美学》,合肥:安徽教育出版社2002年版,第38页。

的材料,形成中国美学史。三是从学科上写出自己的美学原理。这三个方面既有区别,又互相关联,而三个方面的进展达到什么程度,都要体现在美学原理的写作上。因此,中国美学的演进,主要是围绕着美学原理是怎么演进的。

民国时代,朱光潜《谈美》是以审美心理学为中心建构美学原理的,蔡仪的《新美学》是以苏联的客观派为模式来建构美学原理的。建国以后,中国美学师法苏联,但苏联美学家和中国美学家同时发现了美学的复杂性,于是要以美的本质为基础重新讨论美学的体系结构,苏联出现三派:客观论、主客统一论,自然与社会统一论。中国出现四派,多了一个主观派。苏联美学如此划分,是从马克思哲学的角度来看的,其实,在与西方美学的互动中,苏联美学在论争中显出一种新的特点,即对价值论的强调,无论是主客统一派的卡冈,还是社会派的斯托诺维奇,都认为美是一种价值。而中国美学争论的结果,在改革开放之后,社会派基本上转向了实践派。改革开放之后,中国美学原理的体系性著作自王朝闻主编的《美学概论》开始,喷发而出。据刘三平统计,1981—2002 年,共出版美学原理著作 242 本,其中各类如下:[9]

时间 / 类别	1980—1985	1986—1990	1991—1995	1996—2002	总计
标准型原理	15	39	37	36	127
新方法型原理	0	7	7	21	35
普及型原理	7	3	4	7	21
专题性著作	6	16	19	18	59
总　计	28	65	67	82	242

从历史演进的角度看这众多的美学原理著作以及 2002 年以后的

[9] 刘三平的统计是 241 本,笔者加上邓晓芒、易中天《蓝与黄的交响曲》(1999),为 242 本。

著作,可以作出如下总结:

第一,共和国前期的各派在改革开放时代形成体系的努力。朱光潜出了《谈美书简》(1981),通过马克思《1844 年经济学哲学手稿》开始修改自己的主客观统一说,从艺术作为一种意识形态是主客观的统一转到了一种自己新释的实践观点之中;高尔泰出了《论美》(1982)的论文集,把共和国前期的论文与改革开放的新著放在一起,但其新著已经明显地从美是主观的转到"美是一的光辉",把美的根源从社会性深入到宇宙学。主观派和主客观统一派在主要观点上的暗转,其新说尚在重新探索的途中,未能建立起新的体系。因此从美学原理体系的角度看,可以将之忽略,但何为两者建立不起自己的体系,却留下了思考的空间。与这两者相比,蔡仪主编了《新美学》(三卷改写本 1985—1999),坚持着自己的旧说,并将之丰富;李泽厚将自己的社会论美学,通过对哲学关键词的重释(提出主体性),对方法论的重塑(从以辩证唯物主义为基点到以历史唯物主义为基点),变成实践美学。这一转变对中国现代美学史和中国美学原理体系的演进来说,非常重要,构成改革开放以来中国美学的第二大特点。

第二,实践美学成为主流。王朝闻主编的《美学概论》虽然主要代表了共和国前期的思想,但已经突出了人类实践的重要,正如李泽厚在共和国前期的思想,虽然大标社会性,但其内涵也包含了实践的内容。当中国的改革开放是在"实践是检验真理的唯一标准"的口号下进行的时候,从社会美学到实践美学的学术商标的转变已经定局。共和国前期的社会派美学在改革开放后重读马克思《1844 年经济学哲学手稿》,又加上康德的助力,在马克思的路线上从社会—历史到主体实践,在康德的路线上给同一个西文词 subject 不同的汉译,从而得出本质上不同的含义。以前是"主观",现在是"主体",主观是一种观念,主体则是包括观念在内的人,更主要的是指一个在实践中的人。作为主体的人,进行着自己的历史实践,在实践中既改变着世界,又改变着人自身(包括人的物质形态、文化形态和观念形态)。通过这一不同的汉译,完成了从社会派到实践派的理论质变,进而形成了自20世纪80年代以来声势浩大的实践美学。实践美学是一种具有宏大叙事的大美学,用李泽厚自己的话说,是人类学本体论美学,这一大美学如何具体化为具有学科性质的美学原理呢?“要用最简约的话来把握实践美学的美学原理著作,可以为:两个理论预设,一个美学综合。两个预设,一是起源决定本质,二是本质决定现象。实践美学通过实践哲学来解决美的起源问题,通过解决美的起源问题来解决美的本质问题。一个美学综合就是把美学历史上出现的各种思想和潮流综合为三大方面:美的本质,审美心理学,艺术。实践美学的两个预设显出了它在宏观图景上的本体论的特点,一个综合显示了在学科建设上的取向。实践美学真正的成就是在学科取向上对美学三范围的划定。”[10] 80年代以来的众多美学原理著作在这一基本结构下产生出来。实践美学在宏观图景的两个预设,是建立在西方近代思维模式上的理论原则,这很早就遭到了现代思想毁灭性的批判:从起源推不出本质,用本质不能本质地说明现象。因此20世纪西方美学不讲美的起源,也不讲美的本质,至少不用古典的方式讲美的本质。“实践美学用实践把这两个预设统一起来,主要建立在苏联—中国式历史唯物主义上的实践观念,统一两个理论预设的结果,产生了两个基本原理,一是这个实践首先是物质生产实践,其直接的效果是用初级的工艺学产品的美来代替高级的精神生产的美。二是为了用实践去综合主客二分反而固执于主观二分。由于第一点,用生产活动去找美的起源,结果实践美学的美的起源论变成一个纯理论的逻辑清谈,得不到任何一个文化人类学个案和原始艺术个案的支持。由于第二点,固执于主客二分,结果把美学史上西方人本已讲得很好的审美心理学(距离、直觉、内摹仿、移情,还有精神分析和完型

[10] 张法:《中国现代美学:历程与模式》,《人文杂志》2004年第4期。

美学、现象学美学,等等)退步为苏式普通心理学的机械演绎,同时也把艺术部分变成了创作、作品、欣赏三分的艺术学老生常谈。因此,实践美学的美学套路可以用三句话来总结,用生产劳动讲美的起源,用普通心理学讲审美心理学,用普通艺术学讲艺术。不管实践美学有着怎样的弱点,它用实践功劳卓著地把美学三大块综合起来,构成了中国式的美学原理。"[11] 在这一综合里,有中国古代思维的综合机能在起作用,与西方当代美学的学科取向一比较,就非常鲜明。这里最需要指出的是,实践美学的思想基础——马克思加康德——所暗示出的文化意义。实践美学中的马克思,已经不是社会学美学中的马克思,用李泽厚的话来说,不是马克思、恩格斯,卢卡奇,阿多诺一线(批判的一线),也不是马克思、恩格斯,列宁,毛泽东一线(革命的一线),而是康德、席勒、马克思这一新线,是从康德发展到《1844 年经济学哲学手稿》、《政治经济学批判 1857—1858 年手稿》、《资本论》第三卷的马克思,是一个人类学本体论的马克思。这样,马克思加康德,构成了实践美学回归西方古典的哲学和美学取向。

第三,审美活动论的转向。1988 年,蒋培坤在其新著《审美活动论纲》、叶朗在其主编的《现代美学体系》中,同时提出,审美活动是美学研究的中心,构成改革开放后美学发展中以审美活动为中心点和关键词。从审美活动论与实践美学一样,先在苏联出现,后在中国出现,就可以感到其知识体系和思维方式的基础。但审美活动论在中国此时出现,却有多方面的理论意义和象征意义。从纯学理上说,一是"活动"这一概念减少了"实践"概念在实践美学体系中包含的以物质生产为基础的逻辑理念;二是"活动"把一种以本体论为基础的研究转到了一种以审美现象为基础的研究。因此,审美活动内含了一种变革,不仅是一种美学上的本体论转向,而且与中苏文化中的现代性重思关联。从

[11] 张法:《中国现代美学:历程与模式》,《人文杂志》2004 年第 4 期。

实际上看更有意味,蒋培坤的《审美活动论纲》以马克思《1844年经济学哲学手稿》的思想为基础,要从与实践派相同的一个经典中,得出与实践派略有不同的结论,重建以审美活动为中心的美学。叶朗《现代美学体系》与蒋培坤《审美活动论纲》相反,大量引用中国古代和西方资源,这里对西方资源特别是对西方现代资源的运用尤其值得留意[12]。这样,两本以审美活动为中心的代表作,从学科体系来说,当然有自己的理路,而从文化的背景来看,特别在与实践美学的比较中显示了出来。如果说,实践美学是马克思加康德,那么,审美活动是马克思主义思想(蒋著)加西方当代理论(叶著)。这两个"加"字的联合,和对"加"两边内容的理解和兴趣,透出了中国美学在改革开放时期的文化背景和运行动向。

第四,后实践美学的出现。1980年代,实践美学曾遭到过一老一新的挑战,老的挑战即高尔泰在《美是自由的象征》(1986)中用超越历史实践的宇宙之美对以历史为限的实践之美进行了不指名的批判,新的挑战是刘晓波在《选择的批判》(1988)用个体主体性的感性来否定社会历史实践中的集体理性,但只显示了一种个别性的学术争论。1990年代,对实践美学的批判则形成了一个强大的阵势,这就是自称也被称为后实践美学的潮流。根据实际情况来对"后实践美学"下一定义,并按"后"(post-)西文用法,从广义来说,就是在作为美学体系的实践美学之后出现的一些与之不同的另一种或另几种体系的美学。在这一意义上,生存-超越美学、生命美学、否定主义美学、怀疑论美学、生态美学等,都可以归纳到里面。从狭义来说,它只关系到与实践美学有着紧密联系的美学,即通过高举批判实践美学的大旗而出场的美学;就后一方面来说,真正的实践美学,就是杨春时的生存-超越美学和潘知

[12] 关于叶著对西方资源的引用,参见牛宏宝、张法、吴琼、吴伟:《汉语语境中的西方美学》,合肥:安徽教育出版社2001年版,第381—390页。

常的生命美学。1998 年杨春时把自己 1990 年代以来写的文章按体系的方式修订为《生存与超越》一书;2004 年,又写了《美学》,用一种教科书的方式把自己的理论体系化了。潘知常则以《生命美学》(1991)、《诗与思的对话》(1997)、《生命美学论稿》(2002)为主系统,呈现了生命美学的思想。后实践美学说自己是对实践美学的继承、批判、扬弃与超越。把实践美学和后实践美学的主要概念即实践、生存、生命放在一块,可以看出二点:首先,实践美学和后实践美学的中心词,都是一种哲学概念,因此两者的争论,首先是一场哲学论争。这场论争主要围绕着基本的哲学基础和基本的哲学对子进行。实践美学是历史本体论,后实践美学是生存本体论和生命本体论。两种本体论都承认如下一些共同的对子作为自己的思维工具:物质性与精神性,社会与个人,理性与感性,现实与超越,规律与自由。但在这一基本的对子中,两者强调的重心完全不同,并由于这一不同而呈现了一种完全不同的关于人在社会和历史中的不同定位。实践美学强调在物质基础上的物质与精神的统一,在社会基础上的社会与个人的统一,在现实基础上的现实与超现实的统一,在理性基础上的感性与理性的统一,在规律基础上的自由与规律的统一。后实践美学强调精神性、个体生命、超现实、感性、自由在美学上对理性、物质性、社会、现实、规律的绝对重要性。其次,由于对这些对子中的重要性的不同强调,实践美学与后实践美学的对立在一种怎样看待历史和现实的问题上彰显出来,实践美学对历史和现实采用了一种肯定的态度,认为历史和现实正是人之为人的自为确证,美正是这一人的自我确认中的体现(美是人的本质力量的对象化)。后实践美学则对历史和现实采取了一种否定态度,认为历史和现实是人的一种异化状态,是对人的理想性的否定,这种人的理想性,在杨时春那里是人的超越性与自由性,在潘知常那里是人的理想本性、最高需要、自由个性。在杨、潘看来,只有对历史和现实进行否定,人的理想性才得到了突显,而美正是对历史和现实进行了否定和超越之后的理想性的彰显。再次,由肯定或否定历史和现实,实践美学与后实践美学在真、善、美的关系上显出了差异。在实践美学看来,美是合规律性(真)与合目的性(善)的统一。也就是说,美是真与善的体现。在后实践美学看来,真与善由于与历史和现实相连,都是低级的,而美由于是对历史与现实的超越,因而是高级的。在杨春时那里,表现为现实的生存方式与自由的生存方式的对立,以及现实意识与自由意识的对立。审美作为自由的生存方式和自由意识是对现实的生存方式和现实意识的否定和超越;在潘知常那里,表现为实践活动、理论活动与审美活动的对立,前两者"由于它们都无法克服手段与目的的外在性、活动的有限性与人类理想的无限性的矛盾"[13],因而是低级的,而审美活动正因为与人类理想相连,而成为人类活动的顶峰。而把实践美学与后实践美学关于真善美的结构与朱光潜在《谈美》中所体现的西方美学的真善美结构相比,可以看到中国美学与西方美学关于美在人类思想和人类活动中的根本不同,西方美学在真善美上是平列结构,而实践美学与后实践美学都不是平列结构,实践美学由于高扬实践,有把美"等同于"真和善的倾向,从而往往把美低俗化,这在其社会美的理论中表现得尤为清楚;后实践美学由于否定实践,有把美对立于真和善,并加以等级区分,进而否定真与善而只肯定美的倾向,从而绝对地把审美理想化,按照这一思路走下去,广大的审美领域都要被他们否定为非审美性质。第四,实践美学与后实践美学的思想基础有了明显的不同,实践美学是马克思加康德,立根在西方古典上,后实践美学是海德格尔等的生存哲学和狄尔泰等的生命哲学,依托着现代西方。如果把前面讲的"审美活动论"作为一个环节加进来看,这就是从实践美学的马克思加康德的古典西方,到审美活动论者的马克思加现代西方的西方整体,再到后实践美学的以现代西方为主,形成这样一个发展大线。这一美学的发

[13] 潘知常:《诗与思的对话》,上海三联书店 1997 年版,第 161 页。

展大线又是置放在这样一个文化背景上的,它与中国从苏式革命性到中式革命性到中式的改革性的战略转变中,中国学人重新看世界历史,重新思考人类演化的思想转变,显示了一个基本相同的过程。第五,虽然实践美学和后实践美学有着不同的哲学资源背景,但二者又抱着同一信念:解决了哲学问题就可以解决美学问题,从而都是在哲学的大概念上做文章。这对于作为宏伟叙事的大美学来说,是必要的,但一种美学的完全胜利,不仅在于人美学观念的建立,还在于将之学科化,用之解决具体的审美问题。正是在这一点上,实践美学的问题同样也是后实践美学的问题。正如审美是实践活动,又有什么不是实践活动呢?审美关系到生存、关系到生命,又有什么不关系到生存、不关系到生命呢?正如以马克思加康德为基础的实践论一旦运用到美学的学科建构和现实审美上会有很多困难,生存和生命一旦运用于美学的学科建构和现实审美上同样有很多困难。可以想一想,生存论和生命论会如何运用了美学的三大部分——美的哲学,审美心理学和艺术,而形成自己的美学原理体系呢?如何解释人面对夕阳的美感、面对情人时的迷醉呢?种种后实践美学在扩大美学的研究角度和推进对美学本质的理解上是有很大功劳的。把扩展角度和推进理解。提升为一种本体论转向,想从本体论的角度来批判实践美学,想重给美学一个新的本体论基础,这一基础要具体成为一个学科的美学。虽然杨春时已经写了《美学》,潘知常已经写了《诗与思的对话》,但其体系要达到一种相对完整的美学原理,还有很长的路要走。

以上四个特点,都是围绕着如何建立美的本质来进行的。而西方美学已经否定了美的本质,这里显示出了中国美学还没有走出苏联美学的影响,也没有走出西方古典美学的影响。前面说了,西方美学显示出了一种无中心倾向,呈现了三种类型的美学,其中的两类,即流派美学和文化美学,都是从新的角度进入美学,而且与标准的学院美学(美学原理)无关。进入新世纪,中国美学在与西方的互动中,也出现了两种与美学原理无重大关联的美学:生态美学与日常生活审美化。前者类似于西方的流派美学,后者类似于西方的文化美学。

第五,生态美学的兴起。同样是在1990年代,中国学者提出了生态美学。[14] 在西方,生态美学(以及与之有关联又有区别的环境美学)[15]属于流派美学,流派美学之为流派,都有一种形而上的整体关观,然后把这一流派独特的关怀推衍到美学上来。从一种历史的宏大叙事讲,人类社会从原始社会、农业社会、工业社会,进入生态社会;从一种现实的紧迫性上讲,现代性以来的历史演进极大地破坏了地球的生态平衡,而这一破坏是与现代性以来人征服自然这一观念和与之相应的行动相关联的,生态学成为工业化之后人类自省的产物和人类自救的方式。生态问题成为人类在享受现代化成果和遭受现代化痛苦时必须进行思考的问题。如果说,中国的社会学美学与1950年代对"烟囱林立绕白云"型的人化自然思想是一致的话,实践美学是对整个现代性人征服自然型的"人化自然"相一致的话,那么,生态美学则是对人征服自然的"人化自然"和"自然人化"所代表的人类至上思想的一种反动和超越。如果说,实践美学和后实践美学的对立是在人的社会整体性和个人自由性上的对立,从而都是一种以人为中心的美学,由人的审美活动而生出社会美、自然美、艺术美等一切美学领域和形成美学体系;那么,生态美学则是一种强调人与自然和谐相处的美学,生态大于人、高于人,需要人去体察、去关爱,更主要的是,去敬畏。这样,生态美学有了一个与实践美学和后实践美学完全不同的本体论的出发点。对于生态美学产生的

[14] 曾繁仁、徐恒醇、陈望衡、徐碧辉、李西健、刘成纪、袁鼎生、仪平策等,活跃在这一领域;《陕西师范大学学报》和《苏州大学学报》先后开辟了生态美学的专栏;据刘三平统计,从1994—2004年发表在各种期刊上的有关生态美学的论文有65篇;新世纪以后,已出的专著有徐恒醇的《生态美学》(2000)、曾繁仁《生态存在论美学论稿》(2003)、黄秉生,袁鼎生主编《生态美学探索》(2005)、章海荣《生态伦理与生态美学》(2005),张华《生态美学及其在当代中国的建构》(2006)等。

[15] 关于生态美学与环境美学的关系,可参李庆本《国外生态美学读本》"前言"中的论述(长春,长春出版社2010年版)。

动因和逻辑,第一,它不但与世界主流思想相应合,也与中国发展带来的生态形势相关联。因此,当曾繁仁说,生态美学是中西交流对话的产物[16],看到的正是生态美学所包含深厚的世界性和中国性理由。如果说,一种新的美学的出现总与一种新的美感经验和美感结构的产生相关联,那么,生态美学是要把一种新型的美感注置进人们的心灵中去,让人对人生的态度和对自然的态度发生一个根本性的转变。第二,中国美学的主潮一直把美学提升到一个世界观的哲学高度,从实践美学的美是人的本质力量的对象化,强调美学是哲学的顶峰,到后实践美学强调只有审美才与人的自由性和超越性相关连,同样把美看成人的本质的最高实现,因此,当刘成纪说,中国美学发展的基本关结和演化逻辑是从实践美学到生命本体论美学(即后实践美学)到生态美学[17],强调的正是生态美学代表的一种美学整体观点的转变。然而,生态美学虽然具有一种整体胸怀,但这种整体胸怀如何形成一种美学原理,在理论上还没有理顺。首先,从命名上,在美学前面加上生态,像是一个美学部门,而不像是一美学整体,与之并列的可以是自然美学、艺术美学、工艺美学、生活美学……而目前一本最成体系的生态美学著作——徐恒醇《生态美学》(2000),也呈现出了生态美学在建构美学体系上的问题。虽然徐恒醇深刻地认识到,生态美是把人的生命过程和人生体验放在生态观念中的一种重塑,生态美是把生态意识植根于人的感性情感之中,呈现了一种人生境界[18],但其《生态美学》显示的不是一个整体美学,而是一个部门美学。《生态美学》目录如下:导言(1 生态美学的缘起,2 生态美学的内涵和意义);第一章　生命意识与生态审美观;第二章　传统美学的审美范畴;第三章　生态美;第四章　生活环境的生态审美塑造;第五章

[16] 曾繁仁:《中西交流对话与当代生态美学》,《光明日报》2005—06—14

[17] 刘成纪:《从实践、生命走向生态:当代中国美学本体论的嬗变》,《陕西师范大学学报》2001 年第 3 期。

[18] 徐恒醇:《生态美学论纲》,《理论与现代化》,2000 年第 10 期。

生态环境与城市景观;第六章　生活方式的生态审美追求。前三章是对生态美学的定位,徐恒醇认为,传统美学包括自然美、社会美、技术美、艺术美,而生态美是不同于这四种美的一种新型的美。正是基于这样一种定义,后三章呈现的生态美学的三大领域:城市景观、生活环境、生活方式。这样整个《生态美学》把生态美定义为一种部门美学。把生态美学视为一种部门美学,是相当一部分学者的看法,正因为有这种看法,因此,与后实践美学需要在与实践美学的激烈战争中崛起不同,生态美学得到了方方面面的拥护,一种整体论美学的崛起在中国学人只有一个正确的心理定式里,激烈的争论不可避免,而当生态美学被理解为一种部门美学的时候,任何一种美学都可以将之纳入自己的体系之中,因此,我们看到实践美学的最坚决的捍卫者张玉能写了《实践美学与生态美学》(2004),后实践美学的代表杨春时写了《论生态美学的主体间性》(2004)。这与曾繁仁、刘成纪视生态美学的出现为一种本体论的转向是不同的,而生态美学作为一种本体论的转向,要取得成功,必须走向一种具有生态内涵的美学原理。生态美学如何由本体论的美感经验的转变而形成自己的具有生态美学整体性意义上的美学原理,只是作为部门美学,还是成为一种普适性的美学原理,将决定生态美学在中国美学中的地位。

第六,日常生活审美化。自 2002 年,陶东风把文化研究的重心放到日常生活审美化上来,自 2003 年底至 2004 年初开始,日常生活审美化就成为了一个持续不断的学术热点。其主要代表从文艺学界的陶东风、王德胜、金元浦,到美学界的高建平、周宪、陆扬、刘悦笛,把日常生活审美化的西方资源,从最初的韦尔施、费瑟斯通(M. Featherstone)等,扩展到同时代的一些名家,如波斯特丽尔(V. Postrel),形成了一个后现代全球化时代消费社会中的日常生活(周宪),再扩展到本雅明、西美尔、波德莱尔(陆扬),形成了一个现代性兴起以来的都市化日常生活,进而扩展到杜威的实用主义美学(高建平),还加上维特根斯坦的“生活形式”,车尔尼雪夫斯基的“美是生活”,马克思的“实践生活”(刘悦笛),日常生活审美化,变成了“美学和艺术向日常生活的回归”(高建平)和走向具有普适性的“生活美学”(刘悦笛)。[19] 在这关于日常生活审美化的三个向度中,最初是后现代和全球化时代消费社会中的商品美学和设计美学。后现代全球化的消费社会里,商品不是一般按照价值规律和市场规律而呈现出来的具有一般性的商品,而是按照后现代的符号规律呈现出来的具有差异性的品牌(这一直是符号美学研究的内容)。一切生活的样式,不是按照实用目标(使用价值)而生产出来的有用的物品,而是按照设计目的而设计出来的具有艺术性和美学性的艺术的物品(这一直是技术美学研究的内容),而这些具有差异性和艺术性的品牌,一是在电子媒介主潮中出现的,二是电子媒介理论认为,媒介本就是一种世界观,由此推知,媒介本身就是一种审美观。消费社会中的具有差异性和艺术性的品牌,本身就是在社会场域中流动着和展示着的媒介,本身就是一种美的显现(这一直是媒介美学研究的内容)。与西方社会演进相关联而且本身就是其反映的三种文化美学,汇合了日常生活审美化的浪潮。当中国美学与这一浪潮互动之时,正是中国经过 20 多年的改革开放而正成为新兴工业国家之时,因此,日常生活审美化最初的灵感,是由中西在全球化中的碰撞而生,由此,一方面理解西方美学的最新进展,另方面又用来说明中国在现代化、全球化、城市化中的新的审美现实。这一话语随即向两个方向延伸,一是由全球化的消费社会伸向了现代性的都市生活,二由全球化

[19] 陶东风:《日常生活的审美化与文化研究的兴起——兼论文艺学的学科反思》,《浙江社会科学》2002 年第 1 期;王德胜:《视像与快感——我们时代日常生活的美学现实》,《文艺争鸣》2003 年第 6 期;周宪《后革命时代与日常生活审美化》《北京大学学报》2007 年第 4 期;高建平:《美学与艺术向日常生活的回归》,《北京大学学报》,2007 年第 4 期;陆扬:《费瑟斯通论日常生活审美化》,《文艺研究》2009 年第 11 期;刘悦笛:《马克思的生活美学——兼与维特根斯坦和杜威的比较》,《马克思主义美学研究》第 10 辑,2007 年。

的消费社会延向了美学的基本理论。这两个方面都引起了中国美学格局的变化。前一个方面是回溯到波德莱尔、本雅明、西美尔的都市美学新论,充满了对都市矛盾性的智慧分析,因此,这一延伸在为日常生活审美化增加历史厚度的同时,呼应着对日常生活审美化一出现时就对之展开的批判(童庆炳、毛崇杰、鲁枢元、杨春时、赵勇、彭锋[20]),这是日常生活审美化作为一种文化美学必然要经历的一场阵痛,这里的激烈论争,显示了一种文化美学在中国的回荡。后一个方面是回到美学核心,杜威的实用生活美学是一种美学原理,车尔尼雪夫斯基的"美是生活"也是一种美学原理,维特根斯坦的生活方式是一种与生活有关的哲学本体论,马克思的生活实践也是一种与生活相关的哲学本体论。因此,这一走向关系一种美学宏大叙事的建立,甚至把生活美学的兴起看成是古典美学的黄昏[21]。其中最重要的就是,古典美学的审美的无功利错了,审美是有功利性的;美与生活是紧密联系在一起的。如果说,日常生活审美化、向都市美学的延伸及其理论论争,呈现的是一种文化美学,那么,向生活美学的延伸及其理论建构,则是向美学原理进军。如果从全球互动来看日常生活审美化及其两个流向,则与中国现代美学中一开始就存在并一直发展着的走向关联起来了。

第七,全球化中的本土精神的高扬。从西方的角度看,生态美学是一种流派美学,从美学原理的角度看,它从一种自然的角度迈向了一种全球化时代的美学整合,而这一整合正好与中国文化对自然的态度是一致的。从自然科学和环境生态的角度产生的生态美学在进行一种新

---

[20] 童庆炳:《日常生活审美化与文艺学》,《中华读书报》2005—01—26;毛崇杰:《知识论和价值论上的日常生活审美化——也评新的美学原则》,《文学评论》2005 年第 5 期;杨春时:《日常生活美学批判与超越美学的重建》,《吉林大学学报》2010 年第 1 期;鲁枢元:《评所谓"新的美学原则"的崛起——日常生活审美化价值取向析疑》,《文艺争鸣》2004 年第 3 期;赵勇:《谁的日常生活审美化? 怎样做文化研究?》《河北学刊》2004 年第 5 期;彭锋:《日常生活审美化批判》,《北京大学学报》2007 年第 4 期。

[21] 刘悦笛:《生活美学的兴起与康德美学的黄昏》,《文艺争鸣》2010 年第 3 期。

的整合过程中,经历着三个阶段:第一阶段,从一种全球共有的生态意识出发来建立一种生态美学;第二阶段,在建立全球化生态意识的同时会发现,人类文明在工业化以前,是一种生态文明,而现代性的工业文明是一种反生态文明,而现在则正在现代性的基础上向生态文明复归。这时,从工业文明之前的文明去寻找各文化的本土生态的意识,就会出现(在中国学人中已经有了一部分从中国古代资源发掘生态美学的论述)。当各文明的生态美学得到充分的揭示之后,就会达到第二阶段,一种融会古今和融会不同文化资源的全球性的生态美学就会产生出来。从西方的角度看,日常生活审美化是一种文化美学,从美学原理的角度看,它是一种从社会的角度走向一种全球化时代的美学整合,而这一整合正好与中国文化对社会的态度是一致的。从社会科学和日常生活的角度而来的日常生活审美化或生活美学在进行一种新的整合过程中,经历着三个阶段:第一阶段,从一种全球共有的消费社会出发建立一种生活美学;第二阶段,在建立全球的生活美学意识的同时会发现,在后现代/全球化的消费社会之前,有着丰富多样的生活美学,而现在的生活美学,还是在一种统一的形式美法则和统一的机器化生产中产生出来的技术美学和设计美学,而在其他非西方文化中还有着在不同宇宙观、生活观、审美观中的生活美学,这时思考就会达到第三阶段,不但从现在的消费社会以及由之而来的西方文化中去寻找生活美学的原理,更从各非西方文化中去发现不同的生活美学的原理,从而构筑一个融会古今和整个不同文化资源的全球性的生活美学。从这一角度看,生态美学和日常生活审美化这两股美学新潮,除了自身由西方而来的学术史和话语史,除了与中国当前现实碰撞而来的当下美学关怀,还包含着一个内在的倾向,即向着中国本土美学的回归。

全球化与本土化的对立与统一,一直是后现代/全球化以来的重要主题。从已经进入到后现代/全球化时代的今天再回过头去看世界美学的演进。自分散的世界史到统一的世界史以来,世界美学经历着三个阶段：第一阶段，各非西方文化发掘自身的本土美学资源，并将之与具有学科形态的西方美学对接；第二阶段，在对接过程中发现各本土美学资源的特色；第三阶段，在多元文化的诸本土美学资源的比较中，达到一种具有普适性的全球性美学。从这一角度看中国现代美学的演进，在美学之初，王国维用整个中国美学与西方美学对接，但这一道路很快被急迫的西方美学原理引进所打断，特别是朱光潜以《文艺心理学》、《谈美》的系统理论产生了全国性的影响，并成为中国美学的旗帜之后，王国维的方向虽然仍具有活力，体现在民国的南宗（宗白华）北邓（邓以蛰）之中，但其影响主要在中国古代艺术领域，而不是正宗的美学领域。共和国前期的美学大讨论中，宗白华写过《美从何处寻》的论文，但与按苏联美学模式而生的美的本质论四大派的引领时尚相比，没有任何影响。改革开放后，美学大家李泽厚深化美学研究的一个重要方式，是深入到中国古代思想和艺术中去，《美的历程》（1981）是其代表。一旦到这一领域，宗白华的伟大就呈现出来。宗白华的影响正是在李泽厚为宗白华《美学散步》（1981）做序中，大赞朱光潜和宗白华为中国美学的两位大家之后，迅速高升，并成定论。然而，宗白华的定位在实际上还是有问题的。这突出地表现在，宗白华的影响基本上仅是在中国古代艺术领域，而进入不了改革开放后如浪潮一般涌出的美学原理著作中。

由王国维开辟的中国与西方全面对接的道路，是一条艰辛而漫长的道路。由民国学人开辟的直接移置的西方美学原理的道路用了一条短平快的方式，而这一方式一旦占据要津之后，就阻碍和遮蔽了王国维方向的正面展开。当改革开放以后承认朱光潜和宗白华为美学双峰之后，实际上承认了两条道路的合理性。中国美学特色的真正出现，是两条道路的完美结合。这一结合仅仅从西方的美学原理框架中是难于产生的。其实凡在中国现代美学史上成一家之言的，都在努力结合这两个方面。正像在中国现代性的重建中，运用中国经验一直活跃着（从知识界的新儒学思潮,到国民党倡导的民族主义和共产党提倡的民族形式),在中国美学重建的过程中,运用中国经验一直是中国学人的一种努力,朱光潜在按西方美学原理框架呈现自己的《文艺心理学》、《谈美》时,也尽量使用中国的例子,只是这种努力成了以中证西(用中国的例子来证明西方的理论)的方式让中国化入世界。改革开放后,李泽厚通过对中国古代思想和中国古代美学的梳理,一直力图把中国资源引进美学原理的建构之中,只是他的由马克思加康德的构架太强,阻碍了中国资源在理论层面的进入;因此他的《美学四讲》(1989)基本上还是西方式的体系,本来李泽厚的思想中心就是"西学为体,中学为用"的标准,中国资源也能作为一种例证。叶朗提出了传统美学与西方美学的贯通,东方美学与西方美学的融合;然而,无论是20世纪后期主编的《现代美学体系》(1988),还是在新世纪推出的《美学概论》(2009),中国思想并未在其美学原理中从理论上树立起来。在全球化时代里,当中国重新思考中国整体性和世界整体的时候,把古代中国与现代中国结合起来,把结合着古代与现代的中国与具有文化多样性的世界汇通起来,成为中国学术和中国美学的一种新要求。从某种意义上说,它呼唤着一种全球化中的本土美学,这种本土美学不仅与古代中国相连,与一百多年的中国现代性相连,更是与全球化时代的世界整体相连。在这三种关联中,不是要用哪一方和哪两方去证明另一方,而是在三方的合力中对三方的超越,在这种超越中达到一个新体系的产生。

实践美学与审美形式性

张玉能

摘要：中国当代所有反对和否定实践美学的美学观点都异口同声地指责实践美学忽视美和审美的形式性；其实，这是一种极大的误解和曲解。马克思主义实践美学并不忽视美和审美的形式性，而是强调在社会实践之中形式性与内容性的统一所实现的实践的自由。无论是物质生产、精神生产，还是话语实践，都是形式性与内容性的统一，它们表现为形式性，但是离不开内容性；美和审美的形式性和内容性，在社会实践和审美实践之中是高度统一而显现为形象的自由。

关键词：实践美学　审美个体性　物质生产　精神生产　话语实践

作者简介：张玉能，男，1943 年出生于武汉，祖籍江苏南京，华中师范大学文学院教授，华中师大博士生导师，主要从事美学、西方美学、西方文论、文艺学等方面研究。

中国当代所有反对和否定实践美学的美学观点都异口同声地指责实践美学忽视美和审美的形式性；其实，这是一种极大的误解和曲解。马克思主义实践美学并不忽视美和审美的形式性，而是强调在社会实践之中形式性与内容性的统一所实现的实践的自由。

一、审美和美是形式性与内容性的统一

审美和美以及艺术是形式与内容的统一,这应该说已经是古今中外美学家的一个基本的共识,尤其是19世纪以前的古典形态的美学(特别是德国古典美学)的代表人物所经常论述和分析的。但是,由于审美活动、审美对象及其美、艺术作品,都是非常复杂的存在和现象,所以,对于审美和美以及艺术的形式性和内容性的关系就会出现从不同的角度来进行探讨研究的情况,因而可能得出不同的结论。尤其是到了20世纪,文学艺术的发展经历着反传统的激烈振荡,所以,古典美学所认同的理论观点就遭到了质疑和反对。在审美和美以及艺术的构成上,兴起了一种形式主义的理论。对于这些形式主义美学观点,如果我们深入地分析一下,也可以看到,形式主义美学是从一个非常特殊的视角论述了审美和美以及艺术的内容性与形式性的关系,实质上仍然逃不脱形式性与内容性统一的大范畴。

众所周知,西方形式主义美学的最明显的现代渊源就是德国古典美学的奠基人康德。他在《判断力批判》之中明确地说明了,美只关形式而不关内容。他在《判断力批判》上卷"审美判断力的批判"有关"美的分析"的四个要点(契机)的第三个要点之中就明确地说:"美本来只应与形式相关","一种不受刺激和感动的影响(虽然这两种因素也可能和美的愉快联系起来),只以形式的合目的性为规定根据的鉴赏判断,是纯粹的鉴赏判断"。[1] 但是,这样一来,合乎这种纯形式的美就寥寥无几了,就只剩下了希腊风格的图案、边框和壁纸上的卷叶饰,无标题的乐曲、无歌词的音乐等等有限的几种:"希腊风

[1] [德]康德:《康德美学文集》,曹俊峰译,北京:北京师范大学出版社2003年版,第472页。

格的图案，边框和壁纸上的卷叶饰等本身没有任何意义：它们什么也不表示，也不是某一确定概念之下的客体，它们是自由的美。人们也可以把音乐中称为幻想曲（无标题的），甚至全部无歌词的音乐，都算在同一类之中”。[2] 所以，康德也看到了这样划分和规定美是不符合美和审美的事实的，因而就不得不设定了“两种美”，他说：“有两种美：自由美（pulchritudo vaga——游动的美）和仅仅是依存的美（pulchritudo adhaerens——附着的美）。前者不以对象应该是什么的概念为前提；后者却以这样一种概念以及对象按这概念（而显示出的）的完善性为前提。”[3] 这样就可以把大量的现实生活中的美放在了“依存美”之中了，像“一个人的美（属于此类的有男人或女人或孩子的美），一匹马的美，一座建筑物（例如教堂，宫殿，军火库或者花园亭榭）的美，都以一个目的概念作为前提，那概念规定事物应该是什么，因之也就是一种完善性的概念，从而这种美就只能是依存性的美。”[4] 那么，概念的、目的性、完善性等等内容又偷偷地输入到了美和美的事物之中，而且，这种依存美虽然“不纯粹”，然而，却是“美的理想”，甚至只有人的美才能是美的理想。这样，康德在“纯粹美”之中所排除的美的内容就又在“依存美”之中回归了，而且成为了“美的理想”。这实际上还是承认了美和审美是内容和形式的统一。更有甚者，康德到了“崇高的分析”、“论艺术一般”、“关于美的艺术”、“美的艺术是天才的艺术”等等问题讨论以后，却得出了这样的结论：“美作为道德的象征。”他说：“现在我说：美是道德之善的象征，而且只有顾及到这一点（这对每一个人都是很自然的观点，而且作为义务期望于每一个人），美才在使我们愉快的同时提出每个其他

---

[2] [德]康德：《康德美学文集》，曹俊峰译，北京：北京师范大学出版社 2003 年版，第 479 页。

[3] 同上，第 479 页。

[4] 同上，第 479 页。

人都要赞同的要求，在这里心灵也意识到某种超越于感官印象引起的那种愉快的单纯的感觉性质之上的高贵与升华，并会按照判断力的一种相似的准则去评价其价值。”[5]这就把美是内容和形式统一的原理和准则，曲折隐晦地表达了出来。换句话说，纯形式的美是一个美的“理念”，在现实之中是罕见的，而现实之中大量存在的就是内容与形式统一的美，审美活动和艺术也都是内容和形式统一的。

英国美学家克莱夫 · 贝尔在《艺术》这部著作之中主张“艺术是有意味的形式”。他指出：“在各个不同的作品中，线条、色彩以某种特殊方式组成某种形式或形式间的关系，激起我们的审美感情。这种线、色的关系和组合，这些审美地感人的形式，我称之为有意味的形式。‘有意味的形式’，就是一切视觉艺术的共同性质。”[6]在这里，我们也可以看到，有意味的形式，尽管突出了形式，但是，仍然无法摆脱审美的“意味”。这个审美的意味，不管是从创作还是从欣赏的角度来看，都是与形式的关系和组合不可分离的。贝尔说：“在讨论审美问题时，人们只需承认，按照某种不为人知的神秘规律排列和组合的形式，会以某种特殊的方式感动我们，而艺术家的工作就是按这种规律去排列、组合出能够感动我们的形式。为了方便起见，也为了本书后面将要谈到的某种原因，我称这些动人的组合、排列为‘有意味的形式’。”[7]所以，从艺术家的创作来看，他的工作就是要把感动人的审美意味通过形式的排列、组合融会进艺术作品之中去；从欣赏者接受的角度来看，欣赏者就是要通过形式的排列、组合的感受来感受到那种感人的审美意味。尽管这里面有着循环论证的逻辑圈套，但是，艺术作品的内容（审美意味）与艺术作品的形式（排列、组合的形式）却是不可分离的，是统一在

---

[5]［德］康德：《康德美学文集》，曹俊峰译，北京：北京师范大学出版社2003年版，第603页。

[6]［英］克莱夫 · 贝尔：《艺术》，周金环、马钟元译，滕守尧校，北京：中国文联出版公司，1984年版，第4页。

[7]同上，第6页。

美和艺术以及审美活动之中的。

俄国形式主义也是突出文学艺术、美和审美的形式性的美学流派。但是,俄国形式主义的美学家和文论家们,主要是强调文学艺术的自律性,突出形式在构成艺术作品之中的作用,反对传统美学和传统文论的摹仿说、再现论,要把文学艺术作为一个独立的审美对象来对待,而不是把文学艺术作为"形象思维"的结果,或者作为社会生活的"摹仿"、"再现"、"反映",而当作"手法"、"言语"、"结构",而这些都是内容和形式的统一体。维克托·日尔蒙斯基在《诗学的任务》一文中写道:"其实,艺术中这种'什么'与'怎么'的划分,只是一个约定的抽象。爱情、郁闷、痛苦的心灵搏斗、哲学思想等等,在诗中不是自然而有,而是存在于它们在作品中借以表达的具体形式之中。因此,从一方面看,形式与内容("怎么"与"什么")的约定对立,在科学研究中总是融合于审美对象。在艺术中任何一种新的内容都不可避免地表现为形式,因为在艺术中不存在没有得到形式体现即没有给自己找到表达方式的内容。同理,任何形式上的变化都已是新内容的发掘,因为,既然根据定义来理解,形式是一定内容的表达程序,那么空洞的形式就是不可思议的。"[8]由此可见,俄国形式主义虽然被命名为"形式主义",然而,它主要是反对文学研究的外在化,要把文学艺术研究从外在的社会生活、宗教、科学、政治等等非文艺因素的束缚之中解脱出来,回归到文学艺术本身的结构、创造、审美形式。因此,在俄国形式主义那里,形式也是包含着内容的形式,艺术作品是内容和形式的统一体。

总而言之,即使是以"形式"来探讨美和审美以及艺术的美学家、美学流派,也都是在心目中把美和审美以及艺术当作形式和内容的统一。这应该说是一条放之四海而皆准的一个事实和真理。

---

[8][俄]什克洛夫斯基等:《俄国形式主义文论选》,方珊等译,北京:三联书店1989年版,第211页。

二、审美和美的形式本体

当然,我们也应该看到,在美和审美之中,形式确实具有本体的意义,也就是说,作为审美对象,审美接受者首先接触到的就是审美对象的形式存在,没有这些直接作用于接受者的存在的形式,人们的审美感受是无从产生的,而审美对象本身也是无法存在的。所以,我们也不能无视审美和美以及艺术的形式本体,否则就会把美和审美以及艺术视为纯意识的精神性的玄虚之物,就像意大利美学家克罗齐那样,主张"美即直觉",直觉就是表现,表现就是艺术,艺术就是美,从而否定艺术的物质形式的存在,同时也否定艺术的媒介和形式的分类。那是无视事实和违背逻辑的美学结论。艺术和艺术作品,只要不是仅仅作为意识之中的纯粹精神的东西,只要它必须作为一个感性的存在而存在,只要它必须是审美接受者的感受的对象,它就不可能离开形式的存在,也就是不可能没有形式的本体,形式必定是艺术和艺术作品的存在的一个本原和一个存在方式的重要维度。简言之,离开了形式,艺术和艺术作品就不可能存在,它就是一个"无"。

形式在艺术中的本体意义,尤其是美学家们所体验到的一种现实状态,对于这一点,德国伟大的诗人、戏剧家、美学家席勒体验特别强烈。席勒曾经说过:"不过,艺术家通过操作不仅必须克服他的艺术门类的特殊性质本身带来的局限,而且还必须克服他所加工的特殊质料所具有的那些局限。在一部真正美的艺术作品中,内容不应该起任何作用,而形式应该起全部作用;因为只有通过形式才会对人的整体发生作用,相反通过内容只会对个别能力发生作用。内容不论多么高尚和广泛,它对精神随时都起限制作用,而只有从形式中才有希望得到真正的审美自由。因此,艺术大师的真正艺术秘密就在于,他通过形式来消灭质料;质料本身越是宏伟,越是傲慢,越是有诱惑力,越是自行其是地显示它自身的作用,或者观赏者越是喜欢直接同质料打交道,那么,那种坚持克服质料和控制观赏者的艺术就越是成功。观众和听众的心灵必须始终是完全自由和不容侵犯的,它从艺术家的魔力圈中走出来,就像从创造者的手中走出来那样,必须是纯洁和完善的。最淫秽的对象必须经过那样的处理,以致我们始终有兴致直接从这个对象转向最严格的严肃。最严肃的质料必须经过那样的处理,以致我们始终有能力直接把它调换成最轻松的游戏。激情的艺术,例如悲剧,也不例外,因为第一,这并不是完全自由的艺术,它们处在一种特殊的目的(激情)的支配之下;其次,真正的艺术鉴赏家绝不会否认,即使从种类艺术本身来看,作品在最高的激情狂飙之中越是能够更多地保护心灵的自由,它就越是完美。一种激情的美的艺术是有的,但是,一种激情的美的艺术是一个矛盾,因为美的不可避免的效果就是摆脱激情而具有自由。一种美的教诲的(教育的)艺术或一种美的劝善的(道德的)艺术的概念,也同样是矛盾的,因为绝不会有比给心灵一种特殊倾向更与美的概念相冲突的了。"[9]从字面的意义上来看,这段话似乎是在倡导一种形式主义的美学观,因为它明确地指出:第一,在一部真正的美的艺术作品中,内容不应该起任何作用,而形式应该起全部作用;第二,艺术大师的真正艺术秘密就在于,他通过形式来消灭质料。如果我们从这段话的语境(上下文)出发来分析它,就可以了解席勒的真正含义。其实,在这里席勒是在分析"美的艺术"的人类学功能——艺术的美使现代人获得审美的可规定性和审美的自由,从而恢复人性的完整性。这样一来,我们就可以看到,席勒以上所说到的就具有了特殊的人类本体论的意义。

其一,在一部真正美的艺术作品中,内容不应该起任何作用,而形

---

[9][德]席勒:《席勒散文选》,张玉能译,天津:百花文艺出版社 1997 年版,第 241—242 页。

式应该起全部作用;因为只有通过形式才会对人的整体发生作用,相反通过内容只会对个别能力发生作用。内容不论多么高尚和广泛,它对精神随时都起限制作用,而只有从形式中才有希望得到真正的审美自由。这里是说美的艺术作品的内容(质料)只对人的个别能力发生作用,它随时随地都在限制着人,因此,不可能使人得到审美的自由;相反,美的艺术作品的形式却可以对于人的整体发生作用,从而使人得到审美的自由,进而恢复现代人的人性的完整性。因此,席勒的形式概念就不是一种纯粹的外在表现的躯壳,而是一种具有建构功能的范畴,或者可以说是继承了亚里士多德的"四因论"(质料因、形式因、目的因、创造因)中的包含有目的因、创造因的"形式因",这种"形式"可以主动地把形式赋予质料而建构起对象,所以它也就可以对人的心灵的整体发生作用,从而使人得到审美自由,进而恢复现代人的人性的完整性。同样,我们也可以把席勒的形式概念理解为康德的范畴形式,这些范畴形式包括感性的范畴形式(时间、空间),知性的范畴形式(量、质、模态、关系等四个方面共十二个),理性的范畴形式(自由、灵魂不朽、上帝),它们建构着人的感性知识、知性知识、理性知识,也就是建构着人的整个心灵和人的整体,那么,这种范畴形式当然也可以使人得到审美的自由,从而使现代人恢复人性的完整性。尽管无论是亚里士多德还是康德的形式概念都具有某种目的论和先验论的色彩,但是,席勒把这种形式应用在美的艺术作品的构成和创造上,却是极富艺术创造性的概念。众所周知,从美的艺术的创造的生成和构成的角度来看,艺术作品的生成就是艺术家把一定的美的形式赋予艺术的质料(内容),从而构成美的艺术作品。美的形式在艺术作品的生成和构成的过程中无疑是一个决定性的因素,是艺术的本体。因此,席勒的这种说法就不是形式主义,而是一个深谙艺术美的规律的美学家的理论总结,不然的话,现实中的丑的东西(作为质料、内容)就没有办法变成艺术中的美的形象了。艺术的"化(现实的)丑为(艺术形象的)美",其根本就在于美的艺术的形式建构,这种形式建构功能表现在美对人的心灵的作用上,也可以说建构着人的美的心灵,这也就是美的人类学功能的发挥。这就指明了,艺术的形式本原——艺术直接来源于艺术家的形式建构。

其二,对于席勒通过形式来消灭质料的这个观点,我们同样要从美的形式建构的人类本体论的角度来理解。只要我们把美的艺术作品的形式看作是建构艺术作品的主动方面,那么,艺术家要创造出美的艺术作品当然就是一个"通过形式来消灭质料"的过程,就像陶工制作陶器那样,他运用的质料是泥土,但是,他创作出来的却是用一定的形式消灭了质料的陶器。因此,质料越是要顽强地表现自己,或者说质料(内容、题材)本身越重要,艺术作品就越要花工夫在形式上发挥作用。再就是作品的质料(内容、题材)也可能不那么高尚,甚至有些淫秽、卑下,那么,真正美的艺术作品就应该用美的形式消灭这些淫秽、卑下的内容(题材),使艺术作品做到审美化、诗意化,使接受者(读者、观众、听众)得到审美自由和审美享受,陶冶心灵,升华精神,恢复现代人人性的完整。这样,美的艺术和艺术的美就可以充分发挥它的人类学功能和人类本体论的意义了。如果再进一步,我们还可以从艺术作品的本体方面来看,艺术作品是人的本质力量的对象化,人的本质力量就好像是艺术作品的形式,正是这个形式化了的人的本质力量决定着进入艺术作品中的质料(内容、题材),使这些质料在这种形式的建构之中,消融进整个艺术作品之中,并通过美的形式对接受者发生作用,让他们获得审美自由和审美的可规定性,进而恢复他们对人性的完整性。所以,从艺术作品的人类学功能来考虑,艺术家在进行美的艺术创造全过程中,都必须以自己的美的本质力量的形式来消灭进入作品的质料,使得它们完全被人的本质力量的形式建构为一个美的艺术作品。这实际上也就是文艺理论中常说的"文艺创作的关键不在于'写什么',而在于'如何写'",包含着中西文论中常说的"文如其人","风格即人"等道理。

因此,重视形式,把形式作为艺术作品的存在本原和存在方式的一个重要的维度,并不是形式主义,而是艺术家和接受者在审美实践之中必然体会到的美学真谛。席勒就是把这种艺术美学的真谛阐述出来了。

其实,这一点在一般的有关内容和形式的辩证关系的论述之中也已经表述出来了。按照一般的观点,任何事物,包括艺术作品都是内容和形式的统一体,在内容和形式的关系上,主要有这样三种辩证的维度或情况:一是,内容决定形式;二是,形式反作用于内容;三是,形式具有独立的价值和意义。如果从本体论的角度来看,这三个维度和情况都说明了任何事物的存在本原和存在方式都是内容和形式的统一体,而分别从内容和形式的不同角度来看,事物的存在本原和存在方式更多地与形式相关。那么,艺术作品就尤其是如此,因为,在任何一部艺术作品之中,形式是艺术家首先要考虑到的方面,每一个艺术家都是用自己所独有的艺术形式来结构艺术作品,再现社会生活和表现思想感情,即给予一定的社会生活和思想感情以一定的艺术形式,否则,艺术作品就不可能存在。同样,对于任何一个艺术接受者来说,他首先必须接触的就是艺术作品的外在形式,然后才能进入艺术作品的形式所表达的内容(一定的社会生活和思想感情),否则,艺术作品对于他就不是一个存在者,也就是一个不存在的"无"。所以,艺术和艺术作品的形式本体是不可否定和无法忽视的。

三、美和审美与自由形式

任何事物都是内容和形式的统一体,形式在其中都具有本体的意义,但是,美和审美以及艺术之中的形式和形式本体必须是自由的形式。这是实践美学的基本观点。

实践美学认为,自由创造的实践,也可以叫做自由的实践,这是一种运用一切物种的尺度(规律)来进行的,超越了人的物种尺度和实用的、认知的、伦理的、巫术宗教的功利目的,为某个社会群体所认同的社会实践。正是这种自由的实践使得自然及其万事万物与人的关系发生了根本性的改变,由与人关系不密切的、甚至威胁到人的生存的"自在的自然"逐步转化为与人关系密切的、确证人的本质力量的"为人的自然",与此同时,人本身也由仅仅具有一己的物种尺度的"属人的人"逐步转化为不断把握着一切物种的尺度并且随时随地都能够把这些内化为自己的意识结构的一切物种的尺度运用到对象之上去的"人化的人",这个过程也就是所谓的人与自然的双向对象化——自然的人化和人的自然化,这时候在"人化的自然"与"自然化的人"("人化的人",即具有扬弃了自然性的人性的人)之间就形成了一种超越了实用的、认知的、伦理的、巫术宗教的功利目的的关系——审美关系,这种人对现实的审美关系,是把"形式与功能"两者之间的关系作为实践的重点的关系。它是人要求对象的外观形象能够满足人的审美需要,而对象的外观形象也能满足人的审美需要的特殊关系,它是超越直接功利目的的、主要与对象的外观形象所发生的、充满着情感的关系。这种审美关系体现在对象客体之上就是美,而这种关系体现在人这个主体之上就是美感。艺术则是这种审美关系的集中表现。

那么,应该如何理解美和审美以及艺术与自由、形式与自由以及自由的形式?

美国著名的哲学家、教育家卡伦专门写了《艺术与自由》,把西方美学史上自由与艺术和审美的关系进行了梳理,尽管作者的自由观是我们所难以认同的,但是他所揭示的某些规律却是值得借鉴的。他把艺术和审美与自由紧密地联系在一起。他指出:"依据古代传统,'创造的艺术家'拥有其他人所没有的意志自由。"[10] 创造与自由的必然

[10] [美]H·M·卡伦:《艺术与自由》,张超金、黄龙保等译,陈方明、何利文校,北京:工人出版社 1989 年版,第 1 页。

关系也就决定了艺术和审美与自由的必然关系。这也是把艺术、美、审美导向价值论的一个必然环节。卡伦说:“自由不仅要战胜我们以动物本性为基础的持久生活目的,如食和爱以及衣着、居住和健康所形成的社团障碍,它还要战胜社团精神——对它的勇气和好奇心,追求前所未有的创新和发明,追求富于想像力的冒险和内在的变化和改革的精神——的禁令。”[11] 这是在指明:自由的主要含义就是要在物质和精神两方面超越一切功利目的,打破社会的一切不合理的限制,从而达到个体与社会的统一。自由的超功利性和个体与社会的统一性,应该说是自由的两大主要特性,再从创造对必然规律的把握和运用方面给自由的超功利性和个体与社会的统一性奠定好基础,那么,自由的主要三大特性就可以说比较完整了。自由的主要特性就是:1)合规律性与合目的性的统一,2)超越功利性,3)个体与社会的统一性。正是自由的这三种特性规定了艺术、美、审美的价值性。所以,卡伦说:“艺术乃是对自然或是以前的艺术的一种新的应用,它使心灵从包围着它的各种强制和压抑的因素解放出来,即便那仅仅是一瞬间。一个事物无论可能具有什么别的关系,如果它完成了这种解放,就会使我们把美归因于它,而且,我们倾向于实现它那作为我们自身与这种解放力量之间的一种关系的美。不管该力量堪为楷模并井然有序,还是无序和混乱,如果它正在进行解放活动,我们就称它为美”,[12]“一种秩序应当永远牢牢把握这样一种关系——它一旦为某些人完成了自由中的应用,他们便把它称为美”。[13] 这就是说,美并不是对象事物的单纯自然属性及其组合规律(比如秩序、对称、比例、和谐等等),而是一种与人类的自由解放密切相关的价值属性。

---

[11] [美]H · M · 卡伦:《艺术与自由》,张超金、黄龙保等译,陈方明、何利文校,北京:工人出版社 1989 年版,第 9 页。

[12] 同上,第 38 页。

[13] 同上,第 39 页。

事实上,美和审美的的确确是永远离不开人类和人类社会的价值属性的,具体来说,美应该就是显现人类自由的外观形象的肯定价值,而审美则是人们通过美的价值来体验自己的创造实践自由的心理意识活动。审美的自由价值感和美的自由价值都与对象的外观形象的价值密不可分,对象的外观形象的价值是美的自由价值的符号载体,又是人们审美自由感受的引发者,同时也是艺术的直接表现者。

所谓价值就是对象事物与人的需要发生相互作用而形成的一种新的性质。它是对象的自然属性与人的需要发生关系所生成的社会属性,它永远不可能离开人类的实践、人类社会。对于人来说,他的生理需要、安全需要、相属需要、尊重需要等物质性需要可以统称为实用需要,实用需要与认知需要、伦理需要、审美需要等精神需要一起驱动着人与现实世界发生实用关系、认知关系、伦理关系、审美关系,这些人与现实的关系分别具有自己的价值取向,即指向一定的价值:利(益)、真(理)、善、美,除此而外,人们还从远古时代遗传下来一种通过想像来与非现实世界发生关系的宗教需要,它驱使人与虚构的世界发生虚幻的宗教关系,指向一种"(神)圣"的价值。这样,在人与现实之间一般就可能有这么五种价值关系和价值,它们的基本序列是:实用需要——实用关系——利;认知需要——认知关系——真;伦理需要——伦理关系——善;审美需要——审美关系——美;宗教需要——宗教关系——圣。美的价值就是以对象的外观形象的自然属性为基础,在利、真、善、圣的基础之上由实践创造的自由超越和升华的结晶。而且,利应该是美的物质性基础,圣也许是美的想像性基础,而真和善则是美的内涵。因此,一般说来,美应该超越一切的功利目的,把这些功利目的隐藏在美的深处,让人直接感觉不到,这些功利目的主要就是指的"利益"和"神圣",也包括真和善的某些功利目的;美主要以外观形象(自由形式)来体现真和善的价值,所以,也可以说,美是在自由的实践创造中以形象来显现真和善的价值的价值,因此,美是一种形象(自由形式)

价值的价值。审美就是对这种价值的自由观照所体验到的自由感受。

总而言之,从价值论的角度来看,美和审美都是在实践创造的自由中生成出来的与人的审美需要密切相关的价值性东西,美是显现人类自由的形象的肯定价值,审美则是对美的价值的自由体验的感受,或者说是审美主体对客体的外观形象的价值的自由创造。那么,艺术就是一种审美价值的自由显现或自由创造。因此,也可以说,美和审美以及艺术是以自由的形式来显现人类社会实践的自由的结晶,或者说,美是显现社会实践自由的形象(自由形式)的肯定价值,美感(审美)是人对实践自由的形象显现(自由形式)的直观体验(自由感),艺术就是自由形式的实践自由的创造。

从实践—创造的角度来看,所谓自由的形式就是,合规律性与合目的性相统一的形式,超越了各种功利性而达到功利性与非功利性相统一的形式,个体性与社会性相统一的形式。如果从内容和形式的关系的角度来说,所谓自由的形式就是,能够具体、感人、独特地表现具体、感人、独特的社会生活和思想感情的形式。只有这样的自由的形式可以使得美和艺术的对象成为审美对象,也只有这样的自由的形式可以使人产生一种自由的情感体验而产生美感。也正是在这样的基础上,美和审美以及艺术才具有解放人的性质,才可能发挥使人全面发展的作用,才能够使每个个体结成一个和谐的群体和社会。这样,在某种意义上也可以说,美就是实践—创造的自由形式,美感就是在实践—创造自由形式之中得到的自由感受和体验,艺术则是创造自由形式的实践活动。

因此,我们可以说,实践美学并没有忽视美和审美以及艺术的形式性,而是在实践的基础上强调美和审美以及艺术的内容与形式的统一,突出了在实践-创造的自由之中所形成的自由形式对美和审美以及艺术的决定性意义。

晚清风景描写的发生：以《老残游记》为中心*

唐宏峰

摘要：本文讨论晚清小说中的风景描写问题。风景描写一直以来仅被看作是一个语文的问题，而与更广泛的思想文化领域无甚关涉。本文则力图以《老残游记》为中心，把风景描写视为一个重要的美学问题，并与一系列现代制度联系起来。风景描写的发生，与白话/语体文的发展、风景本身的发现、科学精神的传播、摄影等视觉技术的传入等因素，有着密切的关系。

关键词：风景描写 《老残游记》 白话文 视觉 现代性

作者简介：唐宏峰，女，1979年12月生，吉林人，文学博士，多伦多大学东亚系和比较文学中心访问学者，现为中国艺术研究院助理研究员，主要从事中国近代文学与视觉文化研究。

现代小说中的风景描写从来不是简单的点缀，而是一个重要的美学问题。1922年《小说月报》载瞿世英长篇论文《小说的研究》，其中概括"中国小说的病全由于两句话，即'能记载而不能描写，能叙述而不能刻画'。……中国小说中成功的作品都是能于'描写'上

* 本文是国家社科基金艺术学项目"近代中国视觉文化研究"（项目号10CC077）的阶段性成果。

见长的”。[1] 在这里,“描写”和“刻画”成为衡量小说成就高低的标准。这种描写意识的出现,在中国小说传统中是一种新事物,在中西小说的比较中,准确说来是“以西例律小说”的观念作用下,描写凸显出来——环境描写(包括风景、风俗、背景、布景)、心理描写等被小说评论者认为是现代小说文体的核心要素。类似的看法从晚清开始出现,到了五四时期则发展为系统的文体理论。

本文截取环境描写中最重要的风景描写为考察对象,以《老残游记》为中心文本,探讨风景描写的发生问题。考察中国小说所匮乏的“描写”,如何在晚清真正“发生”,并成为日后新文学的重要标志。这里的描写,是用新鲜的白话来描记景色、风物、物体布景等内容,描写成为小说之标志,乃是一个现代事件。描写的发生,与晚清白话/语体文的发展、科学精神的传播、摄影等物质媒介的引入等因素,有着密切的关系。

一、《老残游记》之风景描写如何成为一个美学问题?

1930 年代以降,《老残游记》第二回大明湖风景和明湖居听说书、第十二回黄河打冰和雪月交辉等四个片段,已经被选入中学的教科书中。这几个著名片段所取得的描写的极高成就,时常掩盖了小说思想意蕴上的追求,可见刘鹗风景描写的功力。我们以情景交融、最能动人的“雪月交辉”为例:

> 若以此刻河水而论,也不过百把丈宽的光景,只是面前的冰,插的重重叠叠的,高出水面有七八寸厚。再望上游走了一二百步,之间那上流的冰,还一块一块的慢慢价来,到此地,被

[1] 瞿世英:《小说的研究》,见严家炎编:《二十世纪中国小说理论资料》第 2 卷,北京:北京大学出版社 1997 年版,第 274 页。

> 前头的阑住,走不动就站住了。那后来的冰赶上他,只挤得嗤嗤价响。后冰被这溜冰逼的紧了,就窜到前冰上头去;前冰被压,就渐渐低下去了。看那河身不过百十丈宽,当中大溜约莫不过二三十丈,两边俱是平水。这平水之上早已有冰结满,冰面却是平的,被吹来的尘土盖住,却像沙滩一般。中间的一道大溜,却仍然奔腾澎湃,有声有势,将那走不过去的冰挤的两边乱窜。那两边平水上的冰,被当众乱冰挤破了,往岸上跑,那冰能挤到岸上有五六尺远。许多碎冰被挤的站起来,像个小插屏似的。看了有点把钟功夫,这一截子的冰又挤死不动了。老残复行,往下游走去。过了原来的地方,再往下走,只见有两只船。船上有十来个人都拿着木杵打冰,望前打些时,又望后打。河的对岸,也有两只船,也是这们打。看看天色渐渐昏了,打算回店。再看那堤上柳树,一棵一棵的影子,都已照在地下,一丝一丝的摇动,原来月光已经放出光亮来了。

老残看了一会儿,到天昏,便回店用晚饭,饭后又到堤上闲步:

> 看那南面的山,一条雪白,映着月光分外好看。一层一层的山岭,却不大分辨得出,又有几片白云夹在里面,所以看不出是云是山。及至定神看去,方才看出来那是云,那是山来。虽然云也是白的,山也是白的,云也有亮光,山也有亮光,只因为月在云上,云在月下,所以云的亮光是从背面透过来的;那山却不然,山上的亮光是有月光照到山上,被那山上的雪反射过来,所以光是两样子的。然只就稍近的地方如此,那山往东去,越望越远,渐渐的天也是白的,山也是白的,云也是白的,就分辨不出什么来了。

老残面对雪月交辉的景致,想起家国命运,心忧泪下而结成冰珠。篇幅所限不能全引。这段情景交融的描写,细致连贯,视觉性很强,并且蕴蓄着深沉、自然、充盈的情绪流动。在这一片景物与情绪描写中,《老残游记》描写的特点和成效得到清晰的展现。

胡适对章回白话小说素有研究的兴趣,这种兴趣建立在为五四新文学提供前史和根基的意念上。在《〈老残游记〉序》(1925)中,胡适认为《老残游记》对文学史的最大贡献不在思想,而在“描写风景”的能力,这种能力在旧小说里简直没有。胡适在这里提出的是一个值得重视而仍未真正解决的重要的小说美学问题,就是为何古典小说中缺乏好的风景描写,为何风景描写在刘鹗这里取得如此高的成绩?他把这种匮乏的原因归结为两点,一是古代文人少出门,因而“缺乏实物实景的观察”,二是文言中滥调套语的限制。[2] 第一点显然是不正确的,不值一驳。但第二点确实是点中了要害,白话小说里主要承担风景描写任务的,并不是白话散文句式,而是引入的骈文诗词曲赋等韵文形式,是胡适眼中的陈词滥调。确实,如果我们对比《水浒传》中描写浔阳楼江上风景的文字:

> 宋江便上楼来,去靠江占一座阁子里坐了,凭栏举目看时,端的好座酒楼。但见:雕檐映日,画栋飞云。碧栏杆低接轩窗,翠帘幕高悬户牖。吹笙品笛,尽都是公子王孙;执盏擎壶,摆列着歌姬舞女。消磨醉眼,倚青天万叠云山;勾惹吟魂,翻瑞雪一江烟水。白苹渡口,时闻渔父鸣榔;红蓼滩头,每见钓翁击楫。楼畔绿槐啼野鸟,门前翠柳系花骢。宋江看罢,喝采不已。

这段风景描写的文字,比起刘鹗笔下的黄河结冰与雪月交辉,确实差了一大截。小说中的风景描写已经成为一种程式和套子,四六骈文,一到写景的关头便涌上来,实在不能给人真实新鲜的感受。

与之相反,胡适称赞《老残游记》“无论写人写景,作者都不肯用套

[2] 胡适:《〈老残游记〉序》,见刘德隆等编:《刘鹗及老残游记资料》,成都:四川人民出版社1985年版,第383页。

语滥调，总想熔铸新词，作实地的描写。在这一点上，这部书可算是前无古人了"，"这种白描的功夫真不容易学，只有精细的观察能供给这种描写的底子；只有朴素新鲜的活文字能供给这种描写的工具"。[3]与前面批评匮乏的两点原因相对应，胡适认为刘鹗之成功全在于两点，一是"实地的观察"，二是建立在这种观察基础上，用新鲜活泼的白话表达出来。

胡适对白话语言的敏感，使他提出了一个重要的问题，我们才注意到刘鹗的风景描写确实可以说是"前无古人"。这当然不是说，中国古典文学缺少对自然山水的关注，恰恰相反，中国文学的风景描写，从孔子在川上慨叹流水、提出仁者乐山、智者乐水开始，到汉大赋的极尽描摹，再到魏晋自然意识觉醒、山水诗兴起，形成了后世蔚为大观的山水诗文、小品游记，但这都不是在小说的文类系统里，与《老残游记》的写景片段不在一个文本序列中。刘鹗以白话而达到真切挚诚的描写，开创了现代描写文的先河，其后才有鲁迅、朱自清、汪曾祺等大家。

二、言文一致里的风景

《老残游记》中的风景描写，在第一个层面来看，首先是一个语言问题。从晚清开始的白话文运动，是《老残游记》描写成就出现的基础。在"言文一致"的认识性装置中，新的风景开始出现。

1. 生动白话与韵文套语

中国章回小说自然以白话为主，然而在进行风景描写时，骈文韵句总是自动出现，其中少见创造，小说家并不是真的在观察和描写。可以说，小说家们看到的并不是真实的风景，而是前人文学中的风景。宋江

---

[3] 胡适：《〈老残游记〉序》，见刘德隆等编：《刘鹗及老残游记资料》，第384、388页。

"但见",宋江"看罢",在这所谓的"看"中间,没有视角、没有顺序、没有主人公的眼光与心绪。"雕檐画栋"、"万叠云山",在无数次的因袭重复后,把所有明媚喜人之景色,统一成一个面目模糊的空白。实际上,这种承袭套语,并没有继承山水游记散文的真精神,相反倒是在刘鹗那里,以《永州八记》和明人小品文为代表的山水游记的韵味和精神得到了继承,写景真切生动,更重要的是融入了主体的情趣与感怀,"棋局已残,吾人将老"的苍凉无奈的主体情绪富于感染力。

实际上,夏志清的判断是正确的,刘鹗"似乎仰赖自然诗人和小品文家,远多于传统的小说家"[4]。古典游记散文笔法的渗入,使得小说远离了情节中心的传统,而有意于一种心绪思想的贯连与抒发。因此夏以抒情小说来定位《老残游记》。普实克也指出从晚明到近代,以诗歌散文为代表的文人抒情传统渗入小说之中,并日益发展。刘鹗在《老残游记》序言中提出了著名的"哭泣说",将自己的创作与《离骚》、《史记》、《红楼梦》等串联在一起,以其同为哭泣之作。刘鹗的这种小说观无疑是传统中少有的,将传统文论中针对诗文等主流体裁的"发愤著书"、"穷而后工"等观点延伸于小说理论。这种诗教化或诗言志的传统高雅文类观念言及小说的现象,是近代小说观念变革的重要动力,小说进身大道,经学思维的延续与转变在内部蕴蓄着现代性的可能。[5]

刘鹗得了游记传统的精义,而用新鲜的白话散文实现,远远高于此前和同辈小说家笔下包裹在骈文套语里的风景。白话写景的能力在这里第一次得到清晰的展现。前文所引"黄河结冰"和"雪月交辉"的段落,白话精细描写的能力体现无疑。刘鹗通过一系列相近而有

---

[4][美]夏志清:《〈老残游记〉新论》,见刘德隆等编:《刘鹗及老残游记资料》,第480页。

[5]参见马睿:《从经学到美学——中国近代文论知识话语的嬗变》,成都:四川民族出版社2002年版,第310—313页。

区别的动词,仔细描摹大河流水结冰的情状,“插”、“价来”、“拦住”、“站住”、“赶上”、“挤”、“逼”、“窜”、“压”、“跑”,同时使用叠语,如“重重叠叠”、“漫漫”、“嗤嗤”、“一棵一棵”、“一丝一丝”等。刘鹗有意识地描摹和刻画,并在自评中提醒读者欣赏这一段的好处,“止水结冰是何情状?流水结冰是何情状?小河结冰是何情状?大河结冰是何情状?河南黄河结冰是何情状?山东黄河结冰是何情状?须知前一卷所写是山东黄河结冰”。[6] 可见他对景物的个性和特色的重视。“雪月交辉”一段中,刘鹗借助老残的眼光,仔细区分“云白”、“雪白”和“山白”的区别,云的亮光乃是月光从背面投过来,山的亮光是由雪反射而来,相似而有不同。天边的北斗,像“几颗淡白点子”,斗杓指东,引发岁月匆促之叹。这些语言,不愧胡适常用的“活文字”一语,白话/语体文的表现能力,在早于五四一代作家的刘鹗这里先兆式地充分表现了一回。

如果我们对比同时期其他小说中的风景描写,会看出刘鹗用白话散文精细描写的可贵。曾朴的叙述与议论能力非同一般,然而描写能力则逊色很多,无论是风景还是环境,在他笔下都显不出个性与特色,曾朴主要靠人物思想、行动与议论的光彩,来刻画时代的氛围与变化。比如《孽海花》第十二回中的一段风景描写,傅彩云赴维亚太太约游缔尔园,缔尔园:

> 算柏林市中第一个名胜之区。周围三四里,园中马路,四通八达。雕楼杰阁,曲廊洞房,锦簇花团,云谲波诡,琪花瑶草,四时常开,珈馆酒楼,到处可坐。每日里钿车如水,裙屐如云,热闹异常。园中有座三层楼,画栋飞云,雕盘承露,尤为全园之中心点。

这两段描写,充满了四字套语,无论是德国柏林的花园,还是六回后举

---

[6] 刘鹗:《〈老残游记〉自评》,见刘德隆等编:《刘鹗及老残游记资料》,第78页。

办谈瀛会的上海公园,传递的都是一个模糊的面目,建筑一概雕梁画栋、花朵一概缤纷斗艳、游人一概兴致勃勃。在这里完全看不到老残那种浸润着主体情绪的对自然界的描绘。而同样是缔尔园,25 年后朱自清《欧游杂记》的景致则亲切可人得多,现代汉语的生动、灵活为我们展现出一幅活的柏林最著名的花园的景象。

2. 透明的"文":再现观察的过程

这是一个语言问题,同时更是一个在语言问题所形成的"言文一致"的认识性装置中,现代人开始经历的看待世界的不同方式。刘鹗用"透明"的语言描写风景和内心,用这种语言再现主体观察的过程。"风景的发现"是柄谷行人《日本现代文学的起源》一书中的核心议题,"风景"在他那里既是现代以来自然风景的发现(西洋风景画的风景,而非传统山水绘画的风景),也更是一种隐喻,比喻所有"促使现代文学成为不证自明的那种基础条件"。"言文一致"正是现代性制度所以形成的一个基本的认识性装置,在这个装置中,"'文'对内在的观念来说不过是一种透明的手段……,这个'文'的创立是内在主体的创生,同时也是客观对象的创出,由此产生了自我表现及写实等"。[7] 言文一致,同时创造了需要表白的内心,和可以描写的自然。

言文一致的呼声,从晚清便开始。晚清报刊、演说等种种新的传播形式,使得一种浅近文言和口语形式得到发展。"我手写我口",这实际是一种对文字语言的完全信赖。晚清人倡导白话虽然意在白话之浅俗利于启蒙宣传,但从深层次看,是对文字根本性质的一种重新认识。人们从看重文字的稳定性,转而追求文字对多变的现实生活的适应,追求文字对细致入微的内心思想与情绪的完整表达。对晚清翻译运动,

---

[7] [日]柄谷行人:《日本现代文学的起源》英文版作者序,赵京华译,北京:三联书店 2003 年版,第 10 页。

胡适评价不高甚至认为是失败,原因是用古文译之,“古文不能翻译外国近代文学的复杂文句和细致描写”。[8] 胡适所点明的不仅仅是一个翻译的困境,实际更是古文在新的时代与言论环境如何相适应的困境。大量新名词、日式句法、欧美句法的出现,确实暗示了文言系统在新时代产生表达的危机。木山英雄解释周作人的语言选择时说:“周作人不满于旧士大夫固定格式的诗文和庶民荒诞的故事,为了表现细微的感情和合理的批评精神,不得不暂且弃绝所有即成文体,而创造出以古希腊、英、日译文为媒介的质直的口语文体。”[9] 晚清、五四一代的作家一方面是发现白话,一方面是创造白话。从此这种语言成为文学语言的主体,人们相信文字在靠近口语的过程中,可以达到一种透明的状态,运用白话/语体文可以完整真实的传达思想、描绘世界、表达内心。所以现代白话的根本是要追求一种写实主义,“文”成为无障碍的进行叙述、描写和书写内心的透明的手段。文字与语言之间,语言与事物之间的距离被逐渐拉近,并消于无形。于是在明治以后的日本,人们只能抛弃自古以来所习见的俳句,而带着笔记本奔向自然与社会进行写生。

前引《老残游记》的描写文字中,无论是景色还是心理,刘鹗想要达到的都是一种近乎透明的状态,真实展现北方的苦寒之景与忧心国是的心境。在这里,语言与风景、语言与观景者的眼光、观察的过程,叠合在一起。老残对结冰黄河、落雪之山的描写,均清晰可见主体观察的视角、顺序和心态。这种以语言来再现完整的主体观察的过程,再现主体内心思考、情绪流动的细微过程,实际是现代汉语的本质特征与能力。鲁迅《秋夜》的开篇:

---

[8] 胡适:《新文学的建设理论》,见《中国新文学大系导论集》,上海:上海书店 1982 年版,第 18 页。

[9] [日]木山英雄:《文学复古与文学革命》,赵京华编译,北京:北京大学出版社 2004 年版,第 121 页。

> 在我的后园,可以看见墙外有两株树,一株是枣树,还有一株也是枣树。

对这段“两株枣树”的名文的解释的关键在于“看见”二字。鲁迅没有直说“在我的后园有两株枣树”,而采取“一株还有一株”的表述,是想要传达出一种主体的目光。这是白话文学运动发轫之际的一种独特要求:作者有意识地透过描述程序展现观察程序,为了使作者对世界的观察活动能够准确无误地复印在读者的心象之中,描述的目的便不只在告诉读者“看什么”,而是“怎么看”,“鲁迅的奇怪而冗赘的句子不是让读者看到两株枣树,而是暗示读者以适当的速度在后院中向墙外转移目光,经过一株枣树,再经过一株枣树,然后延展向一片‘奇怪而高’的夜空”。[10]

刘鹗的遗产被充分地继承,鲁迅等五四一代作家显示出白话文在彼时作家的笔下洋溢着新鲜感,具有巨大的、得以成功复写整个世界(无论外在或内在世界)的能力。于是有了郁达夫“大胆的描写”,有了朱自清《荷塘月色》细致婉转的刻画,这种语言为晚清、五四有才华的文人作家带来了极为宽阔的天地。

三、发现“风景”

《老残游记》中风景的另一卓异之处在于,它所描绘的风景在此前很少被当作值得描绘的风景来看,刘鹗笔下的山水真正具有一种现代意味。风景不同于名胜古迹。这类似于康德所论美与崇高。美是给人愉悦的东西,比如宋江眼中的浔阳楼、《红楼梦》中的大观园,而崇高则是不能直接给人愉快的东西,需要通过主观能动性发现其合目的性而获得快感,比如阻挡老残前行的结冰的黄河、苍茫一片的远山,让鲁迅

[10] 张大春:《小说稗类》,桂林:广西师大出版社 2004 年版,第 27 页。

心痛的“萧索的荒村”,然而正是后者成为了风景。

实际上,描写的发生,与单纯的描写外界有着某种本质区别,我们必须首先要发现这个外部世界本身。描写并不是要描写事物,描写存在于事物本身的出现中,这是事物与语言之间的一种新的关系。阿尔卑斯山脉作为风景出现而非危险障碍,仅仅是近代以来的事情。只有在现代性的认识装置中,风景才被发现,千年文字积累的名胜古迹淡出,作为环境、客观对象本身的自然、风土、社会才真正作为对象而被突出。中国传统小说中的风景描写确实规模有限,但这不只是中国传统小说的特点,在西方现实主义文艺观念出现之前,小说同样以讲述新奇故事为主,只有当启蒙主义之后,人之主体性确立于自然与历史之外,人才有可能对“客观世界”进行一种细致的描写。18 世纪以后的现实主义小说,与之前的传奇浪漫故事的重要区别,就在于现实主义对客观环境的精细描摹。

浸润于古典精神传统中的钱穆曾强调“从读书中懂得游山,始是真游山,乃可有真乐”,又记其 1933 年游泰山、济南,说“山水胜境,必经前人描述歌咏,人文相续,乃益显其活处。若如西方人,仅以冒险探幽投迹人类未到处,有天地,无人物。即如踏上月球,亦不如一丘一壑,一溪一池,身履其地,而发思古之幽情者,所能同日语也”。[11] 中国人传统之游山在一定程度上乃是在文字间游山历水,发思古幽情,感叹的是一个浸润在浩淼的文字情感中的世界。由这种厚重的审美积淀,中国人望月怎样也免不了千年文化传统,但在近代,另外的可能确实出现了。黄遵宪《八月十五日夜太平洋舟中望月作歌》(1885),已经感叹“大千世界共此月,世人不共中秋节”,表露出“传统审美方式在现代性因子冲击下的被迫变形、肢解或转型情况”[12]。吕碧城《北戴河游

[11] 钱穆:《八十忆双亲 · 师友杂忆》,北京:三联书店 1998 年版,第 198、245 页。

[12] 王一川:《中国现代性体验的发生》,北京:北京师范大学出版社 2001 年版,第 281—290 页。

记》(1913)中的风景已与传统山水游记大为不同,大海、山林、月色,都脱离了传统的笔调和情感模式,作者欣赏的是纯粹之自然。比如写月:“座谈既久,不觉皓月东升。时值六月既望,晓珠斗大,破出沧溟,银辉烂然,海面径可十丈。此又为余生平月之奇遇。同此月也,隐约天阴,照耀深院,不过照骚客之悲,引春闺之怨而已,安有此异彩,以辟吾眼界耶!”此月已摆脱了千年传统所赋予的情感模式,不再是“骚客之悲”、“春闺之怨”,也与思乡无关,纯然是明月异彩本身,引发人的美感体验。

正是这种意识,使刘鹗笔下的可爱山河区别于古典的名胜古迹。老残不断地被周遭事物所吸引,在黄河边,面对现实的阻碍(因冻冰而无法过河),老残却很快超离了利害关系的层面,而进入审美层面。他被冰冻的黄河与河上打冰的人迷住了,先后三次来到河堤,看流动的黄河结冰和覆盖了白雪的远山。这样的风景,与传统名胜是完全不同的。刘鹗的描写首先是发现,一种纯粹的风景从此出现在现代文学当中。比如鲁迅笔下的故乡:

> 时候既然是深冬;渐近故乡时,天气又阴晦了,冷风吹进船舱中,呜呜的响,从蓬隙向外一望,苍黄的天底下,远近横着几个萧索的荒村,没有一些活气。我的心禁不住悲凉起来了。阿!这不是我二十年来时时记得的故乡?(《故乡》,1921年)

再比如萧红笔下苍凉、粗粝的北方故土。柄谷行人曾举柳田国男《纪行文集》为例说明游记内容的变化,《文集》收录“近世著名旅行家游记”,包括以前的“诗歌美文的排列”,和近代的旅行者基于事实的自然记录、观察风土之类。从中可见从传统美之山水,到近代自然风土的变化。[13] 从《老残游记》到鲁迅、萧红,这一变化即“风景的发现”,在中国现代文学中也有着明晰的线索。

---

[13] [日]柄谷行人:《日本现代文学的起源》,第42页。

即使是《老残游记》第二回传统性的大明湖游记,在明媚风光、寺庙街景中,老残也有着具有独异意味的观察。在鹊华桥,老残上岸,看到街上人烟稠密:

……也有挑担子的,也有推小车子的,也有坐二人抬小蓝呢轿子的。轿子后面,一个跟班的戴个红缨帽子,膀子底下夹个护书,拼命价奔,一面用手中擦汗,一面低着头跑。街上五六岁的孩子不知避人,被那轿夫无意踢倒一个,他便哇哇的哭起。他的母亲赶忙跑来问:"谁碰倒你的?谁碰倒你的?"那个孩子只是哇哇的哭,并不说话。问了半天,才带哭说了一句道:"抬轿子的!"他母亲抬头看时,轿子早已跑的有二里多远了。那妇人牵了孩子,嘴里不住咕咕咕咕的骂着,就回去了。

看到这热闹的街景后,老残缓缓向小布政司街走去,看到了明湖居说书的预告,这个摔倒的孩子和他母亲再没有出现过。这里有某种对于小说来说令人不安的东西。这个摔倒的孩子,仿佛是戏剧舞台上一只没有发出响声的枪,就那样出现了,又那样消失了,在情节发展中不起作用,只作为一个即兴的场景出现。这里,具体的人作为风景而出现,作为环境而出现,这在传统小说中是极为少见的。传统小说中,每一个成分都是故事的有效组成部分,为情节发展而服务,对旁枝旁蔓、对环境风景,都缺少耐心,更不用提这样闲散淡定的注视。如果这个孩子出现在《水浒传》中,或者是《文明小史》中,必定成为启动一段故事的引子。这里显示出了环境的真正凸显,不只是静态的风景、事物、风土构成环境,人也构成环境,并且不是整体的抽象的人,而是具体活泼的人。这个具体的人第一次被褪掉了情节的功能,而单纯成为点亮环境的要素,镶嵌在环境布景中,不随着小说故事走,而就停留在那。

经过这样的分析,我们可以看到,刘鹗笔下的山水与儒家经典的比德自然有着很大的差异。山水不再是人之德性的比拟,也不再是诗词文赋中的咏怀。精细描摹展示风景面目本身,成为着力的重点。之所以会这样,当然不仅仅是白话文/语体文的效果,刘鹗不同于传统文士的独特的知识结构与性格趣味,也是其风景描写独特性的原因。刘鹗是清末处于边缘位置的杂学太谷学派的重要弟子,对儒家经典相对疏远,有救世之心,但淡泊而任侠,同时注重科学和实业。刘鹗被视为"山林高人","有异能",而非正统的儒家士人。

但另一方面,刘鹗身上又有着浓重的古典情怀——比如对古书的热情、对世乱和新变的某种警惕。雪月交辉的苦寒之景引发身世与家国伤怀,传统的物感、感物,心物交流,或伤春悲秋的情感模式仍然作用于老残。也是这种情感作用使这段风景描写倍增感人之效。在刘鹗这里,这种观念与去除比德、去除感怀思古的现代的写实的精细描写,交织在一起。约略说来,这也可看作是传统与现代的杂存。

实际上,风景的象征性是现代性的重要内容。考察风景与国族认同的关系是风景研究的重要方向之一。民族观念可以通过许多表征系统来体现,并由此得到加强,对风景表征的塑造就是其中之一。通过小说、诗歌、风景画、照片等表征形式对民族风景与大地进行咏怀,可以连接和唤起一种共同体感受。晚清报刊上出现很多对国家风物的歌咏,梁启超的《爱国歌》就通过赞美风景来唤起民族自豪感。《老残游记》对山东地方土地与民众的深情,显然指向更大的家国之思。这种象征性从一开始就存在于小说当中,危船寓言就隐喻着飘摇的晚清王朝。以风景象征国族,这种观念与传统的以比德说为核心的儒家自然观有着内在逻辑的一致性,传统转化为现代与异质并存,可能更是历史真实的状况。作为观察者的老残与作为心物交感的老残,同样是一个现代中国人的主体。

四、科学精神与视觉技术

阿英解释《老残游记》的描写成就,不赞同胡适提出的"实物实景的观察”和“语言文字上的关系”两点原因,而是认为这是刘鹗“头脑科学化”的结果。刘鹗的科学精神,反映到小说描写上,就形成“科学的写实”。[14] 阿英的判断与胡适的说法其实不矛盾,刘鹗的描写,在实地观察的基础上,已经初步或者说是朦胧地显示出了一种科学化描写的形态。

观刘鹗一生行迹,治杂学、治黄、办实业、办铁路、办矿务,与洋务、维新人物保持良好的交游与合作等等行为,都体现出他对科学、物质、新文明的热切态度。在小说开篇的危船寓言中,老残等送上去的是一只“外国罗盘”,可见刘鹗对西洋科学技术的借重。晚清、五四时期西方科学思想的传播,对文学的影响,不只是作为一种思想资源的赛先生成为知识分子的真理与启蒙的武器,同时也深切影响了文学的形式。写实主义与科学精神密不可分。刘鹗仔细辨别“止水结冰”与“流水结冰”、“河南黄河结冰”与“山东黄河结冰”的区别;仔细区分“云白”、“雪白”和“山白”的区别,指出云的亮光乃是月光从背面投过来,山的亮光是由雪反射而来,相似而有不同。这种甚至有些过于细致的辨别,确实体现了一种科学化的精确意识。

虽然刘鹗身上浸透了传统文化素养的精神,但有证据表明他在较早的时候就接触到了西洋文学。刘鹗日记显示壬寅年三月二十四日(1902)傍晚,他拜客归寓,“读《十五小豪杰传》,写书签”[15]。《十五小豪杰传》是梁启超、罗孝高译凡尔纳的科学小说。这一事实至少说明了刘鹗在写作《老残游记》之前接触过西洋科学小说。而侦探小说这一类别更直接反映在小说创作中,小说借白子寿之口称老残为福尔摩斯、请其查访贾家冤案。这样说并不是为了坐实《老残游记》如何受到西洋小说技法的影响,而是为了突出刘鹗对于科学实证思维的关注。

---

[14] 阿英:《晚清小说史》,北京:东方出版社 1996 年版,第 30—32 页。

[15] 刘德隆等编:《刘鹗及老残游记资料》,第 160 页。

刘鹗对止水、流水、结冰、云白还是山白的细致描摹的文字，不是传统的说部、话本里的白话所能容纳的，是现代汉语最初的形态展现。

刘鹗的写实与科学精神基本都是集中在描写段落中，在叙述和议论中就不那么突出，比如老残几次勇闯公堂、侦破冤案显神威，桃花山的异人异论，都充满了理想色彩。也就是说，刘鹗注重的是环境的真实。从刘鹗开始，小说力图把故事放在一个具体而真实的背景中。同时这种对环境的描写，特别需要细节，显现一种科学化的观察力。五四时期小说论者常常由强调环境背景而强调小说的地方色彩，比如前引瞿世英强调“地方色彩在小说中是极为重要的一件事”；郁达夫在《小说论》(1926)中专列《小说的背景》一章，明确指出：“自从文艺复兴以后的科学精神，浸入于近代人的心脑以后，小说作家注意于背景的真实现实之点，很明显的在诸作品中可以看出。”“近代小说中背景发达得最盛的，是小说的地方色彩(Local colour)。”[16]《老残游记》营造出的浓重的山东地区从初秋到寒冬的自然状况氛围，其中或秀丽、或苍凉的自然，苦难而平静的百姓，朴实的风土人情，都历历在目。

柄谷行人指出，风景和民俗学总是联系在一起的。在民俗学的装置中，才有了值得记录研究的常民、平凡的景物与环境。《老残游记》对地方、风俗、土地、平民的关注，初步显现出一种民俗学的意识。作为街景的被碰倒的孩子及其母亲，客栈里缩手缩脚、进进出出的伙计，都是作为一种风景而存在，作为一个镶嵌在环境和风景中的组成部分。“‘民’在作为‘风景’的‘民’出现之前，乃是作为儒教的‘经世济民’的民而存在的。”[17]后者在现代才具备了值得记录的独立价值，并被看作是历史与社会发展的肌理的真正载体。在《老残游记》这里，作为纯粹风景的大众、平凡的生活者出现了，尽管这当然还不是五四以后所说

[16] 郁达夫：《小说论》，见严家炎编：《二十世纪中国小说理论资料》第2卷，第444页。
[17] [日]柄谷行人：《日本现代文学的起源》，第23页。

的“民粹”与“民间”。

一个值得进一步考察的问题是,《老残游记》的细微观察与如实描绘,与晚清以来人们对于视觉真实的追求是否有关?与现代视觉技术是否有关?

《文明小史》最后一回,叙述者总结全书道:“诸君的平日行事,一个个都被《文明小史》上搜罗了进去,做了六十回的资料,比泰西的照相还要照得清楚些,比油画还要画的透露些。”曾朴在自白《孽海花》创作手法时,说希望“合拢”种种大事的“侧影或远景和相联系的一些细节事,收摄在我笔头的摄影机上,叫它自然地一幕一幕地展现,印象上不啻目击了大事的全景一般”[18]。前者提到照相和油画,后者则提到了电影,这些新的视觉技术,除了油画更早外,都是在晚清传入中国,并逐渐引起了人们观看的方式的变化。

这种文字与影像相比较、竞争的状况,确实是晚清以来的新现实。从晚清以来,在新的视觉技术和复制技术的条件下,一种视觉文化悄然兴起,人们开始习惯于用一种视觉性形式来表现身处其中的现代社会与日常生活。晚清画报盛行,画报将图像插于文字与客观事物之间,仿佛表示,图像比文字说明更接近实物,杂志邀请读者对图像的回应方式也仿佛它们就是存在世界的实物,把文字看作是指向图像的路标。

随着摄影术的普及,图画在新闻中的位置逐渐被更具视觉真实感的照片所取代。实际上,画报的画师在绘制外国情形时,时常也是临摹照片。摄影术由辅助素描写生的绘画工具发展而来,利用光线所形成的事物的影像,素描者在其上加以简单描摹就可得到一幅相对精准的图画,后来技术发明者希望能够完全除去素描者笨拙的手与眼,达到对象无中介的直接的呈现,于是底片出现、摄影术正式发明出来。由此可

---

[18] 曾朴:《修改后要说的几句话》,见魏绍昌编:《孽海花资料》,上海,上海古籍出版社1982年版,第131页。

见,摄影从一开始就力图建立一个透明的、无中介的达到对象真实的方式与观念。[19] 如图 1、图 2 和图 3,表示摄影手段最初是如何作为使人可以客观地、真实地、透明地描绘对象的手段而出现的。

图 1　Albrecht Dürer,素描者画躺女(1525)

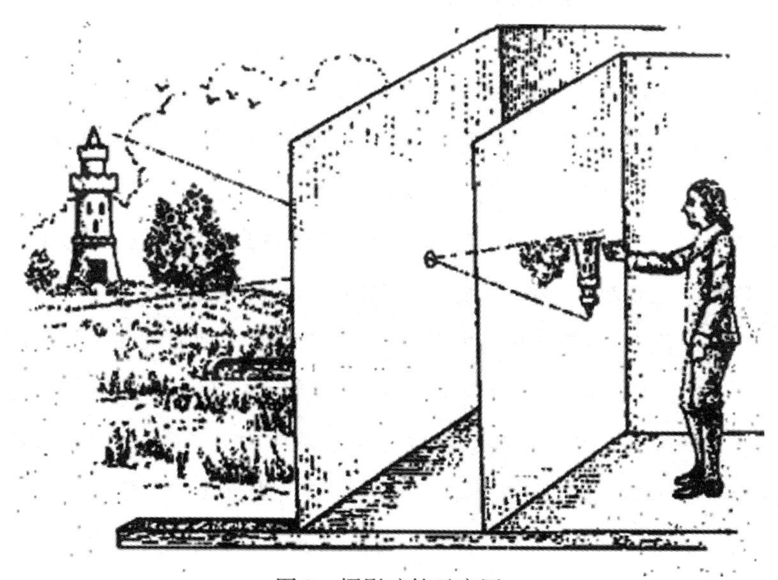

图 2　摄影暗箱示意图

[19] [美]南西 · 阿姆斯壮:《何谓写实主义中的写真》,见刘纪蕙编:《文化的视觉系统Ⅰ》,台北:台北麦田出版 2006 年版,第 21—23 页。

图3　摄影明箱

大众传播的图画、摄影以视觉真实进一步巩固了客体世界之客观性。尤其对于中国人来说,这是一种全新的观看方式。一般说来,中国哲学传统下的观,乃是以心观物,以气观物,强调物我同一,而不强调主客二分,因此也就不会有一个用以观察的固定的透视点,不会计较对象之形状、比例、明暗。文学描写中,风景也是一个美文、韵语、典故、比喻、情绪堆积的世界,这种传统形成一种强大的文化规定性。言文一致打碎了这个规定性的第一层,新的观看方式则帮助建立了另一种规定性。事物的视觉次序逐渐成为事物本身的次序,传递出眼睛观察的过程,最大限度传达了对象的真实。刘鹗笔下的风景,正是在这样的观念下达到所欲求的真实。“写实主义与摄影是同一文化计划中的伙伴”[20],“描”与“写”是中国传统画论中的词汇,

[20] [美]南西·阿姆斯壮:《何谓写实主义中的写真》,见刘纪蕙编:《文化的视觉系统Ⅰ》,第35—36页。

本身即表明一种依据外部对象描摹成形的意思。描写就是要求用语言文字刻画出形象,达到栩栩如生的效果,题意就有一种视觉性的要求。

新的视觉技术手段——油画、石印图画、版画、电影等确实对文字的运用产生了影响。韩南曾分析鲁迅小说所具有的强烈的视觉性,"对鲁迅来说,视觉艺术和文学差不多具有同等意义。……他对漫画、动画、木刻的提倡肯定超过了它们的实际效果。他的短篇小说的深刻的单纯和表现方法的曲折也许正可以和这些艺术形式单纯的线条及表现的曲折相比美。"[21] 周蕾在《原初的激情》一书中也非常明确地指出中国现代文学内在的视觉性,在幻灯片、摄影、电影等现代视觉技术的压迫下,鲁迅等小说家选择以文学文字来规避这种视觉震惊,但对视觉的敏感与营造却深深嵌入他们的写作当中。短篇小说这种"压缩的、意指的"、"人生断面式的"形式本身就具有视觉性。萧红、茅盾、巴金、郁达夫作品中的"缩略、截断、聚焦"等手法,即使跟电影和摄影没有直接的关系,也都是在一种大的"技术化观视"的背景中。[22] 当然,刘鹗的时代,视觉性之强度远逊于鲁迅的时代,尤其是电影尚未进入普遍的公众视野,但《老残游记》中逼真、细致、生动的风景描写,表达出一种面向视觉真实的努力。刘鹗辨别云白、山白,细致描摹前冰逐后冰的动态,那种态度与手笔,仿佛是在进行一幅素描写生,而非传统的山水写意。"摄影赋予小说在描写某些角色、背景、物体时表达真实的能力,这样表达真实的能力类似照片透明性的特性。"[23]

吴趼人《新石头记》第二十八回描述了"文明境界"中经过改良了

[21] [美]韩南:《韩南中国小说论集》,北京:北京大学出版社 2008 年版,第 341—382 页。

[22] Rey Chow, *Primitive Passions: Visuality, Sexuality, Ethnography, and Contemporary Chinese Cinema*, New York: Columbia University Press, 1995, pp. 4—18.

[23] [美]南西 · 阿姆斯壮:《何谓写实主义中的写真》,见刘纪蕙编:《文化的视觉系统 I》,第 37 页。

的照相技术,甚至达到了彩色照片、一次成像、立等复制的水准,照片取代真人,满足了人们的视觉需求,主人公宝玉因此得以摆脱烦恼。这是典型的本雅明所诊断的机械复制时代的艺术。如此丰富的表征形式,令文字也发生变化。在这里,科学与视觉相互支撑,在自然科学、民俗意识、视觉技术等等所形成的透明的世界中,描写发生了。

结　语

俞明震在《觚庵漫笔》(1907)中曾把小说分为"记叙派"和"描写派"两类,记叙派是"综其事实而记之,开合起伏,映带点缀,使人目不暇给,凡历史、军事、侦探、科学等小说,皆归此派"。描写派是"本其性情,而记其居处行止谈笑态度,使人生可敬、可爱、可怜、可憎、可恶诸感情,凡言情、社会、家庭、教育等小说皆入此派"。前者以《三国演义》为独绝,后者以《红楼梦》、《儒林外史》为最。[24] 显然,这里对描写的理解已经扩展为一种文学风格,这种风格以现实社会为对象,以平凡的人物为角色,以写实主义为手法,表现真实的社会与人生。尽管这已不是作为一种文学手法的描写,但却充分显现出作为一种手法的描写背后所带来的更广泛、更重大的文学风格取向与文学价值观的变化。在现代小说观念的作用下,记叙派小说在价值上逐渐让位于描写派小说。考察"描写"如何发生,展现"描写"从无足轻重到成为重要标志的变化过程,可以帮助我们窥见中国小说现代性转变进程之一角。

---

[24] 陈平原、夏晓红编:《二十世纪中国小说理论资料》第1卷,北京:北京大学出版社1997年版,第270页。

四、理论前沿译介

中国表意文字中的“天”

汪德迈著　李晓红译*

约在公元前一千三百年的殷代初期，中国的占卜专家们在通过卜龟占法的同时，创造并使用了表意文字体系。对占卜者来说，占卜学在当时是一门真科学（正如李约瑟 J. Needham 所说的准科学），而那时他们需要一种文字系统的帮助，于是占卜学家们创造了表意文字这个被他们当作辅助工具的文字系统。当时的占卜技术非常精湛，那些占卜者们天天琢磨龟甲与兽骨，在其中发现和创造文字。我与中国一些学者有所不同意见的地方则是：有人认为是中国原始先民半坡人创造了文字，而我则认为是中国古代的占卜者通过占卜手段开始了一些准语言文字的尝试。他们当时的占卜实践与研究曾取得很大进步，也就是说，占卜学出现在汉字以前。这个表意文字系统的创造是中国先人们在公元前两千年前后使用的一种火烧灼龟见兆的方式，通过复杂的甚至令人难以置信的占卜技术的实践而形成的系统而且合理的结果。表意文字从它最初创造时开始反映的其实就

---

* 汪德迈（Leon Vandermeersch），男，生于 1928 年，法国学者。曾任中国语言和文化讲师，教授，研究员，先后在不同大学和研究所工作，专门研究中国以及有中国文化影响的国家的文化史（韩国、日本、越南），就这一领域的不同方面共发表专著六部，论文一百多篇。

李晓红，女，生于 1951 年，旅法学者。巴黎一大造型艺术硕士，巴黎索邦大学考古艺术史博士。博士论文《神龙——中国古代龙图像学》曾获得法兰西学院奖。现为法国阿尔图大学外国语言文学系副教授。

是一种它的创造者对世界的看法,例如表示天干地支的二十二个符号在当时只是抽象的图形符号,而不是象形文字。我们通过对表意文字之一"天"字的探讨可以印证这一点,即分别从宗教意义上来看"帝"字,和占卜学和宇宙学方面来看"天"字。作为准科学的"占卜"(manticologie)[1]还没有发展以前,那时流行的只是神话;所以,要明白有关"天"的文字,就应当首先知道有关天的神话。因此,我想首先讲在《淮南子》,《山海经》和屈原《天问》等书中都分别讲到过的一个著名神话。

这个神话传说的版本之一说的是远古时代,世界天地不分,四处一片黑暗浑浊。伏羲与女娲本是兄妹,他们为了使世界畅通,首先试图将天地分开,之后阴阳一下子分开了,随之而来的是与阴阳相关的四方和四季的分离。然后又有了女娲补天的故事,以及东方殷民族所奉祀的被称为俊的天帝。帝俊和他的一位妻子羲和生了十个太阳儿子,他们轮流升起,每十天一个轮回,这十天的一个周期被称为旬。帝俊和另外一个妻子常羲生了十二个月亮女儿,而这十二个月亮每个月的轮流交替就形成了一年的十二个月。而当十个太阳结伴升起时,强烈的阳光烤焦了大地,庄稼枯死了。幸好有一个神射手叫后羿,他一连射下了九个太阳之后,大地被拯救了[2]。

在这个神话中我们感兴趣的是关于天和地,十个太阳和十二个月亮的描述。第一点,我们要说的是在中国古老的宗教中所强调的是一种极端神性化的信仰,在这个信仰中,"天"这个字符里含有一个绝对值,中国古人把它叫做"帝"。天是主宰自然和超自然的。在上古时

---

[1] Manticologie 意思是占卜准科学(pseudo-science divinatoire)。我发明的这个词是为了模仿占学的含义,同时运用了大思想家王夫之(1619—1692)的用词观点,即在他讲易经时为了区分曾用过的《学易》和《占易》两个词。(参考李焕明:《〈易经〉的生命哲学》,台北,1992 年,第 436 页。)

[2] 参考冯时:《中国天文考古学》,北京:中国社科文献 2007 年版,第 60 页以及后一页。

代,人们把自然看得很神秘,认为整个宇宙有一个至高无上的主宰,而天正是至高无上的,这就是帝或是上帝,对中国人来说这个上帝就是太祖。因此在甲骨文中中国古人创造的“帝”这个甲骨文的象形文字的字形正是体现了以上所述,也就是说它的图形符号的构成反映了想像的意念。在我们看来,甲骨文表示太阳的字“日”,是一个圆盘,其中有一点。而示意为月亮的字则在月牙形上加线,这个字也用了同样的方法(图 1-1,日;图 1-2,月)。至于“星”字,我们看到了散落的光“块”围在树枝旁(图 1-3,星)。还有其他与天相连的字则都是摄取了与天有关的图形风格与意思(图 1-4)。

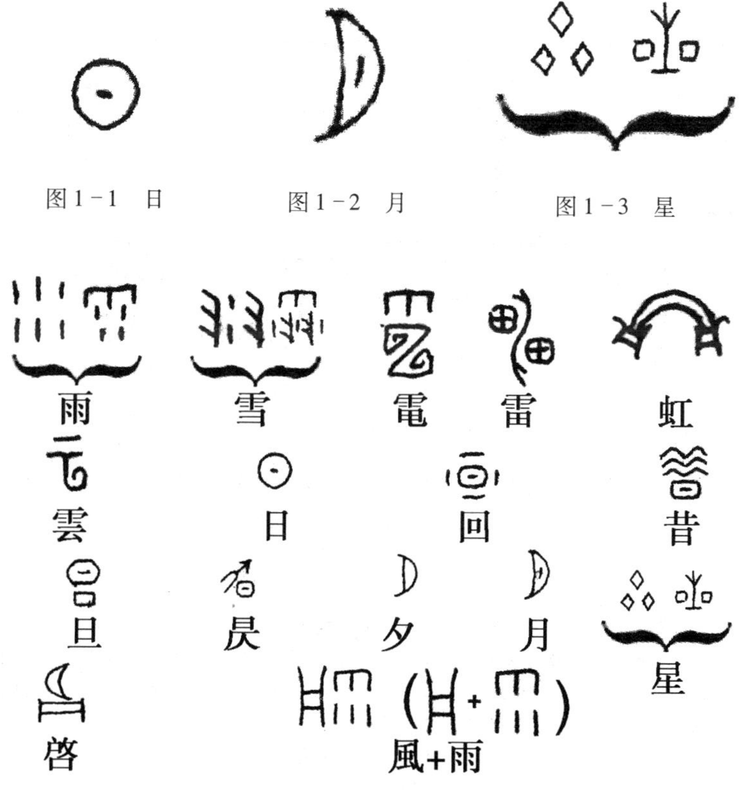

图 1-1　日　　图 1-2　月　　图 1-3　星

图 1-4　其他与天相连的字

后来被称为“上帝”的“帝”字,一般被人们翻译为“天上的王”,并没有一个明显地在天上的形象。著名学者吴大澂(1835—1902)认为,“帝”字的图形符号应为花蕾形象(图2上)[3]。这个字很像表示否定的“不”字,按照词源学的说法应是花萼,或说花托(图2下)。可是这个词源学所解释的表示作为花萼/花托的“不”字已经不太用了,“不”字只是一个假借字,而作为花萼/花托的本意已经丧失。古文字学家们更愿意将此字解读为一捆燃烧的柴,是一种象征殷代时对被称为“帝”的祭祀,这“帝”也叫“禘”,表示祭祀时是通过焚烧牺牲品以奉献上天,而此词的由来则换喻了“天上之王”本身。因为花蕾的字解正好是与殷人相信“天上之王”和与自己祖先的信仰相符的[4];而花和

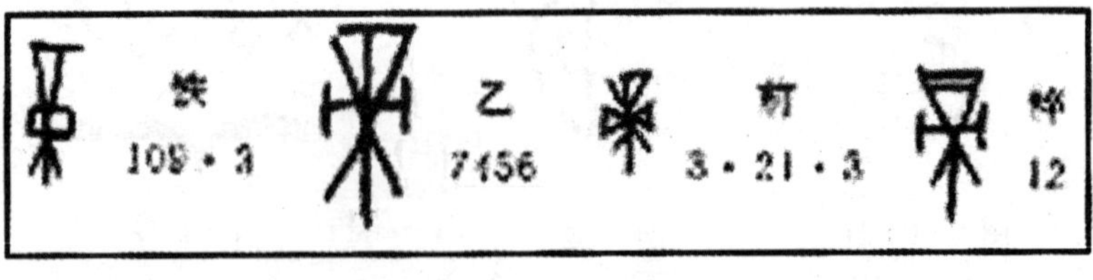

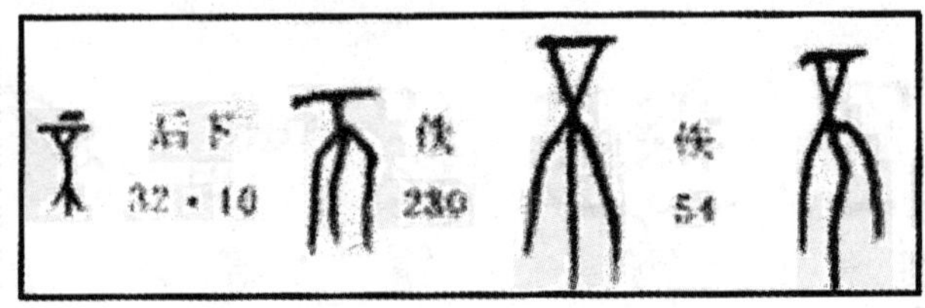

图2上 “帝”字的图形符号应为花蕾形象;
图2下 这个字很像表示否定的“不”字

[3]这个花蕾的“帝”的形象在青铜器纹样中能找到,但是在甲骨文中却不一样,在吴大澂时代更不为人知。这个词源解释还被周法高引证过(周法高:《金文诂林》,香港,1975年,第一卷,第48页)。我支持关于花蕾和花托形象的解释,这种解释比把它解读成是一捆燃烧的柴的说法更有说服力,解读成一捆燃烧的柴是对上天即“天上之王”的祭祀的象征。而这个“帝”的名字就成了上帝的隐喻。这个词源学的解释我在知道吴大澂解释之前就已接受。

[4]参考汉学家艾兰(Sarah Allan)的博士论文:Sarah Allan, *Myth*, *Art*, *and cosmos in Early China*, State University of New York Press, 1991, pp. 46—56。

花萼/花托的形象同时象征着一个有结果的未来，也隐喻“父子”关系。不管怎么说，这里强调的所有观点都说明此字与拟人化因素相去甚远。在当时，也许只是作为占卜者的专家唯理性的记号，这些记号验证了占卜者的创造作为图形词汇的理性构成，这不是非常简单的神话，而是一种相当有道理的创造。

同时有一些图形符号还体现了中国古人在语义学上的创造性。比如说表意文字“蓝”。这个字应列入会意文字之列。也就是说这类字由两个或多个独体字组成，所组成的字形或字义合并起来表示该字意思。“蓝”字是表意文字出现较晚的字，按色谱计算，蓝是从 446 到 520，而绿是从 520 到 565，这两种色合并在一起就是青色（从词源学意义上讲这个字为草从井边长出，金文字形上面为“生”字，下为“丹”字，而“丹”字是“井”字的变体）。图形符号“蓝”的造字只是为了表现一种蓝颜色（靛蓝或靛绿色），字的上方为“草”字，下方为“监”字。这个“监”（“监”表示在镜子里自己看自己面容，见图 3）字则为“人”、“眼”与“盆（古代盛水用的盆）三个部分的合体字。如果不是专家则很难分清靛蓝色还是叶子的形象。表意文字的创造者们思维逻辑是：用植物

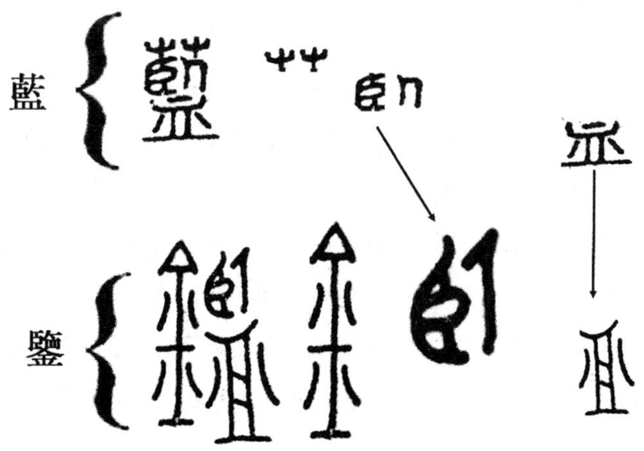

图 3　蓝和鉴两个繁体字的结构

的颜色——反射——到盆里,来达到从植物中提炼出天蓝的颜色。为什么“颜色会反射到盆中”?因为在发明铜镜或银镜之前,人们使用濯水盆当镜子[5],在洗手的同时,人们可以屈身看到反射在盆中的自己面孔。濯水盆应保持水平,以免水洒出,而从濯水盆里的水中可以看得到屋子里的天花板,以及屋子外边的天。因此表意文字“蓝”字的构字方法可以让我们在引申中有一种联像,就像打水漂所产生的涟漪效应一样。

至于“天”的表意文字所反映出的智慧与技巧我们在此暂且先不去讨论,我们先来关注一下在占卜学中“天”字所证实的一种从宇宙学到神学之间的一种替代关系。在这里我们可以比较一下西周中晚期的青铜器师询簋和公元前九到八世纪西周著名的宗庙祭器毛公鼎的两段祭文中,“皇帝”与“皇天”的替代关系。在师询簋中是这样写的:“……肆皇帝亡斁,临保我有周雩四方,民亡不康靖……”而在毛公鼎的一段祭文中是这样写的:“……肆皇天亡,临保我有周……”这里我们看到了替代“帝”字位置的是“天”字。(毛公鼎应比师询簋的时间晚一些)。图形符号的“天”应属指事字,即指在表示指事性图形上加一些指事性的原始符号表示意义的造字方法。“天”字的原始符号为象形文字“大”(图4上),表示了一个双臂伸开的站着的人,他两腿分开,而古人在头上加了一道小横线,或者加上一个小的方形的“口”字(图4下)就演变成了“天”字。在甲骨文中这个图形如果不在这句话里的意思应该是人名或地名,而在这里它指的是“头”、“首领”的意思,这里是一种表示肢体的用语(如果在卜辞中表示头部生病了也是用这个字。它亦可作为形容词“大”字的同义词(我们在卜辞中可以找到作为“大雨”意思的这个字)。许慎曾在《说文解字》中给“天”字的定义为:“天颠也。至高无上。从一大。”他的意思就是说没有什么东西可以比天再高。

[5]甚至之后,这种作为可以使用的镜子的价格还很贵。

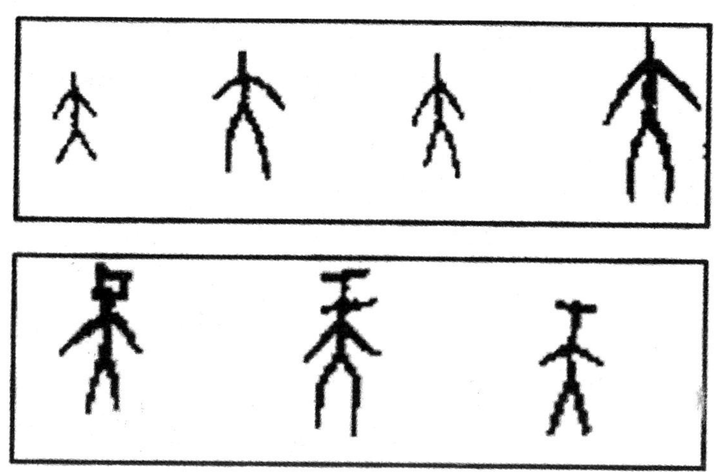

图4上 “天”字的原始符号为象形文字“大”；
图4下 而古人在头上加了一道小横线，或者加上一个小的方形的“口”，就演变成了“天”字

为了将宇宙意义上的“天”从物质意义上的“天”中区分出来，占卜者创造了一个表意文字“穹”。“穹”由“弓”形，上面加“穴”字构成。“弓”指的是弯曲，“穴”在词源学上意思是帐篷，指的是空间，即这个“空间”的图形在一个“弓”形之上，也就是说是指一个“弓”形的拱顶，即“天”。（这里“弯曲的空间也就是许慎所说的“天之颠”）。换句话说，它去除了“帝”（“天上之王”）字所含有的宗教意味。而“帝”字和它的另一个同义字，我们前边讲到的“禘”，均与祭天礼仪相关联，都是一种早于“帝”字出现的表示祭天的名称。毋庸置疑，这些祭祀仪式在当时其实都只是一种纯粹的形式主义的仪式，是由宇宙学象征体系来决定，而不是宗教。

虽然我们说这种演变到周代（公元前九世纪左右）才基本完成，但是我们刚看到的例子则说明了长久以来占卜学一直在其中起着重要的作用。演变的开端是从阴阳合历的去神话化方法开始的。这个演变过程通过甲骨文时代的甲骨文可以验证。那么，在这些甲骨文中，“天

干”系统的参照是怎么从十个太阳到十二个月亮(“地支”)即从这十个太阳的同父异母的妹妹的神话中转换出来的呢?表现在图像中形象的转换又是如何的呢?

毫无疑问,为了让以旬为基础的社会性时间合理化,史前的中国人想像了十个太阳的神话故事,并从以朔望月为单位的循环体系,即从月历(阴历)中得到启示。其实这个“月”历系统敏锐地表现了它与前者的不同,同时又表明了它的系统本身与一个月二十九日的概念有关。这个时间的不同,反映了在阴历全年十二个月中每一个朔望月的天数与它之前和它之后的朔望月天数有所不同,也就是说在阴历的年份里每一个月月亮的诞生与消失都不一样。原因就在于这每一个月二十九天中每一天都因季节的推进或变化产生非常微小的变化。平年十二个月,有六个大月各三十天,六个小月各二十九天,全年总共354天。但是这个日数少于一个太阳年。但是在一旬这个短暂的时间里,每一天却几乎看不出有什么变化。人们因此可以平行地从十二个月亮的重复的表象中,幻想出了关于十个太阳的神话。而这十个太阳的神话与十二个月亮的产生同于一个谱(父)系逻辑。

神话的结尾是羿这个神射手射掉了多余的太阳。根据《淮南子》的说法,在黄帝的神话传说时代,是羿建立了这个功勋。根据另一个神话传说的版本,说的也是在同一个黄帝时代,是黄帝的一个叫容成的大臣创建了第一个历法。除去传说不说,然而古代中国历法的创造者应是占卜学家,也就是说是占卜学科发展了历法的科学。这门科学最首要的发现是什么呢?是在这个六十为进制的历法中加入了神话所带来的最具有宇宙意义的东西,即两个运转周期系列:太阳和月亮。这个历法实际上是两个部分的结合,一个是建立在以太阳为基础的与天有关的,十进位的旬的系统,即天干。一个是以建立在以月亮为基础的与地相关的,十二进位的系统,即地支。这两个系统,相辅相成地组成一个在另一个之间的大循环系统,即六十天的双倍运转的,永不休止,周而复始的历法。这是古代中国人建历法时,为了方便做六十进位而设出的符号。对古代的中国人来说,天干地支的存在,就像阿拉伯数字一样的单纯,而且后来用于地支上,即古人观察朔望月,发现两个朔望月约是五十九天的概念。

天文学上完全没有这样的历法,所以每五年后必须要加时间,即置月。任何一个天象系统都不能解释六十进制的系统。它只是一个纯粹的抽象宇宙学概念。公元前 732 年《左传》一书中记载的晋国天文学家伯瑕曾用过以下词汇解释:太阳和月亮的交会叫做辰,由此产生了太阳的运转与月亮的运转的联系。[6]

天干地支的观念是根据去神话的逻辑建构的。人们故意运用了一些抽象的表意文字去表现这两个观念。干支系统实际上它并没有天文的现实性,而只是十分理想化的一种创造。当时,占卜学家看到了有天文现实性的一年十二次的日月交会,于是他们认为应该还有甲、子、乙、丑等的十二次日月交会的干支周。因此,中国古代汉语词典中用图示的方法去展示这些文字的词源而这些解释都是混乱的。显示在神喻铭文当中这些表示占卜时天文意义上的日期,要么是一些数字,比如甲乙丙丁戊己庚辛癸,要么是因为不可能再去创造上述 22 个表示了天干与地支的简单的文字,于是人们就纯粹按声音假借一些词,比如“东南西北”这样表示方位的词(见图 5)。这些假借的词从词源学的意义上讲,本来是象征着某种意象的(如“戊”和“戌”这两个字,本来这两个字表现的是两种类型的斧子,而后来人们拿掉了原有的意象,而用它们来表示抽象的一些东西),也就是说在假借过程中它们彻底地失去了它们的本意。

[6] 来自昭公七年伯瑕对日食的探讨,“十一月,季武子卒。晋侯谓伯瑕曰:‘吾所问日食,从矣,可常乎?’对曰:‘不可。六物不同,民心不一,事序不类,官职不则,同始异终,胡可常也?《诗》曰:‘或燕燕居息,或憔悴事国。’其异终也如是。’公曰:‘何谓六物?’对曰:‘岁、时、日、月、星、辰,是谓也。’公曰:‘多语寡人辰,而莫同。何谓辰?’对曰:‘日月之会是谓辰,故以配日。’”(见《左传 · 昭公七年》)

图 5 “东南西北”这样表示方位的词在甲骨文中的写法

我们发现了玛雅历法和印加历法与中国的六十进位制历法之间的相似性。中国历法就象两个啮合的齿轮互相咬和式的运转,十个天干的齿,随着十二个地支的齿而变动。[7] 这种历法的创制模式后来被推而广之,用于提供计数的工具。这些计数工具被广泛使用于包括计年在内的种种活动。而这一历法本身从来就不是唯一的。即使在其被创始之初,与之同时的还有另一套历法体系,这一体系参照的是真实的天文学意义上的天份和月份。殷代的占卜者已经知道如何计算日月历法(祭祀仪式历法)被称为“祀”;现在我们叫它“年”,并能够精确地将年的概念分为三百六十五又二分之一天,为使一年的平均天数与回归年的天数相符,设置闰月,置闰。这种历法确实是一种想像,但是是一种合理的想像。通过这种合理的想像,占卜学代替了神话。这种想像是中国民间择日学和堪舆学的核心,至今仍然很有生命力,它计算着人们的出行以及办各种事的日期,推算吉和凶。直至今天,在中国依然作为一种历法,按照日常的流动的岁月,依六十年一轮的体系运转。

[7] Cf. Needham, *Sience and Civilisantion in China*, Vol. 3, Cambridge University Press, 1959, p. 397.

五、述评与书评

美学理论建构中的得与失：评叶朗的《美学原理》

张　弼*

轰轰烈烈的理论创新之后，伴随的是扎扎实实的理论建构。在20世纪50—60年代和80年代美学大讨论之后，各派美学家都积极进行了理论建构。以李泽厚为代表的"实践派"美学家写出了名目繁多的"美学原理"和"美学概论"之类的教科书，以蔡仪为代表的"客观派"美学家也写出了自己的"美学原理"。叶朗先生的《美学原理》则是在继承和发扬朱光潜为代表的"主客观统一派"美学思想的基础上，吸收了宗白华先生的美学思想和吕荧、高尔泰为代表的"主观派"的美学思想，所完成的美学理论的建构。它不但填补了美学理论建构的空白，而且在许多方面为美学理论的发展提供了新的建树。

本书站在我国美学研究的前沿，以朱光潜和宗白华的美学理论为学术研究的起点，力求以中国古典美学思想与西方现代美学思想对接，在中国古代的"天人合一"的哲学基础上建设有当代中国特色的美学理论体系。具体而言，本书具有突破和创建的理论贡献主要有以下几点：一、它在美学研究的对象上打破了过去的美和美感、艺术和美育等方面片面分散的研究，代之以审美活动为起点，对美学进

* 张弼，男，1941年生，黑龙江省密山人，黑龙江大学文学院教授，从事文艺理论和美学教学与研究工作。

行了宏观整体的研究,实现了与当前世界美学研究总趋势的同步发展。二、它打破了以往囿于“主客二分”的认识论模式静态地探讨美的本质的思路,在对审美活动的动态研究中,提出了体现美和美感统一的“审美意象”的概念,对美的本质提出了全新的解释,富有启发意义。三、在对“审美意象”的研究中,它突出了过去常被忽视的审美主体的研究。作者通过对中国古典美学的阐释和对艺术作品的赏析,充分揭示了在艺术美创造中主体巨大的能动作用,取得了在同类论著中的难得成果。四、它从对社会文化环境,包括经济、政治、宗教、哲学、文化传统、风俗习惯等方面,以及对这个文化环境中的个人家庭、阶级地位、文化教养、社会职业、生活方式、人生经历等多方面影响而形成的审美趣味和审美格调的研究,大大丰富了朱光潜先生“美是主客观统一”中的“主观”的内涵。五、它从中国艺术中概括出的“沉郁”、“飘逸”、“空灵”和从当代西方艺术中概括出的“丑与荒诞”充实到美学范畴之中,大大扩充了美学范畴的内容,体现了美学研究的当代性。六、它与人生境界联系起来研究美育,比起过去仅从素质教育和审美教育的角度研究美育,具有高屋建瓴、另辟蹊径之感。

理论创新应当大刀阔斧,想前人之所未想,甚至允许“深刻的片面性”;理论建构则应当精雕细刻,在克服矫枉过正中寻找和营造“平衡点”,使理论具有广泛的概括性。李泽厚曾说:“现在所讲的美学实际包括三个方面或三种内容,即美的哲学、审美心理学和艺术社会学。前者是对美和审美现象作哲学的本质探讨,后两者是以艺术为主要对象作心理的或社会历史的分析考察。三者有时混杂纠缠在一起,有时又有所侧重或片面发展,形成种种不同色彩、倾向的美学理论和派别。”[1]本书显然首先是力图从哲学上打破“主客二分”的格局而转

[1]转引自赵士林:《当代中国美学》,北京:人民教育出版社2008年版,第2页。

入到“天人合一”的新思维。

从全书的篇幅和力度上看,虽然也涉及到艺术社会学的不少内容,但总体上它还是以艺术美为主要对象,从审美心理学上揭示美的本质,然后对美学原理进行整体建构。作为美学专著,它应具有理论的深刻性,作为美学教科书,它应对美学研究成果有广泛的概括性,其理论应对审美现象有普遍适用性。如果用这些尺度来衡量这本《美学原理》,我认为还有许多可商榷、可斟酌之处。这里不揣浅陋,陈述如下,供作者参考。

首先,本书所提出的核心理论“审美意象”的涵盖面还不够宽广,不能包括整个的审美现象。随着社会的发展,审美对象也越来越丰富,美学理论也应增强其概括性。本书所提出的“审美意象”主要是从艺术美,特别是从中国古典诗词的意境中概括出来的,对中国古典诗词以外的艺术美就涉及较少,对外国和中国现当代的艺术品联系就更少,对叙事性再现性的艺术作品如小说、戏剧、文学、雕塑、绘画等作品也很少涉及。书中所涉及的叙事性作品如《西厢记》、《红楼梦》也多是从情景交融方面加以举例的。在用“审美意象”来论证自然美时,也仅局限于未经人类加工改造的自然物的美。“自然美就是‘呈于吾心’而见之于自然物、自然风景的审美。”[2]这样,大量的经过人类加工改造(即“人化”)的自然美就被置于审美的视野之外。我们知道,随着人类对自然规律的正确认识和合理利用,“人化”的自然美将大量出现,丰富了人们的物质生活和精神生活。按照本书对自然美的定义,童山秃岭变成林场牧场、荒漠变成绿洲、野生动物被驯养、种植的作物、培育的鲜花、人造的园林风景等等,都得从自然美中抹去,这是违背审美实践常识的。我们再来看看“审美意象”对社会美的概括。由于坚持社会美的生成要超越“主客二分”,超越“自我”的局限性,实现人与世界的沟

[2]叶朗:《美学原理》,北京:北京大学出版社2009年版,第181页。

通和融合,要克服利害关系和日常生活的单调造成的“眩惑”心态和“审美冷漠”[3],只承认在人物、日常生活、民俗风情、节庆狂欢、休闲文化、旅游文化这些社会生活形态里才能存在社会美。这样一来,社会生活本体的实践及其在生产斗争、社会斗争和科学实验中所表现的美,一概都被排斥于社会美之外。而人物的美也只剩下“人体美”、“风姿风神的美”,“特定的历史情景中的美”,人的精神内在美及其表现也被排斥在外。忽视社会实践的作用,必然缺少历史哲学的纵深度,以先验的理论去裁剪审美现象,造成顾此失彼的后果。

其次,本书由于未能充分吸收我国当代美学研究的成果,有些美学理论显得保守、狭窄和陈旧。理论争鸣的热点常常是该学科某些前沿问题的集中展示和解决。建构美学理论不能对此加以回避。20 世纪两次美学大讨论中,美学界经过学习和研究马克思《1844 年经济学—哲学手稿》,提出并发展了实践美学,实践美学一度成为我国当代美学的主流。实践美学从历史与哲学的高度把美的本质和社会的本质、人的本质这些问题联系起来,超越了主客体的对立,把两者结合的实践作为自己美学理论的出发点,把美确定为社会实践的产物,是“人的本质力量的对象化”或“自然的人化”。在实践中把客观规律性和主观目的性结合起来,从哲学上找到了实现美的通衢大道。当年美学论争中的各派,虽然相互质疑问难,各执己见,互不相让,但今天从宏观总体而言,都在取长补短,共同为发展实践美学作出了自己的贡献。朱先潜先生在当年也告别了“美是主客观统一论”而参与了实践美学的大合唱,这本是朱先生学术思想的发展与进步,可是本书作者却认为他“转到实际上并不相干的方向”。[4] 把朱先生美学思想的进步看成是走向歧路,就只能够抱着朱先生已放弃的旧的美学思想建构自己的美学思

[3] 叶朗:《美学原理》,北京:北京大学出版社 2009 年版,第 203 页。

[4] 同上,第 8 页。

想,难免滞后。如果不是出于偏见或对实践美学的排斥,前面所列举的本书核心概念“审美意象”外延的狭窄,以致对自然美和社会美的某些重要内容的遗漏都是可以避免的。

由于排斥了实践美学,使本书在论述科学美和技术美时出现了十分尴尬的局面。本书提出的审美意象是诉诸人的感性直觉,而科学美的定律和理论框架是诉诸人的理智;本书提出美感是超功利的,而技术美离不开功能美(功利性)。物理学所获得的宇宙感是一种超理性的体验,也不同于一般的美感。可见“科学美”和“技术美”两章与本书的理论体系是不相容的。甚至连作者也自感两者的矛盾不可调和,寄希望于未来:“有没有可能提出(发明)一种新的理论架构,把自然美和科学美都包含在内?”[5]其实,如果不停留在审美心理学层面,运用实践哲学和实践美学,这些问题都是可以迎刃而解的。前面已经提到,本书对美育问题有相当精彩的论述,但是由于排斥社会实践的实施途径而变成较为空洞的说教。

影响本书作者吸收实践美学成果的重要原因是对审美无功利性这一主题拘泥于传统的理解。其实新时期美学研究已经把对审美无功利性的认识,大大向前推进了一步。康德在《判断力批判》中讲过:“那规定鉴赏判断的愉悦是不带任何利害的。”[6]即是说是超功利的,和实际利害无关。康德把快感分成三种:由感官的快适而引起的快感;由道德上的赞许或尊重而引起的快感;由欣赏美的事物而引起的快感。前两种快感都是由利害感而带来的。审美的快感和客体的性质无关,没有任何利害上的欲求,只涉及对象的形式,因此是一种自由的愉快感。康德的观点区分了美感和快感,纠正了过去一些美学家把美感当成生理上和心理上快感的错误,这在美学发展史上是有重要意义的。但是

[5]叶朗:《美学原理》,北京:北京大学出版社2009年版,第290页。

[6][德]康德:《判断力批判》,邓晓芒译,北京:人民出版社2002年版,第38页。

他认为美感与现实的利害感无关,是“纯然冷漠”的,这是完全错误的,也是不符合事实的。人类的审美活动就是从实用功利活动中产生的,抹杀不了审美活动受实践功利活动的制约性。[7] 在审美的无功利性中潜伏着功利性,或者说审美直接的无功利性又间接地潜伏着某种功利性,这已经成为美学家的共识。承认这一点就不难把“人化”自然的美、社会实践的美和人的内在美的欣赏引入到审美活动中来。这样一切经过“人化”和未经过“人化”的自然美,各历史时期的英雄豪杰其言其行的社会美,反映历史风云的画卷和史诗的艺术美,人造卫星和宇宙飞船发射和回收的科技美都顺理成章地成为审美对象。本书作者把对审美无功利的观点纳入到自己的“审美意象”的理论中并进行互证:一方面用审美意象理论去论证美感的无功利性,说“审美意象是对事物的实体性超越”,因此“人必须完全不对这事物的存在不存在有偏爱”,即无功利的欲求;另一方面又用审美的无功利去论证审美意象的理论,因为“审美”超越了对象的实在,当然也就超越了利害的考虑。[8] 这样就导致把一切具有功利性的审美对象置于审美活动之外。

再者,理论架构的若干可商榷之处。上面所述本书存在的若干理论“硬伤”,如果进一步思考,可能与本书的理论架构有关。全书整体理论架构是在哲学上否定“主客二分”论追求“天人合一”,提出美既不是一种物理实在,也“不是一个抽象的理念世界”,“美在意象”。[9] 这里我们问:难道“主客二分”就可以全否定吗?认识论就与审美完全无关吗?从哲学认识论而言,“主客二分”论是超越原始思维的一个很大的认识飞跃。在人类处于原始思维阶段,看不见的东西和看得见的东西是分不开的,主体和客体是分不开的。一种神秘的力量支配着一切,在主体的集体表象中,个人难以进行独立的观察活动,这种原逻辑的综合思维对

[7] 参见蒋孔阳:《德国古典美学》,北京:商务印书馆1980年,第73、74页。

[8] 叶朗:《美学原理》,第137页。

[9] 同上,第82页。

知觉的内容不作分析,也不按逻辑规律进行。[10] 列宁说:“在人面前是自然现象之网。本能的人,即野蛮人没有把自己同自然区分开来,自觉的人则区分开来了。”[11] 人类从社会实践过程中发现其他的人、动植物、山河大地等是不依赖于人的客观存在。这种“主客二分”的思维方式是人类意识发展中极为重要的阶段。古希腊亚里士多德最初用“主体”表示某些属性、状态和作用的承担者。从 17 世纪开始,主体和客体就成为说明人的实践活动和认识活动的一对范畴。随着抽象思维的发展,人类从具体事物的现象中去探索本质,使人类的认识发生了极大的飞跃。“主客二分”的思维方式也极大推进了人类审美和艺术的发展,促进其以审美的方式帮助人们认识自然、社会和精神现象,以审美的认识方式反映客观世界。“主客二分”本来是人类认识世界的方法,但是后来人们把这种方法绝对化,当成宇宙、自然、生命的本来面目,人为地把它看成事物的本身,使“主客二分”走向僵化,造成了主体与客体的对立以及人与世界的疏离。海德格尔看到了夸大的主体性原则把一切事物都当作对象把握和占有,最终形成了西方社会的物欲横流和人性的丧失。海德格尔反对主体性原则,就是要反对技术对人的统治,拯救现代社会,恢复真实的人性。就哲学而言,物质与意识、主客与客体,不仅有区别、对立的一面,还有统一、同一的一面,但是海德格尔的存在主义哲学夸大了物质与精神,主体与客体的对立面,并否定了二者的统一性、同一性,并且把主客体的统一看成是世界的本体。在这种哲学基础上的美学,便否定艺术是审美对象,否定美学中包含认识,只从感情体验中寻求艺术的本质,完全排斥理性和功利性。[12] 应当说海德格尔反对把艺术

---

[10] 参见[法]列维 · 布留尔:《原始思维》,北京:商务印书馆 1986 年,第 376、418、419 页。

[11] [俄]列宁:《哲学笔记》,北京:人民出版社 1956 年版,第 173 页。

[12] 参见马新国:《西方文论史》(修订版),北京:高等教育出版社 2002 年版,第十六章第三节。

和审美等同于认识是针砭时弊,有积极的意义的。过去搞“主客二分”法独尊是不合理的,但是像福柯、德里达等解构主义者大搞反本质主义,反“主客二分”,搞主客不分,天人不分,无论在自然科学领域和艺术审美领域都是行不通的。主客区分的界限全无,岂不走向相对主义了吗?[13] 认为“主客二分”根本不能进行审美,不存在着客观的艺术和审美对象也是言过其实,且有悖于审美常识的。

我们不否认叶朗先生吸收海德格尔的反对“主客二分”的认识论和倡导在中国古代“天人合一”的哲学思想基础上建构自己美学体系的良苦用心。但是辩证的否定不能对过去的东西简单地说“不”。在生活中不是直到现在还有不少人以自然美、社会美、艺术美为审美对象进行审美活动吗?我们不应仅限于从中国古代文论或古典诗词中,或从山水画的审美事例中来证明经过夸张来强调主体的“审美意象”的理论,然后以此取代整个复杂多样的审美活动,成为普适性的理论。这种理论显然是缺乏说服力的,可以说犯了和黑格尔同样的错误,“方法为了迎合体系就不得不背叛自己,[14] 这样的理论体系显然也是难以成立的。

所有的美学专著和教科书都想给出关于美的问题的一元化答案,一揽子解决一切美学问题,但往往都事与愿违。因为美学的问题太复杂了:审美对象是复杂的,美感是复杂的,美和美感的关系也是复杂的。而且无论是美和美感又都与其他领域相关,研究的角度、层次和方法又是多样的。如果一定要寻求超时空的结论恐怕要重犯本质主义的错误。

本书在“绪论”中写道:“美学研究的对象是审美活动。”“审美活动

---

[13] 参见刘再复:《李泽厚美学概论》,北京:生活、读书、新知三联出版社 2009 年版,第 139—141 页。

[14] [德]恩格斯:《路德维希·费尔巴哈和德国古典哲学的终结》,《马克思恩格斯选集》第四卷,北京:人民出版社 1995 年版,第 229 页。

是一种精神—文化活动,它的核心是以审美意象为对象的人生体验。在这种体验中,人的精神超越了'自我'的有限性,得到一种自由和解放,回到人的精神家园。从而确证了自己的存在。[15] 这是本书的核心内容,也是为中国古典诗词的审美所能证明的。但是在审美活动的更广泛的领域中,很多人仍然把美当成是一种实体的、外在于人的,把它当作审美对象。诸如"桂林山水甲天下,阳朔风光甲桂林"、"五岳归来不看山,黄山归来不看岳"就是在欣赏自然美时把它当作客观对象的写照。人们在欣赏艺术美时仍然把齐白石的虾、徐悲鸿的马、人民英雄纪念碑等当成是审美对象。一般人看到高山、大海、瀑布、花草、树木等未经"人化"的自然美,看到高峡出平湖,南方水乡的民居,北方的窑洞等经过"人化"的自然美,或者看到英雄或平凡人物的壮行义举的社会美,虽然没有学者专家那样丰富细致的审美体验和精神超越,但也能产生审美的愉悦。你能说只有知识精英、文人雅士和艺术家能审美,而一般的大众不能审美吗?朱先潜先生根据尼采的酒神精神和日神精神的区别,认为审美者可以分为两类:一类是"分享者",一类是"旁观者"。"分享者"必起移情作用,"旁观者"则不起移情作用,能静观形象而觉其美。[16] 美学理论不应厚此薄彼作出片面的结论。

本书批判了"主客二分"的认识论美学,用"天人合一"的哲学思想支撑以"审美意象"为核心的美学理论,这不能不说是一种进步。难免走向了唯我独尊的倾向。其实各种哲学都会对某种美学理论起支撑作用。如唯物主义哲学突出了审美的客体论,唯心主义哲学突出了审美的主体论,实践哲学则突出了审美的主客体统一论。就是"主客二分"的认识论不是也肯定了直观论和在实践基础上发展起来的能动反映论也可以进行审美活动吗?面对着审美对象,人们可以充分调动感知、情

[15] 叶朗:《美学原理》,第 12 页。
[16] 转引自叶朗:《美学原理》,第 112 页。

感、想像、理解进行审美活动。如果我们的美学研究不局限于概括部分审美活动而设定的主客统一的唯一架构的单向度上,而是从广阔的时空进行纵深的多元思考,我们就可能以博大的胸怀,海纳百川,包容一切,建立起多维立体的而不是单维线性或二维平面的美学。这样大概可以对复杂多样的审美现象进行广泛的阐释和概括。我认为,如果把实践哲学和实践美学的某些成果吸收到本书中来,就会避免理论概括的捉襟见肘和削足适履,使本书更加完美。

叶朗先生的《美学原理》是普通高等教育"十五"国家级规划教材。正因为本书品位如此之高,引起普遍的关注和兴趣是理所当然的。本书是作者倾注几十年心血研究成果的厚重之作,书评可能只是本人读了几遍之后个人见仁见智的感想。20世纪的美学讨论推动了美学理论的发展,如果能围绕本书提出的问题展开讨论,一定会使这部国家级教材"更上一层楼"。这也是本书作者所企盼的。但愿本文能成为众声喧哗中的一个音符,起到抛砖引玉的作用。

大美学视野下的创造性阐释
——侯敏《现代新儒家美学论衡》述评

邢红静*

20个世纪90年代末，当现代新儒家（简称“新儒家”）的学说在哲学研究视域中盘桓时，侯敏已经关注新儒家的文化诗学问题，《有根的诗学——现代新儒家文化诗学研究》（上海人民出版社2003年版），就是其探索的成果。该书被学界誉为开辟了现代本土文化诗学研究领域中的一片新天地。七年过后，侯敏出版了他的第二部关于新儒家的专著《现代新儒家美学论衡》（齐鲁书社2010年版），精心打磨的纵深研究，使该书呈现出丰盈的学理气象。在对“新儒家”这一特殊的哲学美学学派做出有力度的阐释的同时，他揭示了一种“大美学观”——大“人”，大“心”、大“生”、大“诗”的博雅美学观，这对当今学人寻找中国古代文论、诗学、美学的现代转换之路，具有较大的助益。

《现代新儒家美学论衡》全书分为三大部分：体系篇、观照篇、专题篇。此书的最大特色是体系的周密性与思路的新颖性。作者由三代新儒家境界形而上学的理论运衍历程，推导出其在大变局中的文化思考，新儒家面临着五四反传统的冲击波而实现了从“狮子之吼”到“儒学复兴”、从“客观悲情”到“架构思辨”、从“花果零落”到“灵根自植”，从“一阳来复”到“和而不同”。如此，新儒家美学的宏观背景和理论格局

* 作者简介：邢红静（1982—），女，苏州大学文学院博士生，研究方向为文艺美学。

得到了整体的呈示。

在“体系篇”中,作者从浩如烟海的文本中挖掘并归纳出新儒家理论体系的四大关键词:人、心、生、诗,进而形成可以用来囊括新儒家生存智慧、审美情趣、文艺观念的大美学观:大“人”向度的人化(仁性)、大“心”向度的心化(心性)、大“生”向度的生化(生生)、大“诗”向度的诗化(品悟)。在学界对新儒家思想与美学的研究中,这大概是第一次具备这样完整、通贯而明晰的体系性梳理。作者独具匠心地指出,新儒家美学话语,是以“人文之美”为焦点、“心性之美”为旨归、“生生之美”为祈向、“诗性之美”为体悟的“大美学”。[1] 这种研究,可称为文化意义上的“感通”与“穿透”——与新儒家的生命诗情契合交融。当阐释者穿越并瓦解了语言符号的眩惑时,文本所隐藏的意义便得以重新释放,而理解与认知,便在这种释放中再次生长。故而,诠释本身便实现了一种有意味的创造。

解读并透视新儒家,需要打通中国古典美学的理论范畴。例如,在“人文之美”这一章中,作者揭示出新儒家的人格文艺观与中国传统的审美意识的关联,表现为人品之喻、人物品藻和人境之美。文艺的仁性化、艺术的人格化和人生的审美化,是新儒家之人学美学的要旨。“心性之美”中的“拟容取心”、“中得心源”,涉及文艺创造的“修心”、“写心”、“传心”三个步骤;“虚静”与“心游”更是文艺创造的内在精髓。“生生之美”传达出新儒家对中国式生命美学的关注和建构。“诗意之美”展现出新儒家对中国传统诗性智慧的掘发,“味”与“兴”、“境”与“韵”更是新儒家所着力阐扬的本民族的品悟审美方式。如此等等。实际上,作者是将新儒家置入整个中国美学文化的历史背景之中进行思考与阐述,表明其“源流”,更展现其“变化”。作者从新儒家和传统文化的关联中找到新的理论生长点。

---

[1] 侯敏:《现代新儒家美学论衡》,齐鲁书社2010年版,第29页。

除了体系阐释，作者想探讨的其实是一个更为现实的问题：中国古代美学如何实现现代化的转换？“观照篇”分为四章介绍了新儒家现实地应对中国文化与西方文化的关系的策略，作者采用的是比较法。“涉猎西学——现代新儒家美学视境”这一章展现了新儒家“援西学入儒学”的心路历程。牟宗三与康德、唐君毅与黑格尔对话，和柏格森、海德格尔的共鸣，达成儒学的哲学化、宗教化与艺术化，这是现代新儒家明显区别于传统儒家的地方。而伴随着现代新儒家的“批导现代——现代新儒家的美学忧思”，作者也展开了“对现代性的反思”：科学主义的僭妄，人文精神的消退。笔者觉得，这是本书中的一个振聋发聩的观点，它毫无保留地展现了人文知识分子的坚守与立场，并对当下流行的“现代性”知识误区进行了有力反拨；而在新儒家“对西方中心主义的批驳”中，也隐含着作者的态度：让中国文化理直气壮地走向世界，而不是反主为奴；引进西方文化，但不能盲目地丧失自性；需要葆有“中国心灵”，坚持“中国心态”，采取“中国眼光”，涵摄创造，建构有特色的现代文化体系。作者梳理了新儒家对现代主义艺术的评析，如内在性、震惊性、永恒性、创新性等问题。作者认为，新儒家对现代艺术苛责有之，宽容理解也有之，但是，在美学观念上的巨大差异却最终无法消弭两者的沟通鸿沟。

这本书的一大亮点，是在中西文化美学的广阔领域对新儒家的美学进行比较研究。作者既探讨新儒家中西比较的具体方法——对本体进行阐释，也把新儒家成员与同时期著名的哲学美学家进行个案比较——在对本体的理解中进行阐释。对于前者，作者将之总结为“平行研究”的模式。新儒家采取了类比、对比与综合的方法。在中西文化特征上，梁漱溟的文化意欲“三路向”说、唐君毅的“宗教科学与道德艺术”说、钱穆的文化形态说，他们都强调每一民族区别于他民族的文化个性；而针对中西哲学基础的不同，冯友兰提出“益道”、“损道”与“中道”三类型，牟宗三揭示出中西“智之直觉形态”与“智之知性形态”的文化精神,唐君毅区别出中西“求实现”与“求表现”的文化特质,成中英指出“价值哲学”与“知识哲学”的根本分殊;在中西美学特征上,“天人合一”的浑融与“主客相对”的偏执,构成截然不同的两极;作者更总结出新儒家对中国缺乏西方式“悲剧”而进行的表述,即:中华民族的精神原型,铸造出中国“圆融”审美的“悲剧意识”。作者不忘提出自己的见解:“文化比较不能忘记自己的面貌,不能模糊自己的立场,而一旦没有作为个人认同对象与民族生命归依的文化主体,文化比较就会在外来文化的强烈诱惑下,失去自己的面目、立场,乃至灵魂”。针对新儒家表现出来的“文化至上主义”的弊端,作者更清醒地认识到:文化和美学是一个不断突破自身局限的进化过程,它的理想形态重在面向未来的现代创构,而不是对过去“黄金时光”的留恋。

把新儒家与同时代的哪些美学家相比,就不仅仅只是涉及到眼光独到,更重要的也许是知识涵养、研究范式。理解与阐释,具有本体论的性质,但却是一种历史性的建构。当作者自身的“先行结构”,即“前理解”与新儒家本身所蕴含的视域相遇合时,新的意义关系才得以展开。作者所展开的比较分析视域相对广阔:方东美与宗白华,同的是文化精神与文艺境界,即“他们的美学是境界美学、意趣美学、散步者的美学、澄明者的美学”,异的是两者玄思与艺道、意趣与艺境、气质与格调的迥异的美学追求;而唐君毅与钱锺书,研究者评价任何一位都是极其冒险的行为,更何况是将这两位泰斗放在笔尖掂量与权衡,但作者细加区别,娓娓而谈。于是,两者在博古通今与学贯中西、哲性诗学与文艺美学、理论系统与片段思想之间呈现的特色被指点出来,而且作者对两者学术旨趣的同一性作出“三维两态一核心”的归纳:“所谓三维,是指他们在文、史、哲方面齐头并进,宏通博肆;所谓两态,是指他们精通中国文化典籍,熟知西方学术态势;所谓一核心,是指他们擅长诗学鉴析和美学探讨。”此种评价深中肯綮,明晰透彻;在新儒家与海外中国文论家中,作者对比了徐复观与刘若愚,肯定双方在中西文化视野与文化语境中,对中国古典美学文化分别作出了“深根”与“归根”性的阐释;此外,作者也对比了成中英与叶维廉,分析了两者在儒家善美哲学与道家美学精神的不同侧重点。美学研究,须得挑选、甄别与厘定。在广阔的文化和时代语境中把握中国传统文化的现代走向,实现中西文化碰撞之后的理解与超越,这才是作者进行美学历史和文本阐述的目的所在;而作者把握现代中国的学者理论谱系,对其作出更高层次上的扫描与剖析,这也是现代阐释学的应有之义。

而将新儒家理论研究拓宽至社会——文化学的研究视野,更是触及美学理论的纵深。作者由追溯农耕生产到农业文化再到社会心理定势的形成,继而将求“安足静定”的中国农业文化性格与求“富强动进”的西方商业文化性格对比,从根源处界说两种文化的分歧。从作者的梳理可以看到,钱穆从种族和地理环境的关系来探讨中国农业文明、冯友兰用“生产的家庭化”来解释中国文化的特征、梁漱溟归纳出农业社会文化的七个特征。由此我们看到,“人与自然的审美统一,不仅是中国文化的‘根’,也是中国艺术和美学的‘源’”。中国古代诗人“仕”与“隐”的行为取向、儒道互补的人生观,源于“农业型的文化心态与审美心理结构”。农业社会封闭的结构产生了自足、务实的“物态化”的艺术思维方式,易于形成以“味”论诗的美学范畴与“感兴”论诗学与美学。于是,静态的农业型美学作为对社会内省性的反映,与动态商业美学作为对社会顺承性的反映,构成两者在文学艺术、社会人生与理论形态上的迥异面貌。但是,针对新儒家对农业文明与传统生活方式的一味赞赏,作者保持了清醒的批判意识,点出农耕文化的负面性:一是抑制了非日常的社会活动领域和自觉的精神生产领域的拓展,二是日常时间和日常生活图式的相对凝固性和反复性。只有将两种文化性格有效结合,才能正面应对现代社会文化与经济的挑战,实现民族性格的刚健完整。而单纯地倡导超时代、超社会形态的理想主义与终极文化目标,则忽略了社会转型期所必须要思考与解决的问题,免不了被现实的目的论与价值论所纠缠。

在“专题篇”的大学美育问题上,作者发明新儒家的德性美育。新儒家提出的科学与人文教育齐头并进的教育理念,“尊德性”与“道问学”——道德与知识的双修双炼,对过于追求实际利益的教育理念、过于尊“智力”而轻“德性”的现代教育而言,不啻为一种清醒剂。针对蔡元培先生提出的“以美育代宗教”的教育理念,冯友兰、徐复观与方东美表示赞同,认为通过艺术的感化作用实现生命形态的自然适意与审美形态的澄明之境;而牟宗三与梁漱溟则提出了不同意见,认为“美育”与“宗教”对中国教育的发展都具有不可替代的作用,它们在实现“社会人生的艺术化”上功不可没。作者肯定新儒家的德性美育,把它看作是新儒家谈论大学教育的核心所在,而总结、整合、超越其教育理念,则是新一代学者的阐释之则:“他们的审美教育的思想告诉我们:大学之大,本在理想之大,道德生命之大,审美向度之大,知识才学之大。”[2]这就昭示新儒家的论述仍然具有时代意义。

至此,侯敏对新儒家的美学观作出了独特的学术透视,并完成了一种“大美学”体系的建构——由“人”、“心”、“生”、“诗”所构成的有根的诗学和有魂的美学。作者在现代视野与文化还原的结合基础上,比较成功地探索了新儒家美学思想的底蕴、特质及其价值。

当然,这部著作也不是没有不足之处。例如,由于作者仰慕新儒家的人格意志和境界美学,偏重“同情的理解”,故在新儒家美学思想局限性的剖析方面显得不够透彻。事实上,新儒家学说中存在着一些内在矛盾和理论困局,作者采取“理想化”的方式理解新儒家的“道德理想主义”美学话语,也许会造成思想境域的“高蹈”或“疏离”。此外,作者所揭示的新儒家的“大美学观”的内在构造及其相互关系,还有待进一步推敲与夯实。但是,话说回来,毕竟瑕不掩瑜。笔者以为,迄今为

[2] 侯敏:《现代新儒家美学论衡》,齐鲁书社2010年版,第402页。

止,学界对新儒家的美学思想的整体系统研究著作,尚不多见。因此,侯敏在新儒家美学方面的研究成果,显得弥足珍贵。德国汉学家卜松山在《与中国作跨文化对话》一书中说:“西方人仍然在等待一种具有强烈的中国特色的现代中国美学。这种美学不是顺从西方理论,而是能对其提出挑战”[3],那么,无论是新儒家诗学美学观,还是对这种诗学美学观进行文艺理论和美学体系的建构,对于回应这种“挑战”都是有所裨益的。从这个意义上来说,《现代新儒家美学论衡》的出版,无疑具有重要的学术意义。

[3][德]卜松山:《与中国作跨文化对话》,中华书局2000年版,第14页。

改革开放以来中国大陆地区图-文关系研究综述

周　展*

今天是一个“读图时代”，讲究的是“视觉冲击”，出版的读物更是“无图不书”。社会的变化影响着文学的发展。文学与图像的关系日渐亲密。因此，近年来，文学理论研究领域中围绕文学与图像的关系的相关论题也开始不断涌现，文学与图像的广泛联系也引起了学者对于文学性以及文艺研究的未来的思索。

本文主要总结改革开放以来中国大陆地区的图-文关系研究的状况。发现每十年，图-文关系的研究进入一次大飞跃，迈入新世纪以来的十年应是图-文研究的一个高峰期。[1] 本文也以十年为一个分界线。本文的结论是第一个十年是图-文研究的起步阶段，第二个十年的图-文研究开始有了学科的分界与交流，第三个十年中出现了以2008年为代表的中国大陆图-文研究的一个高峰期。

通过总结各时期图-文研究的成就与不足，本文希望能够理清一

---

* 作者简介：周展（1986—），女，安徽巢湖市人，南京大学文学院文艺学专业2009级硕士研究生。

[1] 以下数据来自CNKI学术论文网络出版总库。检索时间：2010—12—05。

检索项目	主题：图像	篇名：图像	关键词：图像	主题：视觉文化
1979—1989	139	35	27	1
1990—1999	1138	249	180	36
2000—2010	23385	8429	8177	1445

条相对清晰的三十年来图-文关系研究发展脉络，并为未来这方面的研究提供一些方向和反思。

一、图-文研究的起步阶段

1979—1989年是图-文研究的起步阶段。这一阶段的图-文关系研究还未形成专门性的研究。很多学者在研究其他问题的同时，附带对绘图、意象、语象、形象等与语言或作者情感的关系进行了简单的叙述。与之相对的，图像特别是美术却在文艺界发出了自己的声音，走在了文学的前头。邹跃进说到："我们仍然记得当刘宇廉等人的《枫》在《连环画》，罗中立的《父亲》和陈丹青的《西藏组画》在《美术》上发表时所引起的震撼。在80年代，几乎所有有影响的专业美术刊物，都有几万份的发行量。"通过自身展示与传播，美术作品表达的思想感情，"不仅直接影响中国公众的思想和行为，也直接参与了80年代的改革开放的历史进程，从今天的立场看，它已成为这一历史最重要的象征"。[2]

在欧美国家，20世纪80年代堪称是"图像转向"的新转折点[3]，但中国的图-文关系研究才刚刚起步。国人思想还停留在"文学是语言的艺术"这一说法的影响上，因此图像并未被纳入文学研究的范畴。不过一些学者已开始意识到了图像对于文学的表达的作用力。发表于《美术》杂志1979年第九期的《质朴 · 醒目 · 大方——鲁迅与装帧艺术》中，作者林非从鲁迅自己设计的小说封面的图解入手，提到了封面与插图所表达、含蕴和象征的意义必须和书的

[2] 邹跃进：《从美术影响社会的场所和途径看30年中国社会和美术的变迁》，《美术观察》，2005年，第18页。

[3] 曹意强：《可见之不可见性——论图像证史的有效性与误区》，《新美术》，2004年2月，第7—13页。

主题、内容、体裁甚至风格相呼应、相配合,互为表里。[4] 侯维端主要从外国文学作品中的意象出发,谈到了形象对于文学作品的意义。对语言的绘画性与色彩性有所涉及。[5]《试论文学语言的摹仿性》一文中,作者认为文学作品中语言形式的摹仿功能体现了语言的"图像价值",作者可以通过巧妙的转换语言形式来实现这一功能。[6]

在考古学中,学者尝试以图像的叙事来还原历史。随着历史文物的不断发掘,这一方法的运用也愈加普遍。如阴山岩画系统记录了我们古代北方游牧民族所经历的变迁。[7] 广西左江岩画的表现形式的衍变对应的是左江骆越社会的发展。[8]

1985 年,青年画家中兴起了一次"85 青年美术新潮"[9],其中一批画家、艺术家开始思考美术的现代性问题。此外,殷双喜、易英等学者也始终关注着图像的言语能力问题。

进入 80 年代中后期,图像的表现形式开始多样化。随着摄影与影视技术的进步,第五代导演代表作《黄土地》、《红高粱》等大放异彩,研究者开始将目光投向了摄影文学以及影视与文学的关系。但很多人都停留在技术层面的探讨。也有少数学者认识到摄影与影视的发展离不开文学文化,如李文方将摄影与文化联系在一起,在当时还属于比较陌生的提法,他认为现代性就是摄影文化的最根本的特征,他还注意到了

---

[4] 林非:《质朴 · 醒目 · 大方——鲁迅与装帧艺术》,《美术》1979 年第 9 期,第 10—13 页。

[5] 侯维端:《文学语言中形象的运用》,《外语教学与研究》1984 年第 3 期,第 27—34 页。

[6] 陆昇:《试论文学语言的摹仿性》,《上海外国语学院学报》1988 年第 6 期。第 43—49 页。

[7] 盖山林:《内蒙古阴山以北草原上的古代艺术画廊》,《内蒙古社会科学(汉文版)》1985 年第 1 期,第 33—37 页。

[8] 王克荣、邱钟、陈远璋:《巫术文化的遗迹——广西左江岩画剖析》,《学术论坛》1984 年第 3 期,第 64—73 页。

[9] 这个概念的美术史意义并不局限于 1985 年,应泛指发生在 1985—1989 年,这四、五年之间的一系列美术现象,包括群体、展览、会议、个体与个展、活动等等。

摄影图像的主体还应包括观赏者在内。[10]

值得注意的是,1988 年,画家王邦雄在谈戏剧的创作时,提到了加拿大教育家麦克鲁安的看法,即“现代社会已从文字文化转为图像、图形文化,已进入视觉传达的时代”。[11] 他的文章涉及了戏剧文学、剧场图像、生理上的视觉观看、全息图像、审美知觉等方面,颇有启发性。

这一时期专题研究表现在以下几个方面:

首先是“85 青年美术新潮”关于文学与美术关系的探讨。

80 年代中期的这一次美术新潮的发生可以说与改革开放有着密不可分的联系。这股新潮遍布全国二十多个省、市、地区。1989 年 2 月,现代艺术家群体在中国美术馆进行了“中国现代艺术展”。可以说,美术新潮让现代艺术形式在中国具有了一定的合法性。可以说正是由这一批艺术家的大胆尝试和对纯艺术形式的批判,才开始渐渐将视觉艺术作为一种文化、一种表达进行建构。[12] 并开始注意到了图像的叙事功能。1989 年 3 月,八位学者与艺术家就《文学与美术》这一题目进行了一次座谈。[13] 会上讨论了文学与美术的异同。邵大箴提到文学对于西方理论的接受是一个相对缓慢的过程,而美术则显得触角敏感。徐冰与孙津对文学与美术的发展前景孰优孰劣存在着争议。李陀谈到了先锋文学与美术的相似处,也对两者的未来发展提出了疑问。周彦认为艺术语言大可不必丢弃东方色彩,在借鉴西方的同时,发挥出东方的特质,则更有独创性。从文学对美术的影响角度来看,高名

[10] 李文方:《论“摄影文化”的宏观体系及其特征》,《文艺评论》1989 年第 2 期,第 88—92 页。

[11] 王邦雄:《图像——导演与设计》,《戏剧艺术》1988 年第 3 期,第 4—20 页。

[12] 周彦:《作为文化的视觉艺术》,《文艺研究》1988 年第 2 期,第 142—148 页。

[13]《文学自由谈》1989 年第 3 期,参与者如下:汪宗元(《文学自由谈》编辑部)、贺绍俊(《文艺报》编辑部)、邵大箴(《美术》杂志)、徐冰(中央美术学院版画部)、孙津(鲁迅文学院)、李陀(《北京文学》编辑部)、刘骁纯(《中国美术报》社)、周彦(中央美院)、高名潞(《美术》杂志)。

潞认为美术的思潮性开始对人的关注与文学的人性问题还是有相似之处的。同时,文学性因素对于美术的影响力还是很强的。他认为罗中立的《父亲》、陈丹青的《西藏组画》等是美术界出现的乡土自然主义的代表作,与较早的伤痕文学有着密切关系。贺绍俊认为文学中的各种形式往往是从美术界发起,但却比美术界的发展更踏实久远。

"85 青年美术新潮"虽然发生在美术界,但它引起了人们对于包括美术和文学在内的艺术形式的未来走向的大思考,具有非常积极的意义。尽管这次美术新潮的运动时间不长,但影响深远。

其次是对文学语言中的图像性进行了探讨。

这一时期,对于文学语言的走向问题思考颇多。有一部分学者已经意识到文学语言的图像化的可能性,如罗昕如谈到了新时期小说的一种语言现象,即小说语言的电影化。[14] 作者通过对刘心武、湛容、王蒙等十来位作家的作品的文本分析,认为这些作家的小说语言创造了一种可以让读者真切地直接感受的画面感,是与借助电影中的特写、颜色、动态等来创造画面以及运用类似蒙太奇手法来组织画面分不开的。苏平谈到了作家从外视角叙述向内视角叙述的转变,使得描绘的主观色彩不断变浓,语言意象具有了特殊的形态、色泽和空间。作家们对小说语言意象视觉美的追求成了当代文坛的一大特色。[15] 李劼以刘索拉、阿城、孙甘露、马原四人的作品作为剖析对象,认为传统小说以语言为工具载体的写作方式在历时性意义上终结,在这些作家身上取而代之的是小说语言的衍化(如音乐化、意象化、语文化、逻辑化)。[16] 他认为这种写作形式才刚刚开始。尽管上述文章并没有直接谈到图像

[14] 罗昕如,《小说语言的电影化——谈新时期小说中的一种语言现象》,《湘潭大学学报(语言文学论集)》1987 年第 S1 期,第 158—165 页。

[15] 苏平:《谈当代小说语言意象的视觉美》,《文艺理论研究》1989 年第 3 期,第 43—46 页。

[16] 李劼:《论中国当代新潮小说的语言结构》,《文学评论》1988 年第 5 期,第 110—118 页。

化的语言,但发现了小说语言自身的丰富性。

张晨提出了一个“绘画文学”的说法,即“直接参与绘画艺术创造的语言艺术”。一方面归属于文学,一方面受制于绘画。也就是说本质上来说是文学的一种新形式,但又与绘画有着紧密的联系。“中国绘画文学包括中国画文学、连环画文学、漫画文学三种”。作者认为文学与绘画的深层联系的表征化导致了绘画文学的发生,并具体分析了三种类型的绘画文学。[17] 虽然绘画文学的这一概念的提出并没有在很大范围内产生影响力,但作者提出了三种类型的“绘画文学”,可以说往图-文关系研究的方向迈出了一大步。

这一时期的图文关系研究可以说刚刚起步。有研究者关注文学与美术的关系,也有人提出了“绘画文学”的说法。电视、电影与文学的关系才刚刚引起学者的兴趣。可以说,以上的研究虽然没有直接提到文学与图像的关系这一命题,但无不与两者的关系问题有联系。尽管刚起步,但这些研究已经涉及到图像的叙事能力和语言的图像化的图文互涉叙事,也包括了影像语言的研究。可以说,图文关系的研究从这一时期开始已经具备了良好的发展条件。

二、正面关注图-文关系时期

从20世纪90年代开始,中国大陆进入了经济高速发展的一个时期。带来的冲击之一就是在图书编辑的过程中,图像作为一种手段越来越多地被加入进去。经过不断尝试与调整,人们渐渐意识到了图像与文学双方的互构与交融。这不仅在文学领域有体现,在戏剧影视等作品中也获得了认可。学者开始审思上一个十年关于文学与图像(主要是美术绘画)的走向问题的探讨。这一时期是图像的功能与言语中

---

[17] 张晨:《中国绘画文学初论》,《美苑》1988年第4期,第18—20页。

图像性的正视期,并开始正面思考图文关系。张荣翼认为90年代中国文学话语的一大特征就是文学的图像化追求。由文学改编成影视对于文学自身产生了很大的影响。[18] 而在对摄影作品的叙事功能研究中,更是将图作为关注中心:"摄影文学可以说是图像时代的产物。它的中心是读图,而文字则是它连缀、延展、引发图像艺术的辅助手段。"[19]而图像功能的被发掘与90年代高速发展的经济有着紧密的联系。在消费社会中,学者们发现影像艺术正在超越或者已经超越了文学读物。许兵认为这种威胁至少有三个层面,首先机械复制取消了传统作品的神圣的"唯一性",其次文学正在成为辅助电影的"脚本",文学性服从于视觉观赏性的需要,最后则是影像满足了人们对于运动的真实影像的渴望。[20] 沈谦对图像诗进行了分析,并指出了图像诗并非徒有其表而是真有其用。[21] 贺建成将诗歌语言看作形音义三部分的结合,其中形式并非只是外在的容器或装饰,更是"意义的载体、也是心理力的图式,具有表现性"。格式也是情思的视觉形态呈现。[22] 凌海衡、方汉泉认为西方诗人通过意象营造和对语言形式美的追求等手段以应付语言乏力困境。[23]

在历史考古,特别是美术史的研究中,图像的言语功能也继续发挥着自己的作用。牛克诚研究了原始艺术中的象征。他将原始艺术中的图像的"意义潜移"分为向着内部的"抽象"和向着外部的"象征"。通

[18] 张荣翼:《90年代:中国文学话语的八大特征》,《延边大学社会科学学报》1997年第1期。

[19] 张小平:《文字导引下的图像阅读——谈摄影文学》,《当代文坛》2002年第5期,第10—11页。

[20] 许兵:《影响消费时代的文学生产》,《宁夏大学学报(哲学社会科学版)》第20卷,1998年第2期。

[21] 沈谦:《试论图像诗的体式结构作用》,《四川大学学报(哲学社会科学版)》1999年第1期。

[22] 贺建成:《诗歌形式:载体与图式》,《中山大学学报(社会科学版)》1996年第3期。

[23] 凌海衡、方汉泉:《不可言说的言说——试论西方现代诗人对语言乏力的反应》,《上海外国语大学学报》1999年第5期。

过研究古代艺术中的巫术图像,得出结论:原始艺术中的象征图像实际上包括了原始人生存中所面临、感受、思考的一切内容,是一个自足的体系,一个完整的世界。[24]

张晓平将摄影作品与文字解说结合起来,摄影文学是以图像为主体审美符号的艺术。这种符号是空间性的,不同于时间线性的文字语言符号。现代社会,随着人们对于图像传达方式的习以为常,一些新的表现手法也应运而生,可以将之归类为文图统一的表达手段。图像与文字在同一个文本界面上相互映衬,也就缩短了语言和图像的空间距离,从而使两者的联系更加密切,甚或密不可分,直至融为一体。

当文图统一的研究大多数还停留在学理的层面时,作家们已经开始了大胆地尝试图文互涉的文本写作方式,如女作家西西。研究者也围绕着西西作品中的图文互涉叙事进行了多角度的研究。

这一时期,也有对于期刊插图的研究,如张伯海《画面:画报生命力的重要所在》,施福长:《文艺期刊的插图艺术》等。

这一时期的专题研究首先表现在对小说中的图文互涉研究,如对西西小说的研究。艾晓明认为,"图文互涉与对照是西西作品中的一个重要的创作特征"。西西首次发展出一种艺术小品文—图画与文字互读,称作"图文对话性小说",为散文体裁的发展增添了新形势。艾晓明分析了西西的几部作品中的绘画特征,有以图画、文字互相配合的谈艺散文,有潜含漫画意味或自绘插图的小说。艾晓明还分析了作者如何将绘画引入散文,并最终发现了图的可说性,以文字与图像相互激发冲突、引起变奏来增强叙事力度。[25] 可以说,艾晓明对于西西作品的研究,深入到了作家本身的特质,图文的互涉在西西的作品中已经非常自然,不可分割。

---

[24] 牛克诚:《原始艺术中的象征》,《美术史研究》1992 年第 3 期。
[25] 艾晓明:《从文本到彼岸》,广州:广州出版社 1998 年版第 170—191 页。

西西是一位香港女作家,因此一些香港的学者也对西西有着深入的解读。其中香港作家何福仁对于西西的研究开始得比较早,对大陆的学者也有一定的影响。何福仁借绘画长卷《清明上河图》的美学风格,映射《我城》的结构特点。其连载体例一如手卷,边走边看。小说一章节一章节的展开犹如绘画长卷一幅图景一幅图景的绘制。中国的长卷画家运用的,往往是移动视点,异于西方的焦点透视(这为学者研究中国古代的图文关系提供了依据),即打破固定视点与时间上的限制,把不同空间组织在同一画面上。中国的观者也不是定点观看作品,而是左边开卷,右边收卷,边走边看,古语称"行看子"。西西的作品《我城》"以人物(我)为经,空间(城)为纬",作了移动式的叙述,作品虽是一个整体,但某些单元又可以作为独立篇章而存在,但同时没有哪一个单元可以代表整篇的主题。这与绘画长卷有异曲同工之妙。[26]可以说,以图来证文并不新鲜,但何福仁的解读中,是将文"看作"是长卷,又将长卷"读作"文章。两者的相互映照为文学作品研究开拓了一条新的进路。

在进入20世纪后,对西西的研究也一直在持续。凌逾的专著《跨媒介叙事——论西西小说新生态》[27],专门分析了西西小说中的影像叙事式的小说写作方式,并具体研究了西西的图文互涉叙事。这种图文互涉叙事不同于小说的绘画性,着重探讨的是"小说如何受到绘画艺术的启发,在小说的叙事特色、文体结构和语言风格上产生出哪些创意,研究'图、形、文'即'言、意、象'三者的关系"。

其次表现在影像与文学交互影响的研究。

这一时期,由于市场的需要,影视的发展非常迅速,商业电影应时而生。有学者研究了文学对于电影的影响。有学者称,文学观与文学

---

[26] 何福仁:《〈我城〉的一种读法》,收入《我城·附录》,台北洪范书店1999年版,第237—259页。

[27] 凌逾:《跨媒介叙事——论西西小说新生态》,北京:人民出版社2009年版。

史观的整体性跃动，不可避免地要在人们的电影观和电影史观方面打上深刻的烙印。而文学史研究的发展趋势及前景，无疑也是电影史研究的重要坐标和基本方向。[28] 作为一种例证，我们看到有学者就表现主义文学与张艺谋的“红色系列”进行了研究，认为张的电影深受文学的影响。无论是作品的内涵，还是作品的外部形式层面，张艺谋的“红色系列”亦与表现主义文学相似，大量运用象征性手法，主题象征、局部象征比比皆是。[29]

另一个方面，影视艺术的产生和发展，对当代小说产生了深刻的影响。申载春认为，随着影视艺术的繁荣，小说家与剧作家的双重身份更加确定。“小说家的思维模式发生了嬗变，以影视文学为中介的影视艺术和小说之间相互影响引起了小说话语系统重构和品格的移位，出现了一种介乎传统小说与影视文学之间的新的小说文体，并形成了影视文学和小说的‘共生’和文学接受的‘共读’态势。”[30] 这种共读即在观看影像的同时，阅读原著。阅读会引发读者想像和联想，而“视听”则给观众提供了直观形象。这种互补成为当代小说接受的新形态。小说的创作、传播、消费纯然是一个系统化工程，影视艺术对小说的影响以影视剧本的创作为中介，改变了当代小说的创作机制、传播机制和消费机制，引起了小说界具有现代意义的革命，势必会引起当代小说研究者的重视。

随着经济的飞速增长，消费开始成为社会的关键词。而这一时期，图像的意义渐渐抽丝剥茧般显露在人们的面前。由于电视、电影等影像本身的特点，文学自然而然地与影像联系了起来。对于图文关系的研究开始有了专门性的论述。无论是影像还是文学在互动中潜移默化

---

[28] 李道新：《中国电影史研究的发展趋势及前景》，《北京电影学院学报》2001 年第 4 期。

[29] 峻冰：《表现主义文学与张艺谋的“红色系列”》，《电影评介》1993 年第 5 期。

[30] 申载春：《影视艺术与当代小说的走向》，《青海师专学报》1998 年第 3 期。第 12—18 页。

地受到了彼此的渗入。以西西为代表的作家在创作中进行了大胆的尝试,打破了以往的传统,赋予了图像以言说的权利,让我们对图文的结合充满了好奇与期待。这一时期还有一个特点即美术运动不如上一个十年活跃,一方面是20世纪80年代末的冲击,另一方面也是在机械复制的这个时代,原创图像作品的生存空间被挤压,失去了原有的独一无二的艺术特质。

三、新世纪突飞猛进的图文研究

新世纪图文关系研究取得了突飞猛进。可以说是在以下几个方面的作用下,图像与文学的关系日益受到重视:1. 新媒体和新载体的出现,使得文学的消费变得更加轻易。文学对于图像的依赖性超越了以往。文学工作者开始对文学的前途产生担忧,进而寻找文学的出路。2. 西方的视觉文化理论不断被介绍进来,周宪、路文彬、曾军、徐巍等人介绍西方理论的同时,也关注中国当下的视觉文化的问题,并产生了深远的影响。3. 对于文学形式的研究让人们开始关注到文学形式本身的美学内涵,而不是跳过形式直奔主题。在此基础上,文学叙事的图像化以及语言与图像的关系问题自然地、理所当然地成为一个理论话题。正是在多方面的影响下,图-文研究在新世纪的头十年出现一个学术论文数量上的小高潮,也就不足为奇了。

从本文开头的表格我们可以看到总体趋势上,这三个十年的图像研究从数量上有着大幅度的增长。但具体到21世纪初即第三个十年,这种趋势又存在一个上升与回落的调整。以硕博论文为例,2008年前后是图像研究的小高峰,而2008年之后,这种趋势开始有下坡的趋势。

是不是说图像研究的成果已经达到饱和了?笔者认为恰恰相反。这个数据显示出对于图像研究的一些现象研究已经比较完备或者说比较成熟。很多学者都注意到了图文关系在现阶段已经是一个不可忽视的问题。金元浦指出,应对现实的文学必须要重新审视原有的文学对象,越过传统的边界,关注视像文学与视像文化等。文艺学必须要扩大其研究范围,重新考虑并确定其研究对象,如读图时代里语言与视像的关系等。[31]

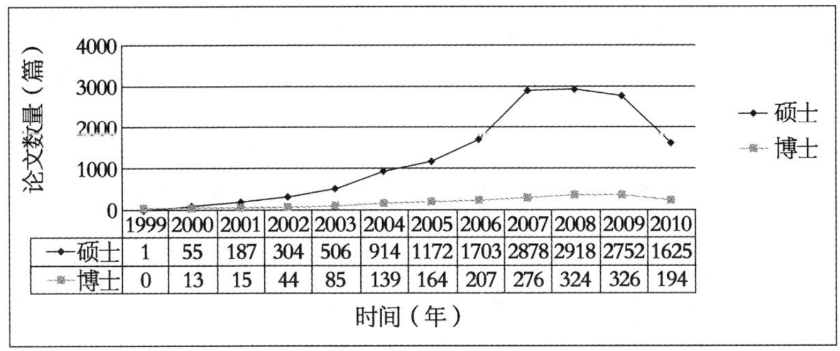

	1999	2000	2001	2002	2003	2004	2005	2006	2007	2008	2009	2010
硕士	1	55	187	304	506	914	1172	1703	2878	2918	2752	1625
博士	0	13	15	44	85	139	164	207	276	324	326	194

CNKI 硕博论文库主题为“图像”的论文数量变化图
(哲学与人文科学范畴),检索时间:2010 年 12 月 5 日

不少学者认为要厘清图文关系必须要从图文关系的历史出发。也有学者将图像研究纳入叙事学研究的范畴,图像叙事学研究是文学与艺术新的重合区域,因此也是研究文学不可忽视的一部分。

赵宪章认为不同的媒介造就了不同的艺术种类,而通过“统觉”与联想可以实现互文共享,使不同的艺术门类之间有比较研究的可能性。并进而指出图文关系主要表现为语图关系,两者对立统一,通过语象与图像实现“统觉共享”。文中提出了语图从一体到分体再到合体的发展态势,并以鲁迅为例阐发了语象与图像的统觉共享。[32]

于德山与龙迪勇从叙事学的角度关照图像在文学领域中的生命力。于德山的图像叙事学研究通过对叙述主体和接受主体的分析,比较了图像叙述主体的隐身与文学叙述主体的在场。并由此分析了西方

---

[31] 金元浦:《文艺学的问题意识与文化转向》,《中国人民大学学报》2003 年第 6 期,第 96—104 页。

[32] 赵宪章:《文学和图像关系研究中的若干问题》,《江海学刊》2010 年第 1 期,第 183—191 页。

视域下的“定点透视”与中国古代相对较灵活的“借景抒情”的不同艺术风貌,肯定了中国古代的诗书印画的文本互融。此外,于德山将这一叙事学研究的方法作用于《韩熙载夜宴图》的考据,为美术史的研究开拓了新的文献资源。[33] 龙迪勇则考察了故事画中的叙事图像与叙事文本之间错综复杂的关系之一即图像对文本的模仿或再现问题。[34] 此外,他还关注了图像叙事与文学叙事之间的双向模仿、交融与冲突等复杂问题。

从艺术研究的角度出发,也有学者对图文关系的变迁进行了解读。曹意强试图把视觉形象提升到历史证据的高度。认为图像也与文字一样承载着历史。“不仅是图像描绘历史,而且本身就是历史。”并认为视觉图像是恢复历史真貌的本源,从可见的图像中可以读出不可见的历史。[35] 葛兆光则认为“图像证史”的说法容易导致艺术品变成历史资料。[36]

在哲学范畴,对图像的本体研究为文学领域的图-文关系研究提供了一定的理论支撑。倪梁康在《图像意识的现象学》中提到胡塞尔后期将图像意识与符号意识看作是同一类型的意识活动,即都是非本真的表象,这种非本真的表象意味着“现实自我在帮助想像自我沉湎于想像世界(例如看电影、读小说等等)”。[37] 图像客体与图像主题之间存在着可类比性:两者“相互交织并且相互依赖”。图像主题在图像

---

[33] 于德山:《“语-图”互文之中叙述主体的生成及其特征》,《求是学刊》2004 年第 1 期;《〈韩熙载夜宴图〉的叙事传播》,《江西社会科学》2007 年第 9 期。

[34] 龙迪勇:《图像叙事——空间的时间化》,《江西社会科学》2007 年第 9 期,第 39—53 页。

[35] 曹意强:《可见之不可见性——论图像证史的有效性与误区》,《新美术》2004 年第 2 期,第 7—13 页。

[36] 葛兆光:《思想史家眼中之艺术史》,《清华大学学报(哲学社会科学版)》2006 年第 5 期。

[37] 倪梁康:《图像意识的现象学》,《南京大学学报(哲学·社会科学版)》2001 年第 1 期,第 32—40 页。

客体之中展示。从这个角度来看,文学与图像之间也存在着同质性。尚杰认为西方哲学已经历了从“观念哲学”到“语言哲学”的转变,而受制于科技发展倾向的21世纪哲学,人类理解世界的方式将从“语言图像”的时代向“图像语言”时代转变。人们不使用语言也可以传达丰富的甚至更多元的意义图景,这并非意味着语言的作用消失了。而是语言的本质就是一幅并不能实现指向外部事物功能的元图像,语言成为图像或者一种图像的语言。[38] 因此,人们将习惯于用读图的思维方式来理解世界,并反馈给文字。人们看到图像后,对图像的个人化的理解与描述将图像与语言连接起来,形成了语言与图像的交流,拉近了文学与图像之间的距离。

这一时期的专题研究首先表现在图文互仿研究上。

图文互仿研究是图文关系研究中的一个重要的方面。许多学者从空间的角度切入探究图文关系的可能性。

故事画是一种特殊的叙事性图像,龙迪勇考察了故事画中的图像对文本的模仿或再现问题。故事画的叙述对象不是现实生活中实实在在发生过的事件,而是存在于其他文本中的“故事”。图像是传达的符号。在图像成形的那一瞬间,时间就被停止了,成为生命中的一则“时间与空间切片”,因而图像叙事的本质是空间的时间化,在解读图像的时刻,时间空间被从图像上解禁,重新变得丰满。而图像的系列化(摄影报道、图像小说、电视、电影)、真正提升了图像叙事的能力与水平。[39] 此外,他还分析了图像叙事与文学叙事之间的双向模仿、交融与冲突等复杂关系。以符号学理论来分析故事画的若干层次,以期为图像叙事取得与文学叙事同等的地位。

---

[38] 尚杰:《语言的图象与图象的语言——“语言哲学”转向“视觉哲学”》,《浙江学刊》2010年第4期,第26—35页。

[39] 龙迪勇:《图像叙事——空间的时间化》,《江西社会科学》2007年第9期,第39—53页。

于德山研究章回小说的通俗叙事。认为其“叙与画合”的特征更沉潜于叙事文本的结体模式方面。“说书人”的叙事流程由一个环环相扣的叙事单元组成,每一个叙事单元都具有相对模式化的开端和结尾,具有大致相同的叙事构成方式,因此,“说话”叙事本身的“章回体”式仍然能给予“看官”较强的“空间”感受。而书中的插画由于其风格以及刻画技法的进步,叙事能力也较强,融会了叙述主体的想像和接受者的欣赏情趣。在阅读过程中,小说的一幅幅图像实际上已经连成一幅巨型长卷,其全景的、动态的叙事特征就更加明显。“在中国古代‘语-图’互文的小说叙事中,以‘视觉’为中心的图像叙事被充分重视,在一定程度上讲,中国古代小说叙事是围绕视觉图像感为重点的叙事体验空间而展开的。”[40] 章回小说用文字给予观者一个空间感受,而图像的参与则能够勾起人们对于空间参与的联想与回顾。

王纯菲认为新世纪文学的图像化叙事,在一定程度上改变了传统叙事在伦理取向中展示情节长度或人物行为过程的这一做法,而更多地采用具体细腻的图像情景描写。这种图像化的叙事方式是空间性的。作者还将图像的单元性与文学作品中发生的事情的网络结构联系起来。写作者笔下的每一个虚拟的生活图像都是网络的一个网结,共同构成了作品中虚拟的图像化生活。[41] 笔者认为,王纯菲对于图像化叙事带来文学作品向空间维度的转向的分析具有启发性。图像的特征之一就是可以凝结时间,展示空间。而文学作品叙事的图像化正是通过细节的丰富描述,在人们的头脑中构造乱真的拟人空间。图像对文学的渗透落实在空间性上具有一定的道理。

此外,罗岗借助技术性视看来重读丁玲小说《梦珂》,认为作家“自

---

[40] 于德山:《中国古代小说“语-图”互文现象及其叙事功能》,《明清小说研究》2003 年第 3 期,第 15—25 页。

[41] 王纯菲:《新世纪文学的图像化写作与文学的越界》,《文学评论》2008 年第 1 期,第 82—88 页。

觉地运用文字化解、容纳和提升来自图像领域的刺激和震惊，从而在某个特定的方面激发出中国现代文学前所未有的视觉潜能”。龚奎林研究了“十七年”小说的图像叙事。姚玳玫研究了张爱玲的文学插图对女性形象描摹的意义。尹成君、冯志才谈到了现代小说的绘画特征以及色彩美等。[42] 这些学者的研究都涉及到了文学叙事的图像化的某个方面的内容。

对于插图的研究，是这一时期图文关系研究中的一个重点内容。陈平原与夏晓红编著的《图像晚清》，在《点石斋画报》的四千余幅带文字的图像中，摘取了约160幅有关于其背后生活状况的阐释，展现了晚清生活的各个层面。作者还提到了《点石斋画报》的图像与文字本身就构成了对话关系，两者的传达效果的差异，不完全是载体的不同，也有视角和立场的差异。这就将图像提升到了与文字同等重要性的高度。陈平原认为通过丰富的图像资料，在某种程度上复原早已消逝的历史场景与文化氛围，帮助当代人进入历史，可以更好地理解与阐发“传统”。[43] 这种看法事实上吻合了龙迪勇关于图像叙事的本质是空间的去时间化的论述。陈平原希望以图文互动的研究方法，凸显出图像的史实价值，并达到以图证史的目的。与陈平原的图文互动研究呼应的还有近年来致力于图像研究的范伯群先生，他推出了《插图本中国现代通俗文学史》，尝试着以图像来解说中国通俗文学史；另一个研究现代小说的杨义先生也曾推出了《中国新文学图志》一书，倡导图文

---

[42] 罗岗：《视觉“互文”、身体想像和凝视的政治——丁玲的〈梦珂〉与后五四的都市图景》，《华东师范大学学报（哲学社会科学版）》，2005年9月，第36—43页。龚奎林：《“十七年”小说的图像叙事》，《文艺理论与批评》2010年第4期，第89—91页。姚玳玫：《描摹女性——张爱玲的文学插图》，《文艺评论》2005年第6期，第92—96页。尹成君、冯志才：《论现代小说的色彩美》，《沈阳师范大学学报（社科版）》2005年第2期、《论现代小说的绘画特征》，《吉林师范大学学报（人文社会科学版）》2004年12月。

[43] 陈平原、夏晓红：《图像晚清：点石斋画报》，百花文艺出版社2006年4月版。陈平原：《看图说书：小说绣像阅读札记》，北京：三联出版社2003年版。

互动的研究方法。

对于图像与文学的这种频繁的亲密的互动,有学者认为具有一定的必要性。李欧梵认为“任何研究通俗文学和印刷文化的学者都必须注重图像,因为通俗普及的工作就是靠印刷出来的图像,单凭文字语言——勿论是文言或白话——都不够。[44] 图像不仅仅是对文字内容的再现,更是一种互补和共建。

这一时期也关注超文本文学的出现、图像与技术媒介、审美心理的关系,深化和拓展了图文关系研究。

图像时代,图像不仅仅停留在纸质载体上,它出现在各种媒介中,并打破时空阻隔,引发眼睛观看的热潮。赵宪章认为“传媒时代图像文化的泛滥不仅使文学边缘化,同时也将文学传媒化与图像化”。文学受众不仅越来越少,而且逐渐放弃白纸黑字的“阅读”而转入了通过图像“观看”文学。[45] 高字民从技术和审美的关系入手,立足审美主体的体验,梳理了图像时代视觉审美范式的变迁脉络及其神话心理原型,认为正是这些心理原型驱动了视觉媒介的不断演进和视觉机器技术的日益提高。从影像到拟像的转变,是在视觉机器技术支持下,影像的“真实性”被不断美化、极限化、虚拟化的过程。经过机器处理后的影像擅长制造奇观与幻觉。电影由此也被称为是造梦机器。[46] 包兆会谈到了速度对视觉经验的挑战与影响,认为技术速度保证着图像的产生并重塑我们的视觉习性,这些都使现今时代重视视觉化、动态化的图像而忽略静态的、抽象的文学。[47]

随着超文本文学的出现,语-图关系研究进入新篇章。赵宪章在《形式美学与文学形式研究》中谈到网络文学问题,并举了一个有意思

[44] 李欧梵:转引范伯群,《插图本中国通俗文学史》,北京:北京大学出版社 2007 年版。
[45] 赵宪章:《传媒时代的语-图互文研究》,《江西社会科学》,2007 年 9 月。
[46] 高字民:《从影像到拟像——图象时代视觉审美范式的变迁》,《人文杂志》2007 年第 6 期,第 119—124 页。
[47] 包兆会:《速度对视觉经验的挑战与影响》,《江苏社会科学》2001 年第 5 期。

的小例子。小诗《西雅图漂流》中的文字在网页上“漂流”，散落后溢出页面，让人心生“失落感和孤独感”。对这种小诗的欣赏完全不同于纸质文本中的诗歌欣赏。说到底就是文字表现手段的标新立异带来的不同的视觉效果和心理感受。包兆会关注了超文本文学给叙事带来的革新：文学的叙事形式由过去的重故事、小说到如今的重形象。超文本对叙事稳定性的解构，使得事物不能保持线性的本质，而出现了多元化、多样性的意义，导致了文本的不稳定。[48]

文学到底会被图像吞噬，还是能继续坚守住一份阵地？到底是图像支配了文学，还是文学利用了图像？这一时期学者们对图文结合的利弊关系也进行了热烈讨论。

图文之间的矛盾经由现代科技而尤为凸显出来。周宪认为视觉文化的发展带来的是图像对文字的“征服”和阅读文化的衰落。作者提倡重建阅读文化。[49] 彭亚非承认图像社会是后现代社会的一种表征，也认可文学的边缘化具有某种文化转型上的必然性。但他依然认为文学具有继续走下去的力量。因为文学具有“固有的、特定的、不可取代也无从消亡的人文本性与美学本性：它的内视艺术性和时间本质，它的精神共享性和心理彼岸性等”。[50] 赵宪章在“文学与形式”国际研讨会上谈到了语图互仿叙事的看法。他认为两者之间存在着不对称。图像模仿语言是“顺势而为”，语言对图像的模仿则是“逆势而上”。在语言与图像的互仿中，语言是“实指”的“强势”符号，图像反而是“虚指”的“弱势”的一方。语言只不过从“文以载道”变成了“图以载文”。我们可以发现，赵宪章的这一看法在某种程度上是认同了文学的被边缘化。只不过这并不是现代影像技术将文学边缘化，而是文

---

[48] 包兆会：《超文本文学——一种新的文学形式的研究》，《文艺理论研究》2007年第5期。

[49] 周宪：《重建阅读文化》，《学术月刊》，2007年第5期，第5—9页。

[50] 彭亚非：《图像社会与文学的未来》，《文学评论》2003年第5期，第30—39页。

学借助新媒体进行的"自我放逐,涅槃再生,再再生,乃至无穷"。当然他也认为"当下学界对于'文学图像化'的担忧和焦虑,大多属于情绪化的过度反应,缺乏学历依据"。[51] 杨乃乔认为"图像还远远没有把文字从文化及社会意义的指涉中心挤压于边缘,成为这个时代信息与意义提取的主流能指"。[52] 他认为是小叙事者的躁动和对宏大的元叙事的企图导致了人们对时代的误读。高建平提出人们的生活实践是联系图像与文学的纽带。"视觉与听觉,图像与语言,是我们生活所借助的符号,人被这些符号所包围,但归根结底,人仍然会成为这些符号的主人。"[53]叶起昌利用符号学理论,分析了图像与文字之间的区别以及两者建立关系的可能性。两者在更大的符号世界里,拥有相同的本质。[54]

四、面向未来的图-文关系研究

自改革开放以来,对于图-文关系的研究一直都没有停止。文学与图像自身的性质决定了两者关系的研究必然具有跨学科性。这一特征始终伴随着图-文关系研究始末。新媒介载体的介入,使得语图关系研究进入一个全面爆发的时期。探讨的范畴也由纸质的图像拓展到了不同载体的视像层面。综观这三十年来的图-文关系研究,有几方面可总结:

对于今天进入"图像时代"这一命题上,学界基本达成共识。海德格尔曾在20世纪30年代预测了"世界图像时代"的到来,而所谓的世

[51] 赵宪章:《语图互仿的顺势与逆势》,《"文学与形式"国际学术研讨会暨中国文艺理论学会年论文集(上)》,南京,2010年。

[52] 杨乃乔:《图像与叙事》,《文艺争鸣》2005年第1期。

[53] 高建平:《文学与图像的对立与共生》,《文学评论》2005年第6期,第126—135页。

[54] 叶起昌:《论后印刷时代话语中图像与文字的关系》,《北京交通大学学报(社会科学版)》2005年第6期。

界图像时代不是指关于世界的一幅图像，而是指“世界被把握为图像”，图像成为表达的主要手段。无论文学语言是主动的“自我放逐”边缘化还是被动的“挤压空间”边缘化，图像（形式）总归逐渐成为新时代的表意符号。

图-文关系研究成了一门跨学科的、学术前景广阔的研究。图-文关系问题可以归结为语言与图像的问题。对于这样一个命题的研究，其学术资源在时间上可以回溯到象形文字、古代岩画的久远时期，横向研究可以拓展到美学、叙事学、符号学、历史学、哲学、社会学、语言学、传播学、艺术史、图像学、人类学、美术、戏剧影视学等学科。图-文互涉、互仿等问题得到了学者的关注。中国古代的图文关系研究的价值正慢慢被发掘。

图-文关系的问题也呈现出广度和深度。广度方面，对文学叙事的图像化研究不仅停留在文字的色彩与图像描写，更深入到文章的间架结构。中国古代图-文关系研究正被慢慢挖掘。图文互证作为历史研究的方法重新获得了重视，如图像叙事的真实性与现代技术的关系、文学和文学杂志中的插图研究，等等。深度方面表现在对图像和文学的深层次方面的差异和同源同类进行了哲学、语言学、心理学、叙事学等层面的考察。

“文学与图像”关系的研究还有不少问题值得探究。这首先需要学者们做大量的、踏实的、基础性的研究。如研究中国古典文学与同时期绘画的互动、从源头探讨文与图的起源。文-图关系研究的跨学科性也决定了这个命题具有极大的价值与发展潜力。如进一步深化和扩展哲学角度的文与图的本体性研究、历史学角度的以图证史方法论探讨、艺术研究角度的艺术作品如何应对机械复制的去魅化等。此外，文学作品受到视觉文化的浸润会出现怎样的新的变化，作家的写作会不会产生图像化的转移，还在产生中的新的媒体又会对文学有何影响，纪实性语言与纪实性影像的真实性问题，如此等等，都应是我们关注的对象。作为一个新的命题,图-文关系研究的专著现在还并不多见。

我们相信,这样一个学术资源丰富、具有时代性与历史感的命题,未来一定会有更多更好的研究成果。

《中国美学》约稿函

敬启者：

《中国美学》是南京大学文艺学学科和南京大学美学研究所主办的专题性学术刊物，每年年初出版一期，当期的截稿日期为上一年的七月底。敬请惠赐未刊的最新美学研究成果。

本刊以发表中国美学研究（包括中国当代艺术批评）、译文、述评、书评以及有关研究资料为主，篇幅以万字以内为宜，特殊情况可适当增长。欢迎用电子邮件投稿，并请注明“《中国美学》投稿”字样。编辑部邮箱为 zgmeixue@ sina. com。来稿格式请参所附《来稿格式》。

本刊崇尚和而不同之学风，确立海纳百川之视野，贵真求是，重视创见，力主文以质胜、不以名取，在学科现有水平的基础上有所拓展、深入、创新。侧重实证研究和问题探讨。现常设六个栏目：专题研究、传统美学研究、现代中国美学研究、当代审美与艺术研究、译介国外美学最新动态、书评。

纸质文本投稿地址：江苏省、南京市、汉口路22号南京大学文学院《中国美学》编辑部（邮编：210093）。请注明作者的真实姓名、工作单位、职称、通讯地址、邮政编码、电子邮件地址。来稿请自留底稿，未用稿一律不退，三个月内未收到录用通知，作者可自行处理。

本刊采用匿名评审制度。来稿一经刊用，即奉付薄酬及样书一本。

《中国美学》编辑部

附来稿格式:

1. 中文注释:本刊注释一律采用页下注,以阿拉伯数字顺序编码。每页重新编号。译著须标明原著者国别,并在国别外加方括号。要求按顺序准确标明:作者,书(篇)名,卷次,译者,出版社、出版地、出版时间及页码。中文注释格式示例:

(1) 蒋孔阳:《德国古典美学》,北京:商务印书馆,2005 年版,第 269 页。

(2) [德]沃尔夫冈 · 顾彬:《审美意识在中国的兴起》,见汝信、王德胜主编:《中国美学》2004 年第 2 辑,北京:商务印书馆,第 71 页。

(3) 刘再复:《论文学的主体性》,载《文学评论》1986 年第 1 期,第 15 页。

(4) 杨义:《诗魂的祭奠》,载《中华读书报》,2001 年 11 月 28 日,第 3 版。

(5) [德]黑格尔:《美学》,第一卷,朱光潜译,商务印书馆,1979 年版,第 323 页。

(6) 许慎:《说文解字》,四部丛刊本,卷六上,第九页。

2. 外文文献的注释一律用外文原文,不必译成中文。书名与刊物名一律用斜体标出,文章名加引号,但不用斜体。外文注释示例:

Judy Pearsall & Patrick Hanks, eds. , *The New Oxford Dictionary of English*, Oxford: Clarendon Press, 1998, p. 447.

Jean-Claude Girade, *Toward a Politics of Signs*, *in Telos*, No. 20, 1974, p. 137.

3. 引文。书稿中引用别人著作中的言论,必须认真核对原文(包括标点符号),并注明原文具体出处。为省篇幅,一篇论文中引用同一书名,第二次及以后出现时可省略出版社与出版年代。

4. 标点符号。标点符号一律按照国家技术监督局 1995 年 12 月

13 日发布(1996 年 6 月 1 日起实施)的《标点符号用法》,准确地使用(请使用中文状态下的标点符号)。

5. 题目翻译成英文;300 字的中文提要,作者简历(中文 100 字)。

6. 请注明作者真实姓名、工作单位、职称、通讯地址、邮政编码、电话联系方式、电子邮件地址,以方便联系。

图书在版编目(CIP)数据

中国美学. 第2辑/高小康主编. —上海:上海古籍出版社,2011.9

ISBN 978-7-5325-5942-8

Ⅰ. ①中… Ⅱ. ①高… Ⅲ. ①美学—中国—文集 Ⅳ. ①B83-53

中国版本图书馆 CIP 数据核字(2011)第107302号

中国美学(第2辑)

高小康 主 编

包兆会 执行主编

上海世纪出版股份有限公司
上 海 古 籍 出 版 社 出版

(上海瑞金二路272号 邮政编码200020)

(1)网址:www.guji.com.cn

(2)E-mail:gujil@guji.com.cn

(3)易文网网址:www.ewen.cc

上海世纪出版股份有限公司发行中心发行经销

上海商务联西印刷有限公司印刷

开本 635×965 1/16 印张 19 插页 2 字数 247,000

2011年9月第1版 2011年9月第1次印刷

印数:1—2,300

ISBN 978-7-5325-5942-8

B·732 定价:48.00元

如有质量问题,请与承印公司联系